国家自然科学基金面上项目(52174197、52174198)资助
国家重点研发计划重点专项项目(2018YFC0808201)资助
国家自然科学基金青年科学基金项目(52004209)资助
陕西省自然科学基础研究计划项目(2018JQ5080、2018JM5009)资助
中国博士后科学基金项目(2017M623209、2016M592820)资助

矿井热动力灾害应急救援关键技术研究

郭 军 郑学召 金永飞 文 虎 著

中国矿业大学出版社
· 徐州 ·

内容简介

本书针对矿井热动力灾害事故及其救援过程，分析了我国矿井热动力灾害安全评价与应急救援方面的研究进展；阐述了矿井热动力灾害的成因、影响因素、灾害类型和传播蔓延特性，探究了煤矿井下热动力灾害的类型、致灾形式及防治技术措施；介绍了我国现行的应急救援体系和应急救援预案等重点内容，重点阐述了矿井热动力灾害救援关键技术要点；分析了矿井热动力灾害救援过程中继发灾害类型、危险性等灾害特征，重点探讨了继发性瓦斯爆炸的成灾机制及其判定方法；结合事故致因理论，构建了矿井热动力灾害救援安全评价指标体系；构建了基于模糊综合评价方法(FCE)和多层次分析方法(AHP)的非线性多层次模糊综合评价模型，并引进极限学习机(ELM)理论和算法，建立了基于ELM的矿井热动力灾害救援安全性动态预测模型，利用矿山事故救援实例验证了模型的可靠性，为矿山救援安全性的准确预测提供了一个新方法。

本书可以作为高等院校、科研院所的应急技术与管理、安全工程、采矿工程等相关专业学生的教学参考书，也可作为广大煤矿工程技术人员和设计人员的参考资料。

图书在版编目(CIP)数据

矿井热动力灾害应急救援关键技术研究/郭军等著
.—徐州：中国矿业大学出版社，2022.12
ISBN 978-7-5646-5542-6

Ⅰ.①矿… Ⅱ.①郭… Ⅲ.①井下火灾—矿山防火—应急对策—研究②矿井—瓦斯爆炸—应急对策—研究
Ⅳ.①TD75②TD712

中国版本图书馆CIP数据核字(2022)第166996号

书　　名　矿井热动力灾害应急救援关键技术研究
著　　者　郭　军　郑学召　金永飞　文　虎
责任编辑　黄本斌　侯　明
出版发行　中国矿业大学出版社有限责任公司
　　　　　(江苏省徐州市解放南路　邮编221008)
营销热线　(0516)83885370　83884103
出版服务　(0516)83995789　83884920
网　　址　http://www.cumtp.com　**E-mail**:cumtpvip@cumtp.com
印　　刷　江苏淮阴新华印务有限公司
开　　本　787 mm×1092 mm　1/16　**印张** 14.25　**字数** 365千字
版次印次　2022年12月第1版　2022年12月第1次印刷
定　　价　56.00元
(图书出现印装质量问题，本社负责调换)

前　言

我国的能源资源结构呈现“多煤、贫油、少气”的特点，在未来相当长的一段时间内，以煤炭消耗为主体的能源消费结构不易改变，煤炭资源仍将是我国能源供给的主体。《能源中长期发展规划纲要(2004—2020)》(草案)也提出“要大力调整和优化能源结构，坚持以煤炭为主体、电力为中心、油气和新能源全面发展的战略”。

作为煤矿井下灾害事故的主要类型之一，热动力灾害不仅会导致大量煤炭资源浪费，而且更易引发瓦斯灾害、毒害气体等次生灾害，严重威胁井下人员的生命安全，增加事故救援难度。虽然近年来我国矿山安全生产事故情况总体呈现明显好转的趋势，但部分区域仍是事故高发地区，突发的重特大矿山事故危害严重，煤矿安全形势依然严峻。

矿井热动力灾害具有突发性、灾情发展迅速、伤亡人数多、容易引发继发灾害、救援困难等特点。在灾害救援过程中，由于灾区存在的热力作用往往会造成灾区通风紊乱，致使灾情更加模糊化和复杂化，随时都有可能发生瓦斯爆炸。加之救援决策往往会遇到进退取舍“两难”的问题，一旦决策失误，就有可能造成救援人员伤亡，加剧事故严重程度。因此，研究矿井热动力灾害救援安全评价和动态预测等关键技术与方法，对救援决策具有重要的理论意义和实践价值。

本书总结了矿井热动力灾害的类型和致灾机理，分析了矿井热动力灾害的致灾特点和规律；从救援人员的角度分析了各种继发灾害的危险性，尤其是继发性瓦斯爆炸灾害对救援工作的影响及其对救援人员的威胁；阐述了矿井热动力灾害的成因、影响因素、灾害类型和传播蔓延特性，探究了煤矿井下热动力灾害的致灾形式及防治技术措施；介绍了我国现行的应急救援体系和应急救援预案等重点内容，重点阐述了矿井热动力灾害救援关键技术要点；分析了矿井热动力灾害救援过程中继发灾害类型、危险性等灾害特征，重点探讨了继发性瓦斯爆炸的成灾机制及其判定方法；结合事故致因理论，构建了矿井热动力灾害救援安全评价指标体系；构建了基于模糊综合评价方法(FCE)和多层次分析方法(AHP)的非线性多层次模糊综合评价模型，并引进极限学习机(ELM)理论和算法，建立了基于 ELM 的矿井热动力灾害救援安全性动态预测模型，并利用构建的模型对实际热动力灾害救援案例的安全性进行了量化预测，检验了预测方法的准确性和可靠性。

本书共分七章：第 1 章分析了我国矿井热动力灾害研究现状，并且针对现有热动力灾害评价预测体系进行了救援危险性和决策难点分析；第 2 章针对矿井热动力灾害的成因、影响因素、灾害类型和传播蔓延特性进行了阐述，详细探究了煤矿井下热动力继发灾害的类型、致灾形式及防治技术措施；第 3 章着重介绍了矿井热动力灾害救援的技术要点，并对我国现行的救援体系进行了分析探讨，旨在构建一个完善的矿井热动力灾害救援体系，以及为建立热动力灾害救援安全评价指标体系及模型奠定基础；第 4 章主要探讨了煤矿井下继发性灾害对救援行动的影响，系统地研究了继发性瓦斯爆炸成灾机制，根据瓦斯爆炸的形成条件和影响因素，结合煤矿井下瓦斯爆炸的孕灾特点和规律，提出了热动力灾害救援过程中的继发性瓦斯爆炸判定方法；第 5 章结合事故致因理论等方面的研究成果，针对矿井热动力灾害救援安全评价指标进行了选取优化，建立了矿井热动力灾害评价体系；第 6 章构建了基于模糊综合评价方法（FCE）和多层次分析方法（AHP）的非线性多层次模糊综合评价模型，并引进极限学习机（ELM）理论和算法，采用改进的 I-ELM 算法建立了基于 ELM 的矿井热动力灾害救援安全性动态预测模型；第 7 章利用矿山事故救援案例，对所构建的AHP-FCE 静态评价模型和基于 ELM 的动态预测模型的合理性进行了验证，为矿山救援安全性的准确预测提供了一个新方法。

作者所在的西安科技大学安全科学与工程学科是国家重点学科，在第四轮学科评估中被评为 A 类学科。作者所在的国家矿山救援（西安）研究中心，是应急管理部和陕西省人民政府共建的研究机构，依托安全科学与工程学科，承担着矿山重大事故灾害成因、防治技术与装备、应急通信技术装备、抢险救援技术、物证鉴定技术等相关研究工作，在矿山灾害致灾机理及防控救援技术、矿山重大灾害监测预警技术装备、安全高效救灾材料与装备、矿山可视化救灾技术装备等方面取得了重大突破。近年来研究中心承担或完成了国家自然科学基金项目30 余项、国家杰出青年科学基金项目 1 项、省部级和企业委托项目 200 余项。成果获国家科学技术进步奖 4 项、省部级科技进步奖 20 余项、出版专著 22 部、发表论文 400 余篇，授权国家发明专利 50 余件、实用新型专利 150 余件。

本书的研究得到了国家重点研发计划重点专项项目（2018YFC0808201）、国家自然科学基金青年科学基金项目（52004209）、国家自然科学基金面上项目（52174197、52174198）、陕西省自然科学基础研究计划项目（2018JQ5080、2018JM5009）、中国博士后科学基金项目（2017M623209、2016M592820）等资助，在此表示感谢。

本书由郭军提出并整体构思，在相关的老师和学生的帮助下共同完成。全书撰写分工如下（以篇章为序）：前言由郭军撰写；第 1 章由郭军、郑学召撰写；第 2 章由郭军撰写；第 3 章由文虎、郑学召、金永飞、郭军撰写；第 4 章由郭军、郑学召撰写；第 5 章由郭军、郑学召撰写；第 6 章由郭军撰写；第 7 章由郭军撰写；全书插图编辑为郭军、郑学召、蔡国斌、金彦。本书在撰写过程中，得到了刘荫、蔡国斌、王宝元、金彦、李帅、刘华、黄渊等人的大力帮助，在此一并表示感谢。全书由郭军、郑学召、金永飞、文虎总审定。

本书是一部较为系统阐述矿井热动力灾害救援技术与应用的专著，涉及了诸多救援技术及热动力灾害的理论和方法，由于水平有限，难免存在不足之处，希望得到广大读者的指正和帮助。矿井热动力灾害事故救援在未来几十年内，仍会是煤矿安全领域学者的一个研究热点。我们希望本书的出版，不仅能为我国煤矿安全领域的从业者提供一部可借鉴的成果，同时也为矿山重大灾害预测、防控及应急救援技术的科学研究有所贡献。

著　者

2022 年 1 月

目　录

第1章　绪　论

1.1　研究背景及意义

1.1.1　研究背景

煤炭是我国的主体能源，其生产量和消费量分别占一次能源生产与消费总量的68.6%和57.7%[1]。在未来相当长的一段时间内，新型能源的发展会进一步压缩煤炭的市场份额，但是以煤炭资源为主导的中国能源消费结构很难发生本质上的改变[2-3]。《能源中长期发展规划纲要(2004—2020)》(草案)明确提出了大力调整和优化能源结构，实施以电为中心、以煤为主体、油气和新能源全面发展的战略。截至2019年年底，我国探明可利用的煤炭储量约为1.71万亿吨[1]，且2019年我国原煤产量约是2000年的2.78倍，相关数据显示我国99.84%的煤炭生产资源均用于国内消费，仅出口煤炭602.5万吨[1]。这些数据充分凸显了煤炭资源在我国能源结构中的主导地位，肯定了煤炭在我国经济社会迅猛发展时期内起到了至关重要的作用。

我国煤炭储量丰富，但由于特殊的赋存特征，95%的煤炭都需要以井工开采的方式产出，而且矿井开采平均深度已增大至约600 m；且现有各矿区的开采深度还在以每年10～30 m的速度加大[4]。随着采深增加，地应力、热害、瓦斯突出等灾害对矿井安全生产造成的影响更加突出，矿井热动力灾害事故严重。矿井热动力灾害具有突发性、火势发展迅速、救援困难、容易引起二次事故等特点。煤矿井下热动力灾害事故一旦发生，极易导致大量的人员伤亡和资源损失[5]。据统计，2013—2018年较大及以上煤矿事故类型比例如图1.1所示。2013—2018年我国煤矿重大及以上事故共发生52起，死亡856人，其中火灾、瓦斯爆炸事故分别占事故发生总量的0.46%和10.94%，死亡人数分别占总死亡人数的8.15%和31.33%，虽然热动力灾害事故数量只占到总事故的11.40%，但是死亡人数却占到了39.48%[6]。作为一类重大恶性煤矿事故，热动力灾害事故不仅会导致大量矿工丧失生命，还会给国家财产造成巨大的损失，给无数家庭带来苦难和伤痛，在社会上造成极大的负面影响，严重影响我国的国际声誉。

煤矿热动力灾害的演化机理极其复杂且影响因素繁多，具有复杂性、突发性、灾难性、破坏性、模糊性、继发性等特点[7]。灾害产生的高温明火随时可能阻断救灾人员出入灾区的通道，并且造成灾区通风紊乱，使得灾区环境进一步恶化、极不稳定，倘若存在瓦斯积聚，则随时可能引发爆炸事故，导致救援风险大大增加[8]。在救援决策时，由于缺少救援安全性预测理论和技术支持，且灾情与救灾措施在相关法律、规程中缺少一一对应的具体规定，决策往

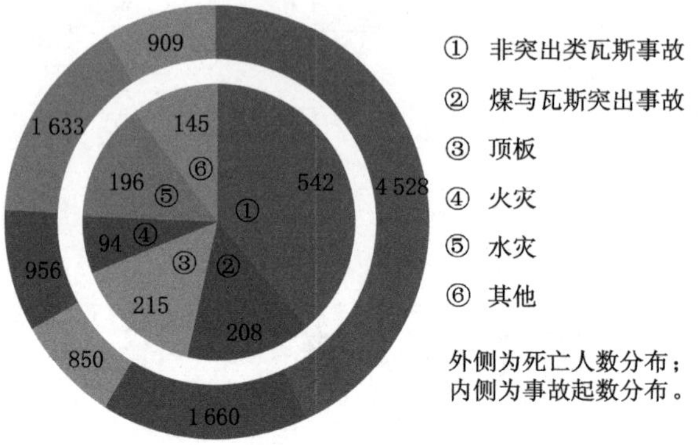

图 1.1　2013—2018 年较大及以上煤矿事故类型比例图[6]

往面临“两难”的状况。面对营救难度极大的热动力灾害事故，科学的救援决策成了关键的一环。因为救灾决策的错误或失误将会造成事故的进一步扩大，导致不必要的、甚至是不可接受的人员伤亡出现[9]。

2016 年 2 月 25 日，俄罗斯科米共和国沃尔库塔市“北方”矿井发生 2 次瓦斯爆炸事故；在 2 月 28 日的救援过程中，井下再次发生瓦斯爆炸又造成 5 名救援人员遇难，事故共导致 36 人遇难。另据不完全统计，自中华人民共和国成立以来，我国矿山救援过程中共发生救护队指战员（含辅助队员）伤亡事故 160 多起，造成 300 多人死亡。例如，1977 年 4 月 14 日，辽宁抚顺老虎台煤矿发生自燃火灾事故，引发多起瓦斯爆炸，为了搜救伤员，救护队员不顾预期的瓦斯爆炸贸然冲进灾区，当抬着伤员撤出时，井下发生的二次瓦斯爆炸造成 5 名指战员牺牲。1980 年 3 月 26 日，新疆老黄山矿发生瓦斯爆炸，井下多人遇难，救护队到达后同样忽视了预期中的灾区二次爆炸，救人心切、贸然入井开展救援。当救护队进入灾区 10 min 后，发生了威力比第一次更大的爆炸事故，导致进入灾区抢救的 9 名指战员全部牺牲。1983 年 4 月 11 日，江西丰城坪湖煤矿 3115 掘进工作面发生火灾事故，由于领导违章指挥，在第五次进入灾区洒水灭火时，发生了瓦斯爆炸事故，最终导致 25 人死亡，16 人受伤，其中救护队指战员 11 人死亡，10 人受伤。1995 年 9 月 16 日，贵州省盘江矿务局某矿 11128 采煤工作面上部采空区发生瓦斯燃烧，该局救护大队直属中队在没有建立救护基地、无待机小队和灾区通信电话的情况下，仅携带 4 个干粉灭火器便深入采煤工作面进行灭火作业，在灭火过程中发生瓦斯爆炸，造成 5 名指战员遇难。2010 年 8 月 20 日，潞安新疆煤化工有限公司一矿在＋450 m 水平延深胶带下山实施灭火时，突发瓦斯爆炸事故，3 名救护队员牺牲，15 人受伤。2011 年 7 月 6 日，山东枣庄防备煤矿发生重大火灾事故，造成 28 名矿工遇难。在事故救援过程中，灾情恶化迅速，导致救护队员预设的灾区撤离路线被阻断，最终造成 3 名救护队员殉职。2013 年 3 月 29 日，吉林省八宝煤矿发生特别重大瓦斯爆炸事故，共死亡 53 人，其中包括救护队员 26 人。2013 年 7 月 23 日，四川芙蓉杉木树煤矿发生较大瓦斯爆炸事故，造成 7 名救护队员死亡。造成这起事故的主要原因：7 月 22 日早班时该矿井下 N3022 风巷因停电诱发瓦斯爆炸后，该矿并未引起足够重视，对事故进行违规处理。当天晚班救护队员在 N3022 风巷进行排放瓦斯作业时，瓦斯遇煤层自燃火源引起爆炸酿成惨剧。

总的来说，此类恶劣事故的发生令人痛心，主要是因为救灾指挥者对灾情的判断不够准确，未能做出科学、合理的作战指令，或抱着侥幸的心理抢险救灾、冒险作业造成的，这也是导致灾情恶化、救援人员牺牲的重要原因之一。因此，如何科学救援、合理施救，如何准确判定或预测灾情的发展态势，在何种情况下采取何种救援措施，如何在竭尽全力营救遇险矿工的同时，又能最大限度地保障救援人员自身安全等一系列科学问题就成了矿山事故救援的重点问题。

1.1.2 研究意义

随着井工煤矿开采深度的不断增加，高地压、高地温、高瓦斯等恶劣地质条件都极大地扩大了矿井灾害的影响范围，而且深部矿井所具有的独特地质力学特征更加增大了煤矿热动力灾害发生的可能性，同时也使得热动力灾害事故救援的难度和危险性急剧增大[7]。因此，针对矿井热动力灾害具有的复杂性、模糊性和动态变化性等特点，以及热动力灾害救援决策常常遇到的“两难”问题，需要分析和总结热动力灾害及其继发灾害、演化特征以及热动力灾害事故救援关键技术，研究矿井热动力灾害救援安全评价与动态预测方法。在丰富煤矿安全领域评价技术的同时，确保实际救援中能够根据有限的实时灾害信息，定量化评价和预测救灾人员进入灾区救援的安全性，使救援指挥决策更加科学、合理、及时，在最大程度上营救遇险矿工的同时又最大限度地保障救援人员安全，避免或减小二次伤害。因此，本书的研究成果对我国矿山事故救援具有重要的理论研究价值和实际指导意义。

1.2 国内外研究现状

1.2.1 矿井热动力灾害发展及演化过程

在煤矿热动力灾害发展及演化过程方面，国内外学者做了大量的研究工作，主要从矿井火灾的燃烧与发展特点和规律、井下瓦斯爆炸孕育的规律和特点、矿井火灾诱发瓦斯爆炸的规律和矿井封闭火区压注惰气诱发瓦斯爆炸等方面进行了研究，有学者也利用计算机进行了相关的模拟计算，实现了灾害发展过程的可视化。除此之外，在灾变后的预报、控制方法和技术等方面的研究也取得了一定的成果，为矿井热动力灾害的防治和灾害救援提供了理论支持。

英国诺丁汉大学的 Lowndes 等[10]通过建立初步的热流体动力计算模型来研究英国典型深井煤矿输送带火灾的火焰传播规律，并通过一系列实验巷道中的表面火灾实验来进行初步模型校准，丰富了巷道输送带火灾方面的理论研究。此外，还通过大型巷道实验研究，成功地确定了一个全断面的巷道输送带火灾空气动力学和热动力学特性。王凯、周爱桃等[11-12]分析了矿井主进风巷中各类可燃物的燃烧蔓延特性、产物及其危害，推导出了火灾蔓延速度的计算公式、井下煤与瓦斯气体脱附规律函数，并分析了巷道内烟气扩散、蔓延及爆炸冲击波强度随灾变时间的发展规律。结合远程控制系统原理，基于煤层瓦斯气复合热动力灾害的多场耦合突变机制，提出了灾变过程中合理的风量分配方法；基于瓦斯爆炸传播机理及其对通风设施的破坏情况，提出了在瓦斯爆炸高发区域和关键通风设施位置安装常开风门，使其在灾后自动关闭便于救援的思路。

Li 等[13]研究了矿井瓦斯与煤自燃耦合下的瓦斯爆炸，发现当井下煤体发生自燃现象时，受采空区内漏风、“火灾热风压力”和大量热气体(如 CO)夹带效应的叠加影响会引起井下空间内独特的瓦斯气体分布情况，随着采空区内部混合气体中 CO 浓度的增加，混合气体爆炸上限浓度迅速上升，而爆炸下限浓度上升缓慢。另外，热风压的漩涡作用会导致燃烧区和非燃烧区的气体和热对流不断的混合，最终导致爆炸事故的发生。马东等[14]结合煤自燃引起甲烷爆炸的微缩实验及相应实例模拟进行甲烷爆炸极限同煤自燃平衡的研究分析，定量确定煤自燃引起的瓦斯爆炸极限，为控制井下瓦斯运移积聚及爆炸防控做出了重要贡献。

王忠文[15]系统地研究了煤矿火灾诱发瓦斯爆炸的规律、预警及火区防治技术，建立了火区封闭过程中诱发瓦斯爆炸的事故模型，分析了煤矿井下火灾标志性气体的选择标准，研究了矿井火灾和瓦斯爆炸的预警技术，构建了瓦斯爆炸的预警指标体系和危险性综合评价模型。采用建立的评价模型进行瓦斯爆炸的预警状态和危险性等级划分，提出了评价火区封闭效果的方法、火区气体采集的标准，以及火区燃烧状态的判定准则，并对封闭火区注惰气的临界速度进行了推导。

邢玉忠、武帅、武旭东等[16-18]针对巷道通风问题，提出了三维数字化矿井巷道模型，并将模型与巷道信息进行一体化处理，实现了井下测点瓦斯浓度的实时动态显示。通过计算得到了超压情况下的巷道瓦斯爆炸传播规律，并根据瓦斯煤尘爆炸冲击波对人体的伤害程度和对通风设施的破坏程度，将灾区划分为 3 个区域。根据矿井火灾特点，研究了井下最佳火灾避灾路线，并采用三维可视化数字矿井通风系统实现了火灾灾变过程的动态模拟。

史文芳[19]分析了火灾燃烧特性与火灾时期风流紊乱逆流的原因，并以此为基础建立了矿井典型场景火灾燃烧的数学及物理模型，应用 Fluent 数值模拟技术研究了矿井典型场景火灾烟气流动及温度的分布规律。

张振龙等[20]针对火区封闭过程中发生瓦斯爆炸的规律和特点，建立了采空区瓦斯运移数学模型、爆炸(燃烧)反应模型，利用具体的事故案例对模型进行数值模拟验证。分析了火区气体压力场、温度场和气体流场在封闭过程和正常通风条件下的分布特征，以及煤自燃诱发瓦斯爆炸的危险性和诱发瓦斯爆炸过程的特征，定量确定矿井瓦斯爆炸基本条件中的爆炸性气体体积极限参数。

黎体发、徐景德等[21-22]根据链式反应机理，指出瓦斯爆燃波的形成过程以及爆燃向爆轰转换的过程、原理及条件，结合实验、数值模拟结果深入探究不同条件下的瓦斯爆炸火焰波同冲击波之间的伴生关系，并构建了由爆燃向爆轰转换的瓦斯爆炸理论模型，该模型的近似解析解结合冲击波的传播理论能够确定火焰传播在矿井热动力灾害发生过程中起到了极为重要的影响作用。

朱迎春等[23]采用射流理论和重力流的相关理论，以矿井火区密闭过程中煤自燃诱发的瓦斯爆炸为研究对象，分析了相应巷道流场模型、垮落区煤自燃模型、瓦斯运移模型及瓦斯爆炸(燃烧)反应模型中的瓦斯爆炸情景，结合数值模拟验证了爆炸前火区封闭注惰气引发瓦斯爆炸的成因，为定量确定封闭火区过程中避免发生瓦斯爆炸的注惰气速度提供了理论依据。

王德明、杨永斌等[24-25]分析了近年发生的煤矿井下灾害事故，定性分析了矿井热动力灾害的事故特性及矿井瓦斯燃烧事故灾害特点，认定井下煤自燃灾害同瓦斯爆炸的伴生关系是矿井热动力灾害的本质原因，是诱发煤矿重特大事故的主体。

孙若山等[26]分析了煤矿火区启封的安全性，并针对气体信息采集和火区燃烧状态的判断方法，提出了提高火区中采集气样的真实性以及正确判断火区燃烧状态的技术和方法。

段玉龙、焦宇等[27-30]利用流体软件建立了数学模型并进行数值模拟，在试验巷道中进行了不同流量的惰气注入试验，建立了相关的数学模型并对 N_2 和 CO_2 不同情形的安全、有效的注入速度进行了计算。深入研究了矿井火区密闭过程中由燃烧引发的瓦斯爆炸事故规律及瓦斯爆炸后的灾面特殊热环境，对于矿井热动力灾害防治预案的制定、井下瓦斯爆炸灾后救援、密闭火区注氮灭火等具有重要的实际指导意义。

1.2.2 矿井热动力灾害评价与预测

1.2.2.1 矿井火灾

在矿井火灾方面，学者们针对矿井火灾发生的可能性、危险性、火灾识别、危险等级划分、软件开发等方面进行了大量研究，主要采用灰色理论、模糊理论、神经网络理论以及综合评价法、层次分析法、聚类分析法、马尔可夫模型等评价方法进行理论分析，并且建立了相关模型用以对矿井火灾风险概率进行评价和预测。

在矿井火灾发生可能性和危险性方面，主要通过对特定易发火区域(如工作面巷道、采空区等)的煤自然发火特点和影响因素进行分析，利用模糊综合评价方法，建立了煤自燃危险性的模糊评估模型用以研究相关区域的发火可能性和危险性[31]。如陈国良、巩志敏、刘业娇等[32-34]根据采煤工作面巷道煤自燃特点，确定了矿井火灾影响因素权重，并基于模糊综合评价原理，建立了采煤工作面巷道的煤自燃危险性评价多层次指标结构。而后利用煤自燃危险性的模糊评价模型，对某矿采煤工作面巷道内的煤炭自燃危险性进行了评估。褚廷湘等[35]在分析了采空区发火相关因素的基础上，构建了工作面采空区自然发火的安全评价指标体系，而后利用模糊数学理论对采空区自然发火危险性进行综合评价，得到了采空区煤体发火的可能性和相对安全状态以及致灾权重比相对较高的评价指标因素。李兴东等[36]通过对矿井火灾影响因素分析，采用层次分析法和模糊综合评价方法，确定了各指标的权重系数，建立了矿井火灾评价模型用以对工作面采空区等区域火灾安全等级进行评价。

在火灾识别方面，谭艳春等[37]针对矿井内因火灾的特点和影响因素，运用模糊综合评价法和层次分析法(AHP)建立了矿井内因火灾的模糊综合评价模型，评价了矿井火灾的危险源及其危险度；王磊等[38]通过建立灰色马尔可夫模型，对柴里煤矿 CO 产生量进行了预测，用以分析矿区火灾危险性。

在火灾危险等级划分方面，孙继平等[39]采用模糊聚类法对煤炭内因火灾的发展程度进行划分，并提出了一种基于遗传算法的模糊聚类方法；杜振宇、贺继红等[40-41]根据物元和可拓理论建立了矿井火灾安全评价的可拓优度评价模型，并以云南省某矿为例，对可拓优度评价法的可行性进行了验证；张兴凯[42]建立了矿井火灾烟流最高温度、烟流氧气浓度以及污染区域井巷烟流温度的数学模型，给出了矿井火灾严重程度(火灾经济损失)评价模型。

除此之外，在矿井火灾评估软件开发方面，孙勇等[43-44]建立了包括内因火灾、外因火灾、管理和救灾 3 个子系统的评价指标体系，通过模糊层次法得到各指标权重，并编制软件。

1.2.2.2 矿井瓦斯爆炸

在矿井瓦斯爆炸预测方面，国内学者做了大量的工作，主要研究方向有瓦斯爆炸危险源评估、瓦斯爆炸风险评价、爆炸后果严重性评价及其相关模型方法。国外相关学者的相关研究主要是针对瓦斯的利用和防治措施方面，在瓦斯爆炸评估方面的研究相对较少。在方法上主要运用危险源理论、系统安全学原理、事故致因理论和风险理论来辨识矿井瓦斯爆炸危险源，采用网络层次分析法分析影响瓦斯爆炸因素之间的关联度，利用灰色理论、模糊数学、神经网络及其改进的综合方法建立评价模型，最后获得瓦斯爆炸危险程度、发生概率及严重性等指标。

在瓦斯爆炸危险源方面，主要是运用危险源事故致因理论和矿井瓦斯爆炸事故致因ISM模型分析导致瓦斯爆炸的影响因素；构建瓦斯爆炸危险源指标体系和数学评价模型，或利用MATLAB等数学软件进行数据分析，以确定矿井瓦斯爆炸发生的原因和危险等级。例如，田水承等[45-46]基于三类危险源事故致因理论，通过构建瓦斯爆炸危险源解释结构模型，以及基于熵原理和耗散结构理论的煤矿瓦斯爆炸危险源SD概念模型，运用MATLAB软件对搜集的数据进行回归分析，得出SD模型中各变量的数学关系式，对瓦斯爆炸危险源进行了评价和分析；李树砖等[47]针对煤矿瓦斯爆炸事故，建立了事故致因ISM模型，采用系统工程的相关理论，运用层次分析法分析了煤矿发生瓦斯爆炸的22个致灾因子。基于解释结构模型原理，对引发瓦斯爆炸发生的原因，从直接因素、间接因素及根本因素三个方面进行了分析和总结。曹树刚等[48]基于三类危险源理论，从固有危险源、诱发危险源以及人的因素方面出发，对诱发煤矿瓦斯爆炸事故的主要因素进行了分析，建立了基于瓦斯爆炸危险源的风险预警指标体系。采用模糊数学理论和方法，构建了模糊综合评价模型，能够有效辨识煤矿瓦斯爆炸危险源风险程度，划分了矿井发生瓦斯爆炸事故的危险等级。田水承等[49]针对矿井瓦斯爆炸致灾原因中的管理因素深入调查分析，将煤矿瓦斯爆炸险兆影响因素细分为20个微观指标，充分明确了具体的致因因素，并且在此基础上构建了险兆事件致因模型，客观分析了矿井瓦斯爆炸的隐患孕育过程。

在瓦斯爆炸危险性方面，主要是在危险源理论的基础上，结合煤矿瓦斯爆炸的复杂性、随机性、模糊性和非线性等特点，利用模糊综合评价法、改进的神经网络法、集对分析法、网络分析法、层次分析法、灰色关联分析法等方法，确定瓦斯爆炸评价指标的权重系数和评价指标体系，建立相关的评价模型，进而对煤矿瓦斯爆炸危险性进行评价。例如，施式亮、张晓梅、李润求等[50-53]运用"人-机-环境-管理"模型，针对工作面火区封闭过程中瓦斯爆炸特点，构建了瓦斯爆炸危险性评价指标体系，并采用灰色聚类法和层次分析法，建立了火区封闭过程中瓦斯爆炸危险性的非线性多层次灰色评价模型；严敏[54]在事故致因理论基础上，采用人-机-环分析法和层次分析法，结合BP神经网络和非线性理论，构建了综放工作面瓦斯爆炸危险性BP神经网络评价模型；法国Tauziède等[55]通过分析已采矿井内瓦斯易聚积区域及瓦斯涌出的影响因素和条件，评估了瓦斯向地表涌出及瓦斯爆炸的可能性和危险性；吴电军等[56]根据两类危险源理论，对矿井瓦斯爆炸的成因和危险源进行了分析，并构建了瓦斯爆炸危险性评价模型；潘超等[57]针对瓦斯爆炸的模糊性、复杂性及多元性特点，通过采用模糊一致判断矩阵和1-9标度法确定瓦斯爆炸危险性各评价指标的综合权重，建立相应评价指标体系，构建了基于FAHP-FCE（模糊层次分析法-模糊综合评价）模型评价方法及危险性等级量化标准；念其锋等[58-59]针对煤矿瓦斯爆炸各影响因素之间的相互关系，采用集对分析法和网络分析法，构建了瓦斯爆炸事故演化危险性的ANP-SPA评价模型；张爱然等[60-61]针对煤矿瓦斯爆炸事故的复杂性和随机性，利用模糊神经网络具有较强的非线性函数逼近能力和较强的自学习、自适应和联想能力的特点，对煤矿瓦斯爆炸危险性进行了评价，在层级分析和Z-number模糊评价法的基础上尝试进行了煤矿瓦斯爆炸管控模型的建立；屈娟、宋士学等[62-63]利用模糊综合评价法和层次分析法，对瓦斯爆炸危险源进行了辨识，建立了煤矿瓦斯爆炸危险性模糊评价模型，同时分析了该评价模型中各个指标的权重系数,并对系统的危险性进行了评价。

在瓦斯爆炸风险评价方面,主要是运用风险理论、系统安全学原理、事故致因理论、危险源理论、灾变理论,结合层次分析法、事故树分析法、灰色聚类评价法、BP神经网络、粗糙集属性约简法和概率论等方法,分析煤矿瓦斯爆炸各影响因素,筛选确定各评价指标及其权重,并建立评价指标体系,最终实现瓦斯爆炸风险定量评价及风险分级防控措施。例如,刘元兴[64]运用风险理论建立了瓦斯爆炸风险评价指标体系,运用层次分析法计算指标权重,利用综合评价法评价煤矿瓦斯爆炸风险程度,对评价结果进行了分级,并将其应用于9个调研矿井,得到了各矿的瓦斯爆炸风险等级;田水承等[65]基于危险源理论和指标的选取原则,构建了针对煤矿掘进工作面瓦斯爆炸的评价指标体系,采用灰色聚类法和BP神经网络理论,结合掘进工作面瓦斯爆炸的特点,构建了基于BP神经网络的掘进工作面瓦斯爆炸危险源安全评价流程图,并对某矿的掘进工作面进行了安全等级评价;魏引尚等[66]应用灾变理论原理,构建了表征矿井瓦斯爆炸过程的尖点模型,利用该模型提出了影响瓦斯爆炸的两个控制参数和一个状态参数,并提出了分析瓦斯爆炸概率风险的评价思路;张涛涛等[67]运用风险理论和灾害系统理论,初步建立了基于瓦斯爆炸风险的指标体系,并采用粗糙集属性约简法对评价指标进行了筛选,确定了评价模型的预测误差算法和风险等级分界表;王燚、贺晓刚等[68-69]运用系统安全学原理和事故致因理论,结合概率论对煤矿瓦斯爆炸的风险和发生概率进行了可靠性评价;董杰等[70]采用FTA法(事故树分析法)分析了瓦斯爆炸的多项致灾因素,通过对煤矿瓦斯爆炸危险源建立安全评价指标体系,利用灰色聚类等评价方法,对矿井、工作面的瓦斯爆炸风险或危险程度进行了评价;安永林等[71]应用可拓学原理,对煤矿瓦斯爆炸易发性地点进行预评估,提出用简单关联函数确定指标权重及瓦斯爆炸易发性的等级。

在瓦斯爆炸后果方面,主要是采用安全评价的基本原理和方法,构建煤矿瓦斯爆炸灾害后果严重程度的评价指标体系和伤害模型,以此来预测和评估瓦斯爆炸后果的严重程度。例如,张甫仁等[72]运用危险源的辨识分析原理和系统论的观点,提出了煤矿重大危险源伤害模型的假设、简化方法和基于危险源系统的伤害模型来研究煤矿瓦斯爆炸严重程度,构建了煤矿瓦斯爆炸冲击波伤害模型。何朝远[73]运用模糊综合评价法对矿井瓦斯煤尘爆炸后果严重度进行预测,确定了相关指标体系,提出了评价指标相对权重的确定方法和矿井瓦斯煤尘爆炸后果严重度等级。

1.2.3 矿井灾害救援决策与评价

1.2.3.1 救援指挥决策

在煤矿应急救援方面,国内外学者主要基于虚拟现实技术、应急预案模板、Web-GIS等技术,利用计算机建立救援专家知识库、救援情景案例数据库、虚拟现实灾害模拟等,开发相关辅助决策软件,用于最佳避灾路线的选择、救灾任务规划、模拟灾害的发展等相关工作内容,为灾害救援的快速决策提供参考。

朱云飞等[74]在矿井发生火灾期间的最佳避灾路线选择方面,首先引入了计算机编程的方法,通过模拟控制灾害发展过程的风流变化来确定最佳的救援行动环境。李军涛[75]应用案例推理和行为决策理论,提出了基于应急预案模板的煤矿瓦斯事故应急决策,并设计了相应的决策支持系统。曾伟等[76]提出了以测量理论规划为主要建模和分析框架的应急决策研究,基于逻辑程序和规划相结合的思路,研究了基于应急预案模板的矿井应急决策和规划方法，结合多任务目标的马尔可夫决策建模及求解方法，为矿井应急救援决策提供了相关理论指导。美国学者 Paltrinieri 等[77]提出了一种动态的风险管理方法，其核心是危险识别和风险评估技术：非典型场景识别的动态过程（DyPASI）和动态风险评估方法（DRA）。这种方法涵盖了新的风险和早期警告，并能系统地更新相关风险信息，不仅适用于系统的设计阶段，而且可以在整个系统的生命周期内提供精确和强大的决策辅助。詹子娜等[78]通过对矿山和地理信息系统（GIS）的灾害应急决策的研究，确定了地理信息系统在应急决策中的重要意义，并提出了应急系统建设的基本方法和模块功能，不仅有丰富、强大的数据和知识基础的紧急救援决策功能，也有动态显示灾害控制模拟和最佳逃生路线选择的功能。Nau 等[79]采用层次任务网络对任务进行分解，并将特定领域的模板（标准化操作步骤）应用于规划器中，建立的模型已被应用于恐怖威胁评估、疏散规划等领域。Mulvehill[80]将模板应用于工作流的定义和描述中，对用于危机行动任务规划领域的相关系统进行了开发。Grathwohl 等[81]在应急预案的形式化描述方面运用了相关逻辑描述理论，采用逻辑推理实现应急预案的一致性检验和态势评估。Gadomski 等[82]结合 MAS 框架在应急行动的规划中应用了 MDP 和基于案例推理的技术方法，建立了可用于恐怖行动应急管理和工业应急管理的智能决策支持系统。Thorstensson 等[83]认为指挥部工作人员对各种救援力量的协调与管理至关重要，甚至对救援行动的结果有着决定性的影响，于是通过引入时间戳和事件分类扩展链路分析，实现了数据的可视化管理。张建华等[84]采用案例和规则推理相结合的方法，构建了应急预案案例的检索和修正模型，但该模型在预案的动态属性等方面的描述能力仍有不足。另外基于网络流理论，结合矿井火灾时期的风流控制理论，构造了煤矿火灾时期风流控制系统模型，并应用该模型对火灾时期井巷的可通行性、通行的难易度、最短路算法等进行了研究，提出了依据灾情变化确定避灾路线的方法，对影响井巷通行难易度的因素进行了分析并建立了相应的计算模型。付文俊[85]通过对矿井火灾以及由火灾引起的瓦斯爆炸救援技术现状分析，深入探讨了矿井火灾发生的危险程度和矿井可燃气体发生爆炸危险性的识别原理，并以该原理为基础，运用数学模型开发了具有救援辅助决策功能的移动式抢险救援指挥软件及相应技术。

1.2.3.2　应急救援能力

在煤矿应急救援能力评价方面，有关学者主要针对应急救援体系的各组成单元开展研究，采用神经网络、灰色理论、层次分析法、模糊综合评价等理论方法，建立评价指标体系和评价模型对煤矿的应急救援能力进行评价。例如，李树刚等[86]在九阶计分法的评价基础上，对网络层次分析法（ANP）和 BP 神经网络进行了优势组合，提出 ANP-BP 评价方法使得评价修正结果更接近真实的期望值，并对部分已有煤矿的应急救援能力状况进行了评价；韩晋平等[87]将煤矿应急救援能力作为研究对象，建立了多层次的评价指标体系，并构建了灰色模糊综合评价模型用以对煤矿应急救援的能力状况进行综合评价；岳宁芳[88]构建了煤矿重大灾害事故的应急能力评估指标体系，该指标体系主要采用应急救援任务、日常建设工作、通信与报警系统等 7 个一级指标来评估煤矿的应急能力；苗成林等[89]将煤矿应急救援能力作为评价目标，采用 AHP 法确定了评价指标的权重系数，然后采用模糊数学方法对煤矿应急能力状态进行多层次模糊综合评价；姜伟等[90]采用模糊综合评价法，针对煤矿企业的火灾事故应急响应能力进行评价，目的是确定企业在矿井火灾事故应对方面的应急救援能力；张军波等[91]针对应急救援队伍的救援能力进行研究，将信息熵权理论和理想法结合起来融入矿井应急救援单位的应急能力评估中，提出了基于理想法的煤矿救援队伍应急能力评价模型。

除此之外，也有学者通过对影响应急救援能力的指标(或决定应急救援成败的最差关键性指标)进行分析，采用SEM(结构方程模型)、Delphi法和最小判别法等方法建立多级评价指标体系，以获得各指标对应急救援能力的影响方式和程度。例如，石钰[92]采用SEM方法，运用AMOS7.0软件构建了初始模型，建立了影响煤矿应急救援能力状况的评价指标体系模型，该模型能够直观地得出各指标对煤矿企业应急救援能力的影响方式和影响程度；张永领[93]设计了基于Delphi法和最小判别法的应急能力逐级评价模式以确定每个指标的评分以及相应的权重，以应急管理周期为基础建立了应急能力评价的三级指标体系来实现逐级评价，寻找各级中最差指标对应急能力的影响。

1.2.3.3 安全风险评价

在煤矿安全风险评价方面，研究的开展主要根据矿井安全系统的特点，采用模糊神经网络、灰色理论、层次分析法、粗糙集理论、加权欧式距离模型等方法建立指标体系并确定指标权重，进行矿井安全状况的综合评价，为矿井安全生产管理提供参考。一般的风险管理需求确定过程如图1.2所示。例如，高晓旭等[94-95]根据"人-机-环-管理"理论，运用模糊神经网络方法，建立了矿井本质安全评价综合指标体系和评价模型，并且为实现煤矿安全动态评价的理念，在霍尔三维模型与因素空间理论的基础上，采用熵权法和灰色关联分析法来分析评价矿井生产系统内的危险源；吴开兴等[96-97]从人员、设备、环境等六个方面对影响煤矿生产安全的因素进行了分析，构建了相关评价指标体系，采用灰色关联度分析法对影响煤矿安全事故的因素进行了分析，明确了各因素间的耦合及关联，为煤矿事故预测工作的开展提供了决策管理理论指导；李运强等[98]以矿井安全为研究对象，构建了反映煤矿安全状况的综合评价指标体系，采用AHP法计算了评价指标的权重系数，并采用模糊综合评价法生成评价样本集来训练BP神经网络，该方法能够进行矿井安全状况的综合评价；黄婷婷[99]采用AHP法和模糊理论，建立了煤矿安全的评价指标体系，构建了AHP-FCE安全评价模型，并对安徽某矿的安全现状进行了综合评价；刘亚静等[100]通过定量综合评价煤矿的安全状况，从而使得矿山技术和管理部门能够及时了解和掌握煤矿企业安全生产动态情况，进而制定出具有针对性的安全措施，并结合煤矿安全的影响因素分析结果，构建评价指标体系用于评价煤矿安全的综合模型，通过具体的案例应用对模型进行了检验、优化；孙汉玉[101]针对属性权重完全未知且属性值以专家经验给出为主的多属性决策问题，根据粗糙集理论提出了利用属性重要度计算权重的分配方法，建立了相关风险评价的关系数据模型，并通过计算得出了风险评价模型相关指标的权重；赵晓亮等[102]基于加权欧式距离模型，提出安全贡献率的概念，并建立了具有煤矿安全状况预先评估功能的预评价模型——变权欧式距离模型，并将该模型用于矿井安全状况的动态表征，在进行黄陵二号井的安全状况综合评价时应用效果良好。

在煤矿事故预测方面，许满贵[103]设计了煤矿动态(变权)安全评价的神经网络模型，综合模糊系统和神经网络技术的优点，建立了煤矿安全指标(百万吨死亡率)预测的神经网络模型；胡双启等[104]针对煤矿事故的特点，采用GM(1,1)灰色预测法和Elman神经网络预测法，构建了煤矿安全事故的综合预测模型，通过预测模型进行科学的煤矿安全事故预测工作。

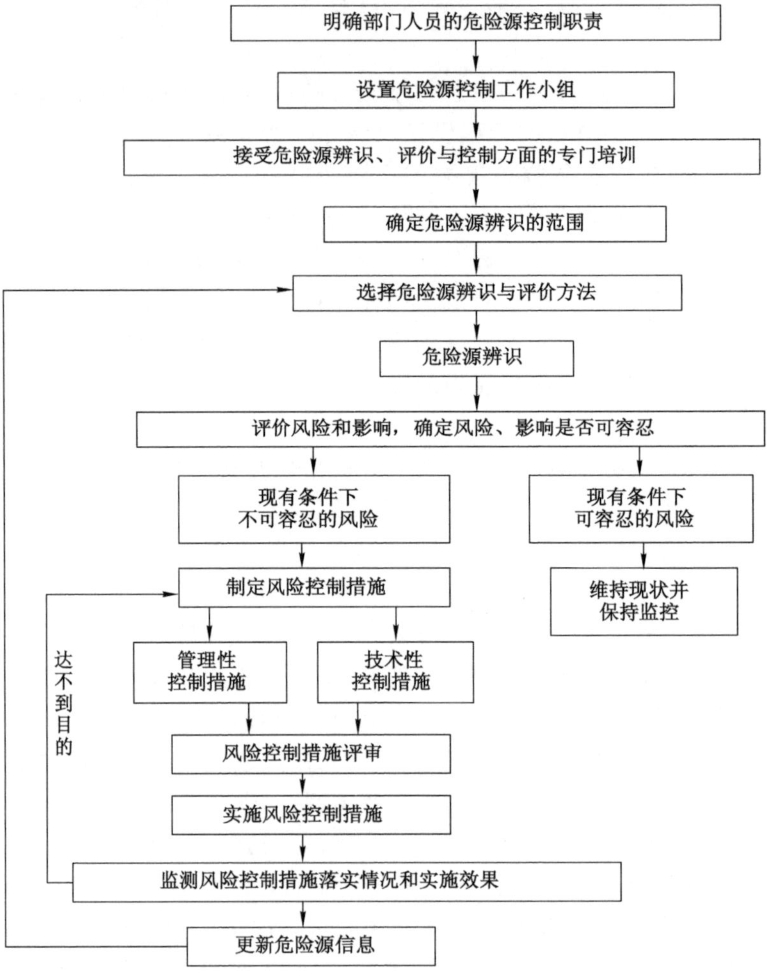

图 1.2　安全风险管理需求确定过程

除此之外，学者们在通风可靠性预测方面，根据以往事故的发生情况对潜在的煤矿事故进行预测，并且在应急预案和管理系统开发等方面进行了大量的研究，均取得了较大的进展。

1.2.4　安全评价技术与方法

早在 20 世纪 30 年代，风险评价就被应用于衡量事故风险程度，以此来确定保险的收费标准。当时的风险评价方法便是后来发展起来的安全评价理论与技术的雏形。20 世纪 60 年代，安全评价技术在系统安全工程的推动下得到了充分发展。例如 1961 年美国提出的事故树分析法（FTA）、英国的概率风险评价、1964 年道（DOW）化学公司提出的“火灾、爆炸危险指数评价法”、1976 年日本提出的化学工厂六阶段评价法、荷兰提出的化学工厂危险评价法等。20 世纪 70 年代以后，在系统安全工程的推动下，针对核电站、大型化工厂等复杂动态系统的风险评估问题，各行业综合推动发展了概率风险（PRA）评价法。除此之外，还有澳大利亚的煤矿操作安全评价法、R. V. 罗曼尼教授提出的安全性指数法、波兰学者提出的以人-机为主的安全评价法，以及日本的隧道安全评价法等。

总的来说，安全评价方法可分为定性评价法和定量评价法。

(1) 定性评价法。主要包括安全检查表法(SCA)、作业条件危险性评价法(LEC)、因素图分析法、专家现场询问观察法、危险与可操作性分析(HAZOP)、故障类型和影响分析等。在煤矿安全评价领域，近年来主要采用事故树分析法、事件树分析法等定性、半定量地剖析事故原因，分析事故原因的逻辑关系、事故发生的潜在危险因素、确立煤矿安全评价指标、评价煤矿危险状态等，并且实现了问题分析的计算机化。定性评价法的主要特点是容易理解、便于掌握，评价过程简单易行。但是也有一定的不足和局限性，主要表现在采用该类方法进行评价时会因专家的专业背景、经验和经历等差异，使得评价具有很强的主观色彩，可能导致无法准确评价和预测事故的风险大小状态。同时，由于危险程度等评价结果不是定量化给出的，因此不同类型评价对象之间的安全评价结果可能无法直接有效地进行对比分析。

(2) 定量评价法。主要有模糊综合评价法、灰色关联度评价法和灰色聚类评价法、数量化理论、人工神经网络(ANN)等。在评价指标权重的确定方法方面主要有熵值法、灰色关联度法、主成分分析法、组合赋权法、欧氏距离法等定量方法。在定量风险评估中，目标是试图为风险评估与成本效益分析期间收集的各个组成部分计算客观数值。由此可知，定量分析是用直观数据来表达评估结果，且研究结果更科学、更严密、更深刻，但是实际情况中若是无正式严格的方法或有效计算风险的水平，则难以进行决策制定。

除此之外，近些年发展起来的极限学习机(ELM)、BP 神经网络、支持向量机(SVM)等理论方法，具有建模时间短和样本数据预测准确性高的特点，因此在安全评价和预测方面具有一定的优势。例如，王江荣等[105]采用极限学习机(ELM)理论，将原有的 9 个判断指标转化为 4 个指标，再将处理过的评价指标作为 ELM 算法的输入样本，实现了评价对象的快速、精准诊断和识别。王欣艳[106]提出企业安全隐患治理能力成熟度的概念与模型，并设计了煤炭行业的评估与预测指标体系，提出单变量的频分多曲线拟合方法来评估企业未来可能的隐患治理能力及其发展趋势，设计了渐进遗忘式在线极速学习机算法，该算法用以研究企业安全管理中的相关因素同隐患数量的影响规律，以此为依据可构建基于管理指标的隐患数量预测模型。

目前常用安全评价方法的比较如表 1.1 所示。

表 1.1 常用安全评价方法比较

内容	评价方法						
	检查表	概率风险评价法	指数法	伤害(或破坏)范围	常规统计法	综合评价法	非线性评价法
包括的种类	事故分析检查表、作业条件危险性评价法	故障树分析、逻辑树分析、马尔可夫模型分析、统计图表分析、故障类型和影响分析、模糊矩阵分析、概率理论分析	火灾爆炸危险指数法、物质危险指数法、日本六阶段安全评价法、化学物接触指数法等	气体泄漏模型、液体泄漏模型、爆炸冲击波超压伤害模型、气体绝热扩散模型、液体泄漏模型等	事故趋势图、比重图、控制图、主次图等	一般综合评价法、模糊综合评价法、灰色综合评价法、综合层次分析法等	神经网络评价法、人工智能、数值模拟等

表 1.1(续)

内容	评价方法						
	检查表	概率风险评价法	指数法	伤害(或破坏)范围	常规统计法	综合评价法	非线性评价法
评价原理	根据系统分析结果或经验,查找各环节的隐患,确定检查项目,并将各检查内容按系统顺序制成表格,再按表格所列内容进行检查和评审	对系统中的最基本单元进行分析,得到各单元的性能及致灾关系,推导系统发生事故的概率,综合评价系统整体的危险程度	将系统中所含有的危险物质作为评价对象,从灾害频率和后果两个方面确定评级指标值	采用事故数学模型,计算事故后果对人或物的伤害或破坏范围	运用数理统计的相关理论,对以往发生的事故进行统计分析,以确定主要事故类型及主要影响因素	运用模糊理论或灰色理论,综合考虑事故影响因素之间的关系及影响程度,进行评价指标筛选和权重确定	以概率风险法、指数法和综合评价等方法为基础,确定评价指标及其权重,建立各评价指标体系和数值模拟数据库,应用人工智能专家系统模拟推理和决策
优点	简明、系统、有标准可循,可适时修改	可构建导致不希望后果发生的事件链或事故树,帮助分析事故原因,定量表示危险程度	操作简单,但避免事故的概率及后果难以确定	可实现事故伤害的定量化计算,结果直观	原理简单、可操作性强	实现分析系统和局部安全生产状况整体认识,有目标的重点管理,掌握安全生产主动权	可打破传统方法的局限性和专家打分的主观性,具有较强的容错性和自学习功能,能较好地处理评价指标之间的模糊关系
缺点	只可评价已存在的对象;检查表内容为有经验人员编制,有一定的局限性,对一些主观指标难以做出客观评价,无法做出整体、动态的评价结果	煤矿生产系统复杂,各影响因素的种类及其状态不太明确,系统分解困难,且假设和专家判断可能存在一定偏差	对危险物质和安全保障体系间的相互作用未加考虑,且各危险因素附加系数范围过宽,补偿项目过多,会导致结果的不合理性。不适用于生产系统或处于动态变化的复杂环境	评价结果的准确性依赖于灾害事故模型的合理性和科学性,而且在计算过程中往往会简化一些条件,因此评价结果的可靠性较弱	若系统中影响因素较多,且各因素之间关联度较复杂,则不适用于此类方法	各指标间的关联性和指标权重几乎完全依靠人工方法进行确定,无自动调整指标权重的能力。分层分析各层隐患集数向量及末层隐患危险度值、评价级别集及隐患的集化方式和误差控制难度大	评价指标的选取必须客观、学习的样本要符合实际。为了学习结果的准确性需要大样本验证。评价指标多时学习困难

表 1.1(续)

内容	评价方法						
	检查表	概率风险评价法	指数法	伤害(或破坏)范围	常规统计法	综合评价法	非线性评价法
实现的程度	多用于检查系统安全性工作计划、设计过程以及系统运行时或运行前的安全检查	可提供事故情况、发生概率、后果及危险分级。多用于技术危险分析,用以制定政策、评价环境影响,提供危险定量分析值及减少危险的措施	只提供事故的情况,不能提供事故的发生概率、后果及相应的后果分级。主要用于化工厂等并发灾害多样、结构复杂、发生概率大和事故后果难以确定的行业	可以评价有毒、有害物质储存、运输等重大危险源的事故影响范围	可清楚地表示各事故的发生频度和主要影响因素的类型、比重	可进行分层评价,可清晰地反映多隐患系统的危险状态	可较好地体现评价指标与危险程度的关系,能较好地解决非线性、离散系统的评价问题

1.3 发展趋势展望

经过多年的努力,我国矿井灾害致灾理论与防控技术的发展对保障煤矿安全生产、预防事故做出了重要贡献。煤矿火灾和瓦斯爆炸防治领域取得了丰硕的成果,煤矿百万吨发火率持续下降,煤矿重特大火灾事故数量明显减少。然而,矿井热动力灾害致灾机理非常复杂,具有较强的模糊性和难预测性等特征,因此现有研究还存在一些不足,主要体现在以下几个方面。

矿井热动力灾害灾变期间,安全、高效的应急救援技术研究仍有不足:① 现有的应急救援系统建设原理主要适用于矿井某一采区主要进风巷灾变期间的烟流控制,难以满足全矿井灾变条件下的烟流控制机制,应当进一步研究全矿井灾变条件下的烟流应急控制方法;② 防控技术缺乏系统性和综合性,没有系统地构建综合防控体系,应进一步研究存在继发性灾害隐患情况下的安全、高效的应急救援技术;③ 应当深入研究煤自燃、瓦斯燃烧/爆炸、煤尘燃烧/爆炸等灾害之间的耦合关系与作用过程,分析继发性灾害之间的相互诱发反应过程,探明不同灾害之间的耦合致灾机理,针对继发灾害的叠加效应及时空变化特性,开展救援危险态势的动态判定方法研究,实现从时间和空间两个维度对救援危险态势进行准确判定;④ 深入研究瓦斯灾害救援时的多气体参数运移演化致灾机制以及灾变期间的多气体应急控制方法、瓦斯燃烧爆炸前兆信息精确获取和判定技术,以及瓦斯燃烧火焰和瓦斯爆炸冲击波路径与破坏效应预测理论,以建立安全、高效、精准的应急救援预测预控技术系统。

矿井热动力灾害防治技术发展方面,井下隐蔽致灾因素探测难度大是矿井热动力灾害频发且已发事故等级相对较高的重要原因之一,亟须开展矿井热动力灾害隐蔽致灾隐患探测理论研究。主要研究对象应当包括:① 采空区隐蔽火源;② 采空区瓦斯燃烧隐患;③ 隐蔽场所煤自燃隐患;④ 煤尘-瓦斯爆炸前兆信息监测。改善手段主要通过夯实现有的基础理论,确定救援过程中灾面的危险因素与动态风险水平,以便指导现场救援决策的落实,保障救援人员的生命安全。

矿井热动力灾害评价和预测方面:① 时效性。现有研究主要是评价煤矿企业正常生产状态下的灾害发生概率及危险程度,而鲜有针对事故救援过程中灾害的发展趋势和救灾危险性进行评价和预测。② 动态性。现有评价和预测模型多属于静态模型,灾害救援中灾情的动态变化特性预测作业受制严重,应重点研究动态模型的建模方法(例如支持向量机、粒子群理论、极限学习机、马尔可夫链等)。③ 局限性。矿井灾害救援方面,主要研究的是救援路径的优化、物资的优化配置、救灾装备研发、救灾辅助决策系统研发等,而在救灾的科学评价与决策方面研究相对较少。④ 综合性。现有研究大多只是针对灾害本身或者救灾人员这两个因素进行单独研究,或者对火灾和瓦斯爆炸进行单独研究,但是并没有很好地将各因素进行交叉融合研究。

综上所述,开展矿井热动力灾害应急救援关键技术研究,探究热动力灾害特征及致灾机制,梳理热动力灾害救援技术要点,建立矿井热动力灾害救援安全性评价和动态预测模型,以便救援决策者可以根据实时、有限灾害信息,定量化判定救援的安全性,使救援决策更加科学、合理、及时,最大程度减轻灾害后果,并保障救援人员安全。这已成为当前煤矿安全生产的迫切需要,也顺应了矿井热动力灾害应急救援发展的潮流,同时也将为未来矿井灾害智能化判识、救援安全性智能预测与智能辅助决策支持奠定一定的理论基础。

参考文献

[1] 中华人民共和国国家统计局. 中国统计年鉴(2020)[EB/OL]. (2020-09-23)[2021-02-02]. http://www.stats.gov.cn/tjsj/ndsj/2020/indexch.htm.

[2] 谢和平,吴立新,郑德志. 2025 年中国能源消费及煤炭需求预测[J]. 煤炭学报,2019,44(7):1949-1960.

[3] 王连聪,梁运涛,罗海珠. 我国矿井热动力灾害理论研究进展与展望[J]. 煤炭科学技术,2018,46(7):1-9.

[4] 任华友. 煤矿开采深度现状及发展趋势[J]. 内蒙古煤炭经济,2017(7):10-11.

[5] 文虎,郭军,金永飞,等. 我国矿井热动力灾害评价研究进展及趋势[J]. 煤矿安全,2016,47(3):172-174.

[6] 宁小亮. 2013—2018 年全国煤矿事故规律分析及对策研究[J]. 工矿自动化,2020,46(7):34-41.

[7] 周心权,常文杰. 煤矿重大灾害应急救援技术[M]. 徐州:中国矿业大学出版社,2007:5-21.

[8] 郭军,岳宁芳,金永飞,等. 矿井热动力灾害救援安全性评价指标体系[J]. 煤矿安全,2017,48(7):253-256.

[9] 郭军. 矿井热动力灾害救援安全性评价与动态预测[D]. 西安:西安科技大学,2016:1-13.

[10] LOWNDES I S, SILVESTER S A, GIDDINGS D, et al. The computational modelling of conveyor belt fires in mine galleries[J]. Australasian Institute of Mining and Metallurgy Publication Series,2005,6:299-308.

[11] WANG K, DU F. Coal-gas compound dynamic disasters in China: a review[J]. Process safety and environmental protection,2020,133:1-17.

[12] ZHOU A T, WANG K, FENG T F, et al. Effects of fast-desorbed gas on the

propagation characteristics of outburst shock waves and gas flows in underground roadways[J]. Process safety and environmental protection,2018,119:295-303.
[13] LI L, QIN B T, MA D, et al. Unique spatial methane distribution caused by spontaneous coal combustion in coal mine goafs: an experimental study[J]. Process safety and environmental protection,2018,116:199-207.
[14] MA D, QIN B T, LI L, et al. Study on the methane explosion regions induced by spontaneous combustion of coal in longwall gobs using a scaled-down experiment set-up[J]. Fuel,2019,254:115547. DOI:10. 1016/j. fuel. 2019. 05. 130.
[15] 王忠文. 矿井火灾诱发爆炸动态演化规律及防治技术研究[D]. 北京:中国矿业大学(北京),2013:35-53.
[16] 邢玉忠,付国廷,王彦凯,等. 煤矿生产矿井通风能力核定方法探讨[J]. 煤炭科学技术,2006,34(8):75-77.
[17] 武帅,邢玉忠. 基于偏"W"型通风系统-走向高抽巷的采空区瓦斯治理技术[J]. 煤矿安全,2019,50(3):177-180.
[18] 武旭东,邢玉忠. 基于CFD数值模拟的顶板走向长钻孔瓦斯抽采效果及参数优化[J]. 矿业安全与环保,2019,46(6):107-112.
[19] 史文芳. 矿井火灾烟气流动及温度分布规律数值模拟研究[D]. 太原:太原理工大学,2013:22-68.
[20] 张振龙,王海燕,周心权. 矿井火区密闭过程中自燃诱发瓦斯爆炸规律的研究[J]. 煤炭技术,2013,32(9):97-99.
[21] 黎体发,张莉聪,徐景德. 瓦斯爆炸火焰波与冲击波伴生关系的实验研究[J]. 矿业安全与环保,2005,32(2):4-6.
[22] 徐景德. 矿井瓦斯爆炸冲击波传播规律及影响因素的研究[D]. 北京:中国矿业大学(北京),2003:20-60.
[23] 朱迎春,周心权,王海燕,等. 封闭火区注惰气引发瓦斯爆炸的数值模拟[J]. 矿业安全与环保,2009,36(3):1-3.
[24] 王德明. 煤矿热动力灾害及特性[J]. 煤炭学报,2018,43(1):137-142.
[25] 杨永斌,王德明,韩方伟. 矿井瓦斯燃烧事故灾害特点分析[J]. 煤矿安全,2010,41(5):96-99.
[26] 孙若山,王海燕,周心权,等. 矿井火区启封安全性分析及判别准则[J]. 中国安全生产科学技术,2011,7(8):42-46.
[27] 段玉龙,余明高,姚新友,等. 瓦斯爆炸后空间温度分布及热危害区域分析研究[J]. 中国安全生产科学技术,2018,14(1):56-62.
[28] 焦宇,段玉龙,周心权,等. 煤矿火区密闭过程自燃诱发瓦斯爆炸的规律研究[J]. 煤炭学报,2012,37(5):850-856.
[29] 焦宇,周心权,段玉龙,等. 瓦斯爆炸烟流浓度和温度的扩散规律[J]. 煤炭学报,2011,36(2):293-297.
[30] 段玉龙,周心权,丁晓蕾,等. 封闭火区注惰下瓦斯气体分布规律的探讨[J]. 煤炭学报,2010,35(1):80-84.

[31] GUO J,LIU Y,CHENG X J,et al. A novel prediction model for the degree of rescue safety in mine thermal dynamic disasters based on fuzzy analytical hierarchy process and extreme learning machine[J]. International journal of heat and technology,2018,36(4):1336-1342.
[32] 陈国良,周心权,王富宝. 采煤工作面顺槽煤炭自燃危险性评估[J]. 煤矿安全,2003,34(4):9-11.
[33] 巩志敏,周心权,刘正宏. 采空区煤自燃危险因素灰色关联性分析[J]. 煤矿安全,2008,39(4):79-81.
[34] 刘业娇,曹庆贵,林晓飞. 煤矿内因火灾事故的 2 级模糊综合评判[J]. 安全与环境学报,2006,6(增刊 1):156-158.
[35] 褚廷湘,杨胜强,刘国忠,等. 模糊综合评价对采空区自然发火的评价及应用[J]. 中国安全生产科学技术,2008,4(1):124-127.
[36] 李兴东,王少强,陈洋蕾,等. 煤矿内因火灾危险性评价新耦合模型[J]. 煤矿安全,2018,49(7):159-163.
[37] 谭艳春,张人伟,陈丽霞,等. 模糊综合评价在矿井内因火灾评价中的应用[J]. 中国安全生产科学技术,2010,6(5):114-117.
[38] 王磊,武术静,李长青. 灰色马尔可夫模型对煤自然发火预测的研究[J]. 河南理工大学学报(自然科学版),2015,34(1):35-39.
[39] 孙继平,宋姝. 基于遗传算法实现聚类的煤矿内因火灾识别[J]. 湖南科技大学学报(自然科学版),2006,21(1):1-4.
[40] 杜振宇,杨胜强,王军,等. 基于可拓优度的矿井火灾安全评价方法[J]. 矿业安全与环保,2013,40(1):107-110.
[41] 贺继红,陶化冶,张鑫,等. 基于可拓的煤矿安全评价研究[J]. 煤矿安全,2010,41(1):115-118.
[42] 张兴凯. 矿井火灾严重程度评价[J]. 中国安全科学学报,2005,15(4):25-28.
[43] 孙勇,彭担任,张人伟,等. 基于 BP 神经网络的矿井火灾安全评价方法[J]. 工业安全与环保,2011,37(1):38-40.
[44] 孙勇,李宏斐,闫斌移,等. 矿井火灾安全评价新方法[J]. 煤矿安全,2009,40(4):123-126.
[45] 田水承,张利华,许永刚. 基于三类危险源的瓦斯爆炸 SD 仿真[J]. 煤矿安全,2012,43(7):213-216.
[46] 田水承,张利华,王莉. 煤矿瓦斯爆炸 3 类危险源系统的 SD[J]. 西安科技大学学报,2011,31(6):689-692.
[47] 李树砖,田水承,郭彬彬. 基于 ISM 的煤矿瓦斯爆炸事故致因分析[J]. 矿业安全与环保,2011,38(5):83-86.
[48] 曹树刚,王艳平,刘延保,等. 基于危险源理论的煤矿瓦斯爆炸风险评价模型[J]. 煤炭学报,2006,31(4):470-474.
[49] 田水承,梁清,马文赛,等. 煤矿瓦斯爆炸险兆事件致因模型构建[J]. 煤矿安全,2017,48(4):226-229.

[50] 施式亮,李润求,何利文,等.基于分形学的瓦斯爆炸事故时序数据分析模型及应用[J].中国安全科学学报,2011,21(10):10-15.

[51] 施式亮,李润求.煤矿瓦斯爆炸事故演化危险性评价的 AHP-GT 模型及应用[J].煤炭学报,2010,35(7):1137-1141.

[52] 张晓梅.工作面火区封闭过程瓦斯爆炸危险性分析[D].西安:西安科技大学,2012:15-23.

[53] 李润求.煤矿瓦斯爆炸事故演化特性与危险性评价研究[D].湘潭:湖南科技大学,2009:20-56.

[54] 严敏.综放面瓦斯爆炸危险性非线性分析模型及应用[D].西安:西安科技大学,2009:20-27.

[55] TAUZIÈDE C, POKRYSZKA Z, BARRIÈRE J P. Risk assessment of surface emission of gas from abandoned coal mines in France and techniques of prevention [J]. Mining technology,2002,111(3):192-196.

[56] 吴电军,罗新荣,郑永坤,等.基于危险源理论的煤矿风险评价模型研究[J].能源技术与管理,2010,35(1):118-120.

[57] 潘超,左宇军.基于 FAHP-FCE 模型的煤矿瓦斯爆炸危险性评价研究[J].工业安全与环保,2015,41(2):32-36.

[58] 念其锋,施式亮,李润求.煤矿瓦斯爆炸灾害态势评估的 GRA-ANP-FCE 模型及应用[J].安全与环境学报,2014,14(2):80-84.

[59] 念其锋,施式亮,李润求.煤矿瓦斯爆炸危险性的 ANP-SPA 评价模型及应用[J].科技导报,2013,31(23):40-44.

[60] 张爱然,李晓霞,姚有利.基于 Z-number 的煤矿瓦斯重大危险源分级研究[J].矿业安全与环保,2019,46(3):86-91.

[61] 张爱然,罗新荣,杨飞,等.基于模糊神经网络的瓦斯爆炸危险性评价模型[J].黑龙江科技学院学报,2008,18(1):54-57.

[62] 屈娟,田水承,从常奎,等.基于 AHP 的煤矿瓦斯爆炸事故危险性分析与评价[J].矿业安全与环保,2008,35(4):77-79.

[63] 宋士学,曹庆贵,林乐顺.基于 AHP 和模糊数学的煤矿瓦斯爆炸危险性评价及应用[J].工业安全与环保,2006,32(6):57-59.

[64] 刘元兴.煤矿瓦斯爆炸风险评价及应用[D].焦作:河南理工大学,2012:34-62.

[65] 田水承,李华,陈勇刚.基于神经网络的掘进面瓦斯爆炸危险源安全评价[J].煤田地质与勘探,2005,33(3):19-21.

[66] 魏引尚,张俭让,常心坦.瓦斯爆炸的突变模型[J].西安科技学院学报,2002,22(3):250-252.

[67] 张涛涛,薛晔.基于粗糙集属性约简方法的煤矿瓦斯爆炸灾害风险指标体系[J].煤矿安全,2014,45(1):136-139.

[68] 王燚,李勇.高瓦斯矿井瓦斯爆炸事故的安全性评价研究[J].煤矿爆破,2010(4):20-22.

[69] 贺晓刚,张人伟,王亮,等.煤矿瓦斯爆炸的风险评价[J].煤矿安全,2006,37(9):

48-50.

[70] 董杰,李希建,李国祯.基于 FTA 方法的矿井瓦斯爆炸安全评价[J].矿山机械,2011,39(12):109-112.

[71] 安永林,彭立敏,张运良,等.可拓法评估煤矿瓦斯爆炸易发性[J].灾害学,2007,22(4):21-24.

[72] 张甫仁,景国勋.矿山重大危险源评价及瓦斯爆炸事故伤害模型建立的若干研究[J].工业安全与环保,2002,28(1):42-45.

[73] 何朝远.矿井瓦斯煤尘爆炸后果严重度的模糊综合评价[J].矿业安全与环保,2000,27(6):31-32.

[74] 朱云飞,王德明.矿井热动力灾害逃生影响因素研究[J].煤矿安全,2018,49(9):301-304.

[75] 李军涛.煤矿瓦斯事故灾害特征与救援决策支持系统研究[D].北京:中国矿业大学(北京),2013:36-63.

[76] 曾伟,周剑岚,王红卫.应急决策的理论与方法探讨[J].中国安全科学学报,2009,19(3):172-176.

[77] PALTRINIERI N,TUGNOLI A,BUSTON J,et al. Dynamic Procedure for Atypical Scenarios Identification (DyPASI):a new systematic HAZID tool[J]. Journal of loss prevention in the process industries,2013,26(4):683-695.

[78] ZHAN Z N,JIN L Z,CAO Z N,et al. Research on mine emergency rescue command system based on Chambers[J]. Procedia engineering,2012,45:710-715.

[79] NAU D,AU T C,ILGHAMI O,et al. Applications of SHOP and $SHOP_2$[J]. IEEE intelligent systems,2005,20(2):34-41.

[80] MULVEHILL A M. Authoring templates with tracker[J]. IEEE intelligent systems,2005,20(2):42-45.

[81] GRATHWOHL M, DE BEUVRON F D B, ROUSSELOT F. A new application for description logics: disaster management [C]//Proceedings of the International Workshop on Description Logics'99. Linkoping,Sweden:[s. n.],1999:56-60.

[82] GADOMSKI A M, BOLOGNA S, COSTANZO G D, et al. Towards intelligent decision support systems for emergency managers: the IDA approach [J]. International journal of risk assessment and management,2001,2(3/4):224.

[83] THORSTENSSON M, AXELSSON M, MORIN M, et al. Monitoring and analysis of command post communication in rescue operations[J]. Safety science,2001,39(1/2):51-60.

[84] 张建华,刘仲英.案例推理和规则推理结合的紧急预案信息系统[J].同济大学学报(自然科学版),2002,30(7):890-894.

[85] 付文俊.矿井火灾救援指挥辅助决策系统的研究[D].北京:煤炭科学研究总院,2005:12-21.

[86] 李树刚,王璐,成连华,等.基于 ANP-BP 方法的煤矿应急能力评价研究[J].矿业安全与环保,2014,41(6):115-119.

[87] 韩晋平,毕永华,侯金玲,等.基于灰色-模糊综合法的煤矿应急救援能力评价研究[J].

西安科技大学学报,2011,31(2):146-152.
[88] 岳宁芳.煤矿重大灾害事故应急能力评估指标体系的构建[J].煤炭技术,2009,28(2):3-5.
[89] 苗成林,孙丽艳,杨力,等.基于结构方程模型的煤矿企业应急救援能力评价研究[J].中国安全生产科学技术,2014,10(2):106-113.
[90] 姜伟,周心权,刘亚楠.矿井火灾应急救援能力评价[J].矿业安全与环保,2009,36(5):25-27.
[91] 张军波,郭德勇,王立兵.基于理想法的煤矿救护大队应急能力评价[J].中国煤炭,2011,37(8):101-104.
[92] 石钰.基于SEM的煤矿企业应急救援能力评价模型研究及应用[D].西安:西安科技大学,2012:24-32.
[93] 张永领.基于Delphi法和最小判别的应急能力逐级评价模式研究[J].中国安全科学学报,2010,20(2):165-170.
[94] 高晓旭,董丁稳,杨日丽.BP神经网络在煤矿本质安全评价模型中的应用[J].西安科技大学学报,2011,31(6):780-785.
[95] 高晓旭,张旭,董丁稳,等.煤矿危险源多层递阶模型及风险评价[J].西安科技大学学报,2015,35(2):175-180.
[96] 吴开兴,范周艳.煤矿安全管理与评价系统的设计与实现[J].煤炭工程,2014,46(4):137-139.
[97] 吴开兴,贾明灿,张惠民.基于4M-C-I煤矿安全评价指标体系的灰色关联分析[J].工矿自动化,2014,40(2):84-87.
[98] 李运强,程五一,南玮超.基于BP网络的矿井安全状况综合评价的研究[J].中国矿业,2006,15(7):80-83.
[99] 黄婷婷.基于FAHP的煤矿安全综合评价与研究[D].淮南:安徽理工大学,2011:36-59.
[100] 刘亚静,毛善君,姚纪明,等.基于层次分析法的煤矿安全综合评价[J].矿业研究与开发,2007,27(2):82-84.
[101] 孙汉玉.基于粗糙集理论的采煤工作面风险评价指标权重确定[J].煤炭工程,2010,42(4):64-66.
[102] 赵晓亮,宋子岭,周扬,等.矿井安全预评价的变权欧式距离模型的建立及应用研究[J].安全与环境学报,2005,5(5):9-11.
[103] 许满贵.煤矿动态综合安全评价模式及应用研究[D].西安:西安科技大学,2006:80-109.
[104] 胡双启,李勇.基于灰色Elman神经网络的煤矿事故预测[J].中国安全生产科学技术,2009,5(4):106-109.
[105] 王江荣,罗资琴,文晖.基于因子分析的极限学习机在煤与瓦斯突出等级识别中的应用[J].煤,2014,23(11):13-16.
[106] 王欣艳.煤矿安全隐患治理能力评估与预测方法研究[D].北京:中国矿业大学(北京),2013:53-85.

第2章 矿井热动力灾害特征研究

2.1 概 述

矿井热动力灾害是指与热有关的动力灾害现象，在矿井瓦斯、煤尘、火、水、顶板五大灾害中，矿井热动力灾害主要包括矿井火灾、瓦斯爆炸和煤尘燃烧爆炸这三类灾害[1]。作为矿井热动力灾害的两种主要形式，矿井火灾和瓦斯爆炸的成因复杂、影响因素多，能在一定条件下相互转化，引发多种继发灾害[2-3]。灾害发生后，由于井下灾区往往存在热力效应，使得灾区状态呈非稳态，灾情更加模糊和不可预测，极大地增加了救灾指挥决策的难度以及救援人员进入灾区搜救的危险程度[4-5]。

经过多年的努力，我国煤矿热动力灾害致灾机理与防治技术领域取得了丰硕的成果，为煤矿安全事业做出了巨大的贡献。本章将总结分析热动力灾害类型与特征，重点分析矿井热动力灾害的成因与影响因素，研究热动力灾害的防治技术，对热动力灾害的再认识与防治理论研究具有重要的意义。

2.2 矿井热动力灾害类型与特征

2.2.1 矿井火灾

1）按火灾的成因，可将矿井火灾分为内因火灾和外因火灾[6]。

（1）内因火灾：通常指煤炭在一定的氧化条件和蓄热环境下，因自身发生物理、化学反应积聚热量而升温导致着火形成的火灾。

（2）外因火灾：主要是指外来火源，如明火、爆破、机械摩擦或撞击、电火花、电弧或过流等原因造成的火灾。外因火灾多发生在井底车场、巷道等电气设备聚集，通风不畅的场所。外因火灾不仅突发性较强，并且火灾蔓延速度快。

灾害特点：在数量方面，内因火灾要远远大于外因火灾；在事故严重程度方面，外因火灾往往会引起重大恶性事故，后果严重性大于内因火灾。

2）按发生位置，可将矿井火灾分为地面火灾和井下火灾。

（1）地面火灾：主要指发生在如井口、煤堆、煤仓等地面上的火灾。

灾害特点：地面火灾具有征兆明显、易于发现、空气供给充分、燃烧安全、有毒气体产生量较少、空间宽阔、烟雾易于扩散、灭火工作回旋余地大、易扑灭等特点。

（2）井下火灾：发生在煤矿井下如采空区、高冒区、采掘工作面等地点的火灾。

灾害特点：由于井下相对封闭、燃烧供氧条件受限，该类火灾事故的发展过程缓慢，在事故发生后可能会产生大量有毒有害气体、引发高温烟气蔓延扩散，造成通风系统紊乱，严重威胁井下工作人员和救援人员的生命安全[7]。因此煤矿井下火灾通常要比地面火灾的危害更大、灭火成本更高。

3）按燃烧特点，可将矿井火灾分为富氧燃烧和富燃料燃烧。

（1）富氧燃烧（非受限燃烧）：指燃烧时氧气供给充足的燃烧过程，其火灾火源分布带如图 2.1 所示。沿风流方向分为 4 个火源分布带。各分布带烟流的平均温度（t）、氧浓度 φ_{O_2}（%）和碳化物组分 φ_C（%）的变化对应显示在图 2.1 的上半部分。

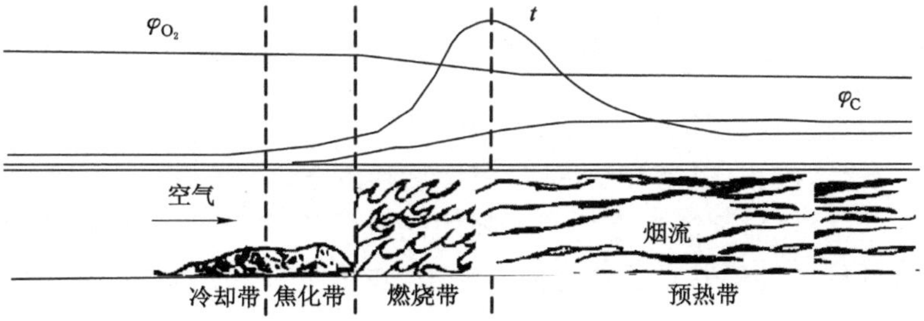

图 2.1　富氧类燃烧火灾火源分布带示意[8]

① 冷却带：火源燃烧掠过该带后火焰已熄灭，无氧化反应发生，仅存在受迫对流传热，巷道壁温下降但仍高于风流温度，使流经该带的风流温度缓慢上升，风流的氧浓度不变且不含碳化物。

② 焦化带：可燃物的高温焦化残余物（焦炭）与风流中的氧发生氧化反应继续燃烧，属于表面燃烧形式。流经该带的风流温度上升，碳化物浓度增长的同时氧浓度开始减小。

③ 燃烧带：可燃物热解生成的挥发性可燃气体在风流中燃烧，风流中氧浓度的减小远小于富燃料类火灾，风流温度和碳化物浓度也低于富燃料类火灾。

④ 预热带：由于燃料不足，此区域内的火势一般不是很大，可燃挥发物在预热带基本耗尽，故预热带的温度迅速降低。

灾害特点：火源燃烧时产生的挥发性气体在燃烧过程中已基本耗尽，没有多余炽热挥发性气体与火区内主风流汇合，无法预热下风侧更大范围内的可燃物，导致火源的下风侧风流中的氧气体积浓度往往大于 15%，加之火源范围较小、火势较弱、蔓延速度较低，故耗氧量较小。

（2）富燃料燃烧（贫氧类火灾）：指燃烧火势大、温度高，同时产生大量炽热挥发性气体，致使燃烧区域下风侧的主风流通常为高温预混可燃气体且氧浓度接近零的火灾事故[9]。图 2.2 显示了富燃料（贫氧）类燃烧的危险。

该类火灾在冷却带和焦化带与富氧燃烧火灾的特征表现基本相同：火势较大、耗氧速率降低快。其高温热解带通常分为燃烧和剩余燃料 2 个分带。

① 燃烧带。可燃物热解生成的挥发性可燃气体在风流中燃烧使得烟流浓度达到最高值，碳化物浓度持续增高的同时，烟流中氧浓度持续下降接近于零。因氧气缺乏，燃烧逐渐停止，剩余部分炽热挥发性气体流向下风侧，故该分带燃烧类型属于热解燃烧。

② 剩余燃料带。高温挥发性气体与燃烧产生的热量共同作用加热该分带内的可燃物，

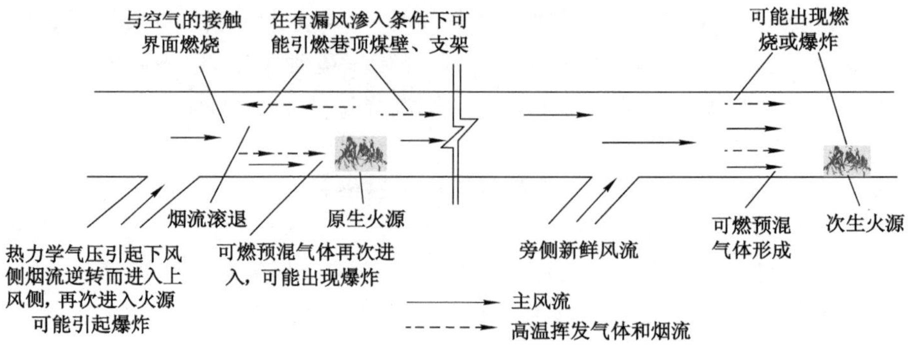

图 2.2 富燃料(贫氧)类燃烧的危险示意图

使其热解生成大量挥发性气体，并混合于烟流中顺风流方向流动。在该分带，热解过程吸热，氧化放热反应逐渐停止，温度开始下降，氧浓度接近于零。在预热带，含有挥发性气体的高温烟流不断向巷壁传热，烟流温度持续下降的同时烘干、预热下风侧巷道壁，为火源蔓延创造条件。该带的传热过程以受迫对流传热为主，在接近高温热解带的区域也存在热辐射现象。

灾害特点：下风侧烟气中可燃气体剩余较多及氧浓度接近于零；燃烧区域下风侧风流与新鲜风流汇合后易形成新的火源点，即容易形成火源“跳蛙”；该类火灾燃烧带的火焰会通过热辐射和热对流过程加热紧邻可燃物，使其温度快速升至燃点，保持燃烧的两种因素持续存在和发展，致使火灾燃烧范围广、蔓延速度快、氧气消耗量大；火灾蔓延受到主风流供氧量的限制，一般剩余氧浓度低于 2%。

表 2.1 总结了富氧燃烧和富燃料燃烧类火灾的基本特征。

表 2.1　富氧燃烧和富燃料燃烧类火灾的基本特征

灾害情况	燃烧类别	
	富氧燃烧	富燃料(贫氧)燃烧
基本特征	燃料不足，氧气供应充足	可燃物富足，氧气不足
特点	火源范围小，火势小，蔓延慢；耗氧少，氧剩余多(大于 15%)；可燃挥发物基本耗尽；不易引起再生火源和爆炸；危险性较小	火源范围大，火势大，蔓延快；耗氧多，氧剩余少(小于 2%)；剩余大量可燃挥发物；易引起再生火源和爆炸；危险性更大

2.2.2　瓦斯爆炸

瓦斯爆炸可以被看作是一种剧烈的瓦斯燃烧，是空气与瓦斯气体充分混合后，在一定条件下遇到火源而发生的剧烈的连锁反应，通常伴有高压、高温现象[10]。井下瓦斯与煤自燃共生灾害是复杂时空条件下多尺度、多时空、多物理化学场的耦合演化结果，其致灾的充要条件是裂隙场、氧气浓度场、甲烷浓度场、温度场的耦合作用。

1) 按事故后果波及范围，可将瓦斯爆炸分为局部瓦斯爆炸、大型瓦斯爆炸和连续瓦斯爆炸[11-12]。

(1) 局部瓦斯爆炸：指发生在井下局部地点且参与爆炸反应瓦斯当量较小的爆炸事故。

灾害特点：爆炸的火焰传播速度及有毒有害气体产生量都相对较小，是一种对矿井的破坏性和对人的伤害程度有限的瓦斯爆炸。

(2) 大型瓦斯爆炸：指发生在有大量瓦斯积聚的工作面或巷道等区域，影响范围较大的瓦斯爆炸。

灾害特点：参与爆炸的瓦斯量大，爆炸产生的冲击波强。该类爆炸事故可能严重破坏矿井通风系统，致使矿井发生风流逆转和紊乱现象，造成矿井设备、设施严重破坏，导致较大的人员伤亡，甚至引起火灾、瓦斯煤尘爆炸等继发灾害。

(3) 瓦斯连续爆炸：指一定时间内、发生次数较多且时间间隔较短的瓦斯爆炸。发生爆炸的次数和间隔时间通常与矿井灾区瓦斯积聚情况、瓦斯涌出量和灾区漏风供氧情况等因素相关。

灾害特点：一般认为瓦斯涌出量大、瓦斯源充分并且有大量新鲜空气供给时，事故发生时的爆炸强度大，且单次事故爆炸次数多、爆炸间隔时间缩短。由于瓦斯连续爆炸具有很强的模糊性和不可预测性，因此在事故救援过程中，该类事故会对灾区救援人员的生命安全造成极大的威胁[13-14]。通过对实际事故案例调研发现，瓦斯连续爆炸的次数和间隔时间并没有明显的规律可循，因此瓦斯连续爆炸事故的致灾机理需要进一步研究补充。

2) 按照爆炸地点，可将瓦斯爆炸分为采煤工作面、掘进工作面、采空区和巷道等地点瓦斯爆炸。

(1) 采煤工作面发生的瓦斯爆炸。灾害特点：事故发生率较高，多为大型瓦斯爆炸，事故的发生容易造成大量人员伤亡，是一种灾害波及范围大、破坏性强的瓦斯爆炸事故类型。

(2) 掘进工作面发生的瓦斯爆炸。灾害特点：掘进工作面瓦斯涌出量较大、地质条件复杂、瓦斯运移过程中的动力现象较明显。此类区域主要靠局部通风机通风，因此通风现场管理难度较大。一旦通风机发生故障停风便会造成瓦斯积聚，瓦斯爆炸概率极大、灾变破坏性极强。该类瓦斯爆炸发生后的灾区通风设备、设施通常无法正常运转，因此受灾面通常处于停风状态，爆炸产生的高温烟气难以排出灾区，导致灾区能见度低、救援难度大且二次爆炸风险概率高。

(3) 采空区发生的瓦斯爆炸。灾害特点：该类事故的引爆火源相对单一，绝大多数情况下是由煤自燃引起瓦斯爆炸，另有文献表明，采空区顶板垮落时岩石碰撞产生火花也可能引起此类事故。此类瓦斯爆炸的破坏性通常较小，一般不会造成大量的人员伤亡，救援难度也相对较小。但是，此类爆炸可能引起工作面发生火灾和瓦斯煤尘爆炸，因此救援时需要谨慎对待。

(4) 巷道等其他地点发生的瓦斯爆炸。灾害特点：事发地一般为高浓度瓦斯积聚的盲巷、高冒区或异常涌出瓦斯的巷道。虽然此类瓦斯爆炸事故的触发条件苛刻，也不会造成大量的人员伤亡，但其特点是难以预测，而且容易引起其他地点发生连锁瓦斯爆炸。

3) 按照瓦斯气体特点，可将瓦斯爆炸分为火区内积聚瓦斯发生爆炸和生成的可燃气体发生爆炸。

(1) 火区内积聚的瓦斯发生爆炸。在火灾发生的情况下，一般会采取封闭火区的控制措施，虽然减少了火区的通风供氧、遏止了火灾发展，但是封闭火区会引起通风量急剧减少，导致火区内涌出的瓦斯无法被稀释排出，进而瓦斯迅速积聚、浓度升高达到爆炸极限，一旦与灾区内火源相遇时便会发生瓦斯爆炸。

（2）火区生成的火灾气体引发瓦斯爆炸。火区生成的可燃性气体，主要包括煤自燃低温阶段产生的 CH_4 气体以及煤炭贫氧燃烧状态产生的 CO 气体。除此之外，当煤在低温阶段发生干馏反应时还会释放 CO、CH_4 和其他碳氢化合物等可燃性气体。

灾害特点：火灾时产生的可燃性气体温度普遍较高，当这些高温可燃气体与瓦斯混合后便会形成爆炸性混合气体引发爆炸。另外，灾区存在的火源可能会导致灾区风流紊乱，致使达到爆炸极限的混合爆炸性气体与火源相遇而发生瓦斯爆炸事故[15]。

4）按照灾区封闭时间，可将瓦斯爆炸分为 3 类，即火灾初期未封闭火区时发生的瓦斯爆炸、封闭火区过程中发生的瓦斯爆炸、火区封闭后发生的瓦斯爆炸[16]。

（1）火灾初期未封闭火区时发生的瓦斯爆炸。指在火灾初期，由于救援人员在搜寻火源、探查火情、直接扑灭火灾时受到意外因素影响未来得及封闭火区而导致的瓦斯爆炸。在尚未封闭的火区内直接扑灭火灾可能会扰乱原有的通风系统，致使达到爆炸极限的混合气体与火源相遇发生爆炸。

灾害特点：该类爆炸事故发生情况突然，由于此时供氧充分，火焰传播速度快、爆炸冲击波破坏力较强，且多为连续爆炸，通常会导致较大的救援人员伤亡情况。

（2）封闭火区过程中发生的瓦斯爆炸。当火情发展到一定程度以后，采用直接灭火措施具有较大风险时，通常采用封闭火区的措施控制灾情。而在火区封闭过程中，由于灾区的通风量不断减少，导致通风对火区瓦斯的稀释排放能力快速降低，致使灾区瓦斯浓度不断升高。加之，火区的压力突变和火灾产生的热风压影响，可能导致高浓度瓦斯与新鲜风流混合后，流经火源点而引发瓦斯爆炸。

灾害特点：此类爆炸一般发生在密闭墙施工后期，有时甚至在刚完成密闭墙施工或砌最后一块砖时。

（3）火区封闭后发生的瓦斯爆炸。在火区封闭以后，火区内瓦斯气体浓度迅速升高，灾区仍然有明火或自燃的煤炭存在，倘若灾区大气中氧气浓度还没下降到抑爆浓度或者火区密闭墙有漏风时便会引发瓦斯爆炸。一般地，火区封闭的范围越大，或发生漏风的孔隙通道越多，则发生瓦斯爆炸的可能性就越大。

灾害特点：煤炭可以在高温贫氧的状态下持续氧化燃烧释放热量维持火区的发展，因此该类事故默认隐患区域内存在火源，一旦火区的启封作业使得新鲜风流大量涌入火区，将瞬间稀释高浓度瓦斯至爆炸极限范围内引发瓦斯爆炸。同时，因煤自燃隐患引起的瓦斯爆炸发展过程中会产生大量 CO_2、水蒸气和大量的热。

5）按爆炸剧烈程度和特征，瓦斯爆炸可分为爆燃和爆轰两种形式。爆燃属于带压力波的燃烧，是一种不稳定的状态，其燃烧速度为每秒几十米到百多米，而通常瓦斯爆炸情况都处于此类状态。经计算，甲烷在定容绝热条件下的爆燃温度可达 2 340 K，超压为 0.86 MPa；实测温度为 2 230 K，超压为 0.745 MPa。如果条件具备，瓦斯爆炸反应便从爆燃转变为爆轰，此时前沿冲击波和紧跟其后的化学反应区以同一高速（即爆轰速度）传播，此时爆轰反应超压和温度达到最大。当甲烷浓度为 9.5％时，超压为 1.719 MPa，温度可达 2 781 K，此时爆轰速度达到 1 804 m/s[17-18]。

2.2.3 煤尘燃烧及爆炸

煤尘爆炸是在高温或一定点火能的热源作用下，空气中氧气与煤尘急剧氧化反应的过程，是一种非常复杂的链式反应。无烟煤煤矿采煤工作面的煤尘大多数属于无爆炸性粉尘

(个别情况除外),而烟煤、褐煤煤矿采煤工作面产生的煤尘均属爆炸性粉尘。煤的碳化程度越低、挥发分越高,煤尘的爆炸性就越强,具有煤尘爆炸危险的煤矿都有发生特别重大煤尘爆炸事故的可能[19-20]。

1) 按照实际煤尘爆炸过程中的特殊条件可以划分为:

(1) 快速感应煤尘爆炸事故:指高挥发分煤尘在爆炸感应期内,生成大量挥发性可燃气体,缩短爆炸反应间隔的煤尘爆炸事故。

灾害特点:该类事故发生过程中的煤尘颗粒挥发分含量越高,则煤尘爆炸感应期越短,相对的煤尘爆炸事故发生越迅猛,一般挥发分含量在 40%左右的煤尘颗粒引发爆炸所需的时间为 280 ms[21]。

(2) 高毒性煤尘爆炸事故:煤尘爆炸过程中会产生大量的 CO 气体,正常情况下其浓度可达 2%~3%,但是高毒性煤尘爆炸事故发生的情况下 CO 浓度甚至可以达到 8%左右。

灾害特点:灾后区域内的 CO 浓度远超普通煤尘爆炸事故产生的 CO 浓度。

(3) 连续煤尘爆炸事故:煤尘爆炸时的正向冲击是在高温作用下爆炸地点的空气急剧向外扩张,而反向冲击是在爆源附近空气因受热膨胀、密度减小,火焰过后温度降低,瞬时形成负压区,空气迅速向爆源附近返回。在反向冲击发生时,如果该爆源附近仍然存在一定浓度的煤尘,则在热源和氧气的参与下会引发二次煤尘爆炸。

另外,煤尘爆炸时产生的压力波传播速度极快,能将巷道内、设备表面的积尘扬起,使空气中煤尘浓度迅速达到爆炸浓度界限,当落后于压力波的高温火焰到达时,就会发生第二次煤尘爆炸。

灾害特点:考虑到实际井下复杂的环境条件,连续性爆炸的灾害覆盖范围广,甚至有可能破坏井下"瓦斯库",进而形成连续瓦斯爆炸。

2) 按照事故发生地点可以将煤尘爆炸事故划分为[22]:

(1) 采煤工作面发生的煤尘爆炸。灾害特点:采煤工作面在进行煤壁切割过程中会形成大量的煤尘颗粒,一旦工作面机电设备电路老化短路等原因产生电火花,或由落煤碰撞摩擦产生火花接触高浓度煤尘颗粒,极易引发煤尘爆炸事故。

(2) 掘进工作面发生的煤尘爆炸。灾害特点:此类区域主要靠局部通风机通风,因此现场通风管理难度较大,一旦通风机发生故障停风便会造成煤尘积聚,进而引发煤尘爆炸。此外,煤尘爆炸发生后的灾区通风设备、设施通常无法正常运转,因此受灾面通常处于停风状态,冲击波扬起的煤尘可能无法排出工作面,极易形成连续煤尘爆炸事故。

3) 当现场条件不满足煤尘爆炸条件时,事故便以煤尘燃烧的形式发生。按照着火方式,煤尘燃烧可划分为:

(1) 非均相着火:该类事故属于煤尘中的固定碳着火。首先,氧气与颗粒表面直接发生反应,使颗粒发生表面点火;然后挥发分在粉尘颗粒周围形成气相层,阻止氧气向颗粒表面扩散;最后,挥发分点火,并促使粉尘颗粒重新燃烧。因此,对于表面非均相点火过程,氧分子必须先通过扩散作用到达颗粒表面,并吸附在颗粒表面发生氧化反应,然后,反应产物离开颗粒表面扩散到周围环境中去。

灾害特点:环境温度较高,煤尘以缓慢燃烧的形式加热煤焦,促使其中的部分固定碳燃烧,整体反应较为缓慢。

(2) 均相着火:该类事故中,煤炭颗粒受热产生挥发分,挥发分燃烧放出足够热量后,又会加热炭粒继续产生挥发分，参与燃烧反应，属于煤尘中的挥发分着火。

灾害特点：着火点附近活化中心的加热速率极大，致使煤粒热解反应产生大量可燃气体，同时低燃点可燃气体闪燃快速传递热量引起煤尘燃烧。当这些热量传递给周围的尘粒时会使它们参与链式反应，加速煤尘热解的同时放出更多的挥发分，参与燃烧反应。

(3) 混合燃烧：煤尘同时以均相与非均相的方式发生燃烧。

灾害特点：煤尘着火阶段内，通常挥发分会消耗大量氧气，因此煤尘燃烧一般会由于氧气不足而熄灭。但是当煤尘在温度达到 300～400 ℃时，煤的干馏现象急剧增强，放出大量的可燃气体，反应产生的可燃气体与空气混合在高温作用下吸收能量，在尘粒周围形成气体外壳，即活化中心，当活化中心的能量达到一定程度后，链反应过程开始，游离基迅速增加，发生了尘粒的闪燃。闪燃所形成的热量传递给周围的尘粒，并使之参与链反应，导致燃烧过程急剧地循环进行。另外，当燃烧不断加剧使火焰速度达到每秒数百米后，煤尘的燃烧便在一定临界条件下跳跃式地转变为爆炸。

综上，具体的煤尘的燃烧/爆炸事故特点如下：

(1) 形成高温、高压、冲击波。煤尘爆炸火焰温度为 1 600～1 900 ℃，爆源的温度达到 2 000 ℃ 以上，这是煤尘爆炸得以自动传播的条件之一。在矿井条件下煤尘爆炸的平均理论压力为 736 kPa，但爆炸压力随着离开爆源距离的延长而跳跃式增大。爆炸过程中如遇障碍物，压力将进一步增加，尤其是连续爆炸时，后一次爆炸的理论压力将是前一次的 5～7 倍。煤尘爆炸产生的火焰速度可达 1 120 m/s，冲击波速度可达 2 340 m/s。

(2) 煤尘爆炸具有连续性。

(3) 煤尘爆炸的感应期。煤尘爆炸也有一个感应期，即煤尘受热分解产生足够数量的可燃气体形成爆炸所需的时间。根据试验，煤尘爆炸的感应期主要决定于煤的挥发分含量，一般为 40～280 ms，挥发分越高，感应期越短。

(4) 挥发分减少或形成“黏焦”。煤尘爆炸时，参与反应的挥发分占煤尘挥发分含量的 40%～70%，致使煤尘挥发分减少，根据这一特征，可以判断煤尘是否参与了井下的爆炸。

(5) 产生大量的 CO。煤尘爆炸时产生的 CO，在灾区气体中的浓度可达 2%～3%，甚至高达 8%左右。爆炸事故中受害者的大多数(70%～80%)是由于 CO 中毒。

2.3 矿井热动力灾害成因与影响因素

2.3.1 矿井火灾成因与影响因素

2.3.1.1 矿井火灾成因

矿井火灾是指发生在矿井相对封闭空间中，威胁矿井安全生产、形成灾害的一切非控制火焰燃烧，是煤矿生产中的主要灾害之一[23]。通常，矿井火灾的发生必须同时具备以下三个条件[24-25]：

(1) 可燃物。可燃物是燃烧的物质基础，在煤矿井下常见的可燃物较多，如用于巷道支护的木料、机电设备油料、炸药、电线电缆、风筒布、输送机胶带等。除此之外，煤炭本身就是一种井下普遍存在的可燃物。

(2) 火源。此处的火源指的是具有一定温度或者足够能量，能够点燃可燃物的高温源。在煤矿井下可引燃的火源较多，如煤炭自燃、瓦斯爆炸、煤尘爆炸、爆破、电焊、机械摩擦、燃烧的烟头、电气火花等,这些火源均可能引发矿井火灾。

(3) 氧气。作为助燃剂,氧气是矿井火灾必不可少的条件之一。在煤矿井下,氧气的供给是以通风的方式进入井下区域,如果供氧不足,矿井火灾就无法持续下去。

2.3.1.2　煤自燃火灾致灾影响因素

(1) 煤的内在因素

① 变质程度:煤的变质程度是影响煤自燃的内在因素之一,褐煤、烟煤、无烟煤的自燃倾向性的顺序为:褐煤≥烟煤≥无烟煤。通常煤变质程度越大,对氧气的消耗速率越小。同时,放热强度随温度的变化趋势与耗氧速率的变化趋势相似,也表现出煤变质程度越大、放热强度越小的规律。煤样的灰分、水分含量与煤氧化过程中产生的气体量、耗氧速率均为正相关关系,固定碳含量与放热强度呈负相关关系,水分、灰分、挥发分含量与活化能呈负相关关系。因此,煤的变质程度越低则煤自燃进程反应速率越低,相对应的发热速率低下,不易引起矿井火灾[26]。

② 含水量:在煤自燃过程中,比表面积变化必然会受到形态水分和初始水分含量的影响。水对硫化矿物自燃有催化作用,因此含水量较大的煤通常更容易自燃,引发矿井火灾[27-28]。

煤中赋存水分对煤自燃过程的作用机制随着煤自燃进程发展而呈现阶段性特性。外在水分主要作用于缓慢氧化阶段(30～70 ℃),外在水分会在煤体表面与裂隙中形成水膜来抑制氧吸附。在加速氧化阶段(70～110 ℃),含水量的增加会加速促进煤自燃过程,煤氧反应与水分挥发共同加速煤自燃过程。110 ℃后,原始赋存水分随着温度升高近乎完全蒸发,水分对煤氧化的抑制作用明显减小,酚、醇、—OH、脂肪族等组分分解速度加快,C ═O 类化合物增长速度加快,此时煤体氧化反应全面开展,放热量增加,进而增大了矿井火灾发生的可能性。此外,煤体内部水分含量也会影响煤自燃倾向性的变化,尤其是在高温状态下会促进煤对氧气的吸收,缓慢促进煤升温氧化、进而影响采空区遗煤自燃的过程,增大煤自燃风险。

③ 煤体孔隙结构:孔隙结构影响气体吸附能力、供氧能力,进而影响煤的自燃倾向性。煤体微～中孔的占比与煤自燃倾向性关联度最大,因为小孔径会影响煤体内氧气的转移,使气体在煤孔中的紊流渗透更多地变成分子扩散甚至分子间作用,增大煤与氧气的接触面积。在低阶煤时,大孔多、微孔少,孔隙结构发达致使抑制煤与氧接触的影响因素较少。随着煤阶提高,煤的分子结构趋于稳定,虽然孔隙结构后期变得发达,但是关键基团活性变低,煤自燃倾向性也就开始变低。总体来说,煤体孔隙结构越松散,则矿井空气在浮煤体内部的流通越均匀,煤体氧化反应越充分,则煤自燃发生的概率越大[29]。

受煤层赋存条件的影响,煤表面孔隙分形影响因素众多,如地应力、煤变质程度、煤体固有成分、煤变形破坏程度等。扫描电镜具有很高的放大倍数、分辨率、清晰度及极强的图像立体感,可实现不同级别及成因类型的孔隙观测,常用来进行定量、半定量测定煤孔隙特征。

(2) 漏风条件[30]

① 与相邻矿井形成漏风通道。矿井间漏风大多是因为管理上的不规范,造成与相邻矿井形成风流通道,扰乱本矿通风系统,进而引起采空区遗煤自燃。

② 地表裂隙形成漏风。此种情况是最为常见的外部漏风原因,主要发生在煤层赋存较浅地区,氧气由裂隙进入气压较低的采空区引起煤体自燃。

③ 通风构筑物损坏造成漏风。井下风门、隔离墙等构筑物一旦被破坏便会形成漏风通道，漏风引发煤体自燃。

④ 煤柱裂隙引发漏风。煤柱在两侧采动的影响下将压裂，发育的裂隙形成了漏风通道，漏风引发煤体自燃。

⑤ 底板巷与采空区之间岩层松动引发漏风。在局部高应力的作用下，采空区下方的巷道容易形成裂隙，进而形成漏风通道，造成遗煤自燃。

因此，各类漏风供氧条件均在不同程度上促使煤体自燃，抑或者是提供充足的氧气，进而促使矿井火灾发生。

(3) 矿井通风状态

矿井火灾发生时，巷道内的风流由于受到加热而发生状态变化，导致火焰面的存在减小了巷道的有效通流面积，产生明显的节流效应，使巷道内的风流状况发生改变。相对的，同一火灾强度下，通风巷道内风速"特征环"分布特征存在临界风速值。当通风风速低于临界风速值时，火灾时期通风巷道内风速不再具备"特征环"分布特征。同一通风风速下，火灾时期通风巷道内风速"特征环"分布特征存在临界火灾强度值。因此，矿井通风状态同样是矿井火灾发展态势的关键影响因素之一。

通过对风窗、通风机、调压气室和连通管等调压设施进行调节，针对性地改变巷道内的通风状况，尽可能地消除区域进回风侧的风压差并且增大区域的漏风阻力，一方面使漏风强度及方向得以控制，另一方面可以有效抑制有害气体的扩散、控制火灾发展趋势[31]。

(4) 煤层地质条件

① 煤层厚度和倾角越大，自燃危险性越大。因为开采厚煤层或急斜煤层时，煤炭采出率低，采区煤柱易遭破坏，采空区不易封闭严密和漏风较大。煤是不良导热体，煤层越厚，越易积聚热量。所以，分层开采时下部未采煤层越厚，采空区中浮煤产生的热量越难通过下部煤层散发。此外，松散岩石的热导率很低，垮落的岩石包围浮煤后，浮煤产生的热量也不易散发，故厚煤层分层开采时，发火概率较大。

② 煤层埋藏深度。煤层埋藏深度增加，地压和煤体的原始温度增高，煤内自然水分低，这将使煤的自燃危险性增加。开采深度不大时，容易形成与地表沟通的裂隙，造成采空区内较大漏风，也容易在采空区中形成浮煤自燃。

③ 地质构造。煤层中有地质构造破坏的地方，如褶皱、断层、破碎带和岩浆侵入区等，煤炭自燃比较频繁。因为这些区域煤质松碎，有大量裂隙，从而增加了煤的氧化活性和供氧通道与氧化表面积。假若有围岩裂隙渗水，使得煤的氧化能力提高。在岩浆侵入区，煤层受到干馏，煤的孔隙增加，煤氧复合反应强度增大，自燃的危险性也就增大。如临沂矿务局大芦湖煤矿 2 号井开采 20 多年只发生过 1 次煤炭自燃，而开采相同煤层的 1 号井竟发生过 10 次自燃，而且全部发生在断层、褶曲和火成岩侵入带附近。

④ 围岩性质。顶底板的物理机械性质、结构、硬度、可塑性等，也能影响煤炭的自燃过程。如果顶板岩层坚硬且裂隙发育，垮落后块度较大，进而导致采空区漏风大，供氧条件好。或是底板也较坚硬，护巷煤柱所受地压大，易破碎，则有利于自燃；如果底板松软而可塑性强，顶板稳定，则煤柱不易压碎，自燃危险性就比较小；如果顶板松软，易陷落，垮落后能严密地充满采空区并很快被压实，则采空区漏风较小，供氧条件差，因而采空区内遗煤自燃危险性大大降低。

2.3.2　瓦斯爆炸成因与影响因素

2.3.2.1　瓦斯爆炸条件

瓦斯爆炸可以被看作是一种剧烈的瓦斯燃烧，是空气与瓦斯气体充分混合后，在一定条件下遇到点火源而发生的剧烈的连锁反应，通常伴有高压、高温现象。具体的瓦斯爆炸反应条件如下[32]：

(1) 适宜浓度的瓦斯。在瓦斯与空气混合气体中，瓦斯气体的体积浓度必须在一定的范围内(爆炸极限)才会发生爆炸，过低或过高的瓦斯浓度均不会引发爆炸。空气中，瓦斯爆炸极限通常在 5%至 16%之间。当浓度低于 5%时，遇火不爆炸；浓度高于 16%时，瓦斯与点火源相遇仍会燃烧，但不会爆炸。

(2) 适当的氧气浓度。作为瓦斯爆炸的助燃剂，通常情况下支持瓦斯爆炸的氧气浓度下限是 12%。即瓦斯-空气混合气体中，若氧气浓度小于 12%，则瓦斯燃烧爆炸反应便无法持续。

(3) 点火源。点火源是引燃瓦斯的能量源，引燃瓦斯所需要的引火温度一般是 650～750 ℃，最小点火能量为 0.28 mJ，且持续时间大于爆炸感应期。当火源与达到爆炸极限的混合气体连续接触时间超过瓦斯爆炸感应期时，就会导致瓦斯爆炸的发生。

2.3.2.2　爆炸极限的影响因素

关于瓦斯混合气体爆炸极限，可燃气体浓度与氧浓度的关系可以用瓦斯爆炸三角形表示，通常应用的是 Coward 爆炸三角形。20 世纪五六十年代，Coward 等人采用美国矿业局的测试装置进行了大量的试验。他们在混合气体中加入不同量的惰性气体，测定了不同氧气浓度条件下的甲烷爆炸极限。把测试得到的数据绘制在两维坐标系中，其中可燃气体浓度为横坐标，氧气浓度为纵坐标，发现气体爆炸区域基本为三角形，故称作爆炸三角形。研究表明，瓦斯爆炸极限的上、下限会受诸多因素的影响。例如，氧气浓度、点火能量、粉尘、惰性气体、可燃性气体、环境压力、温度等。瓦斯-空气混合气体的爆炸极限与氧浓度的关系如图 2.3 所示，其中 *BE* 表征的是爆炸下限变化趋势，*CE* 表征的是爆炸上限变化趋势。Ⅲ区是爆炸区域，其他区域是不爆炸区域。

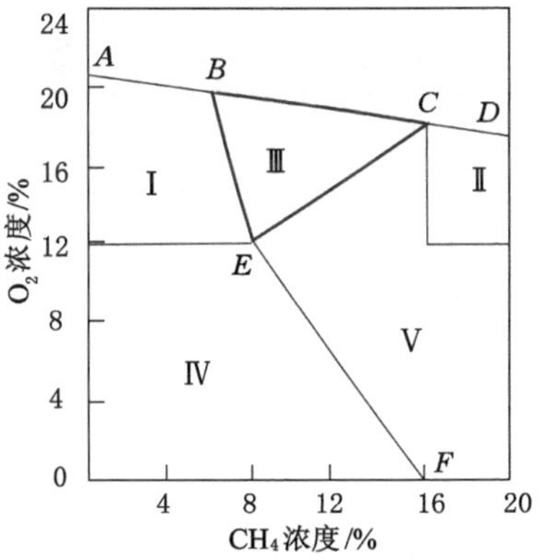

图 2.3　瓦斯-空气混合气体爆炸极限与氧浓度的关系

由图可知各区域的特点：Ⅰ区由于瓦斯浓度过低，不会发生爆炸，当有瓦斯涌入时可能会导致混合浓度进入爆炸区域而发生爆炸；Ⅱ区由于氧气浓度低、瓦斯浓度太高而不会发生爆炸,但遇到火源后会发生燃烧现象,如果这时有新鲜空气涌入,就有可能导致判定点进入爆炸区;Ⅲ区是爆炸区域,当混合气体遇到火源后,就会发生爆炸;Ⅳ区的氧浓度和瓦斯气体浓度均较低,当有新鲜空气或瓦斯涌入后,会向Ⅰ区和Ⅴ区移动,可能会间接地进入爆炸区域;Ⅴ区由于瓦斯气体浓度较高、氧浓度过低,因此当新鲜空气涌入后,可能导致判定点进入爆炸区域。具体的影响参数条件如下:

(1) 瓦斯浓度[33]

在常温常压条件下,处于新鲜空气环境中的瓦斯爆炸极限一般是5%～16%。当混合气体中的瓦斯体积浓度低于5%时,遇到火源也不会发生爆炸,只会在火焰外围形成较稳定的燃烧层(呈浅蓝色或淡青色)。当瓦斯浓度高于16%时,即便在混合气体中存在火源也不会发生爆炸。可是一旦新鲜风流与该气体(瓦斯浓度高于16%)混合导致浓度比例改变时,就可能导致燃烧甚至是爆炸的发生。理论上,当瓦斯气体浓度为9.5%时,瓦斯与氧的充分反应会使爆炸威力达到最大。

(2) 氧气浓度

当混合气体中的氧气浓度降低时,瓦斯爆炸下限逐渐增大,上限则迅速降低。当氧气浓度降低到12%时,混合气体就会失去爆炸的可能性(理论上不会发生爆炸)。

(3) 点火能量、温度以及压力[34-35]

在煤矿井下,常见的绝大多数火源都能够引燃瓦斯,例如煤炭自燃、炽热的金属体表面、电气火花、摩擦或撞击火花、吸烟过程中燃烧的烟草、高温明火等。瓦斯点燃一般是从点发展到面,并且发散的能量越集中、面积越大、时间越长就越容易引发瓦斯爆炸;相对的火源蕴含的能量越高,则瓦斯爆炸的压力、压力上升速率越大,点火延迟时间越短,爆炸极限范围越宽,瓦斯爆炸危险性越高。

煤矿井下的环境十分复杂,导致煤矿井下发生瓦斯爆炸的极限并不固定,瓦斯爆炸极限的阈值会随着各类因素的耦合作用而改变。有学者对瓦斯爆炸极限的影响因素进行了研究,实验测定了点火能量、环境温度以及初始压力对瓦斯爆炸极限的影响关系,具体的影响作用如表2.2所示。

表2.2 点火能量、温度和压力与瓦斯爆炸界限的关系

影响因素	影响因素数值	爆炸下限/%	爆炸上限/%	爆炸界限/%
点火能量/J	1	4.9	13.8	8.9
	10	4.6	14.2	9.6
	100	4.3	15.1	10.8
	1 000	3.6	17.5	13.9
环境温度/℃	20	6.0	13.4	7.4
	100	5.5	13.5	8.0
	300	5.4	14.3	8.9
	600	3.4	16.4	13.0
	700	3.2	18.7	15.5
	900	2.0	29.0	27.0

表 2.2(续)

影响因素	影响因素数值	爆炸下限/%	爆炸上限/%	爆炸界限/%
初始压力/MPa	0.1	5.6	14.3	8.7
	1.0	5.9	17.2	11.3
	5.0	5.4	29.4	24.0
	12.5	5.7	45.7	40.0

由表 2.2 可以看出：随点火能量的增大，瓦斯爆炸下限呈下降趋势，而爆炸上限呈增大的趋势，瓦斯爆炸极限的阈值呈增大趋势；随环境温度的增大，爆炸下限不断降低，而爆炸上限不断升高，瓦斯爆炸极限的阈值呈增大的趋势，当温度达到 900 ℃时，具有 2%瓦斯浓度的混合气体即可发生爆炸，故在高温火区持续过程中，低浓度的瓦斯混合气体同样可能发生瓦斯爆炸；瓦斯爆炸下限受到混合气体压力的影响不明显，但随着混合气体初始压力的增大，爆炸上限明显增大，同时爆炸极限的阈值区间增长显著。由此可以合理推断：当煤矿发生火灾或者爆炸时，极强的冲击波压缩气体会导致瓦斯空气混合气体压力急增进而引起瓦斯爆炸事故。

(4) 可燃性气体

在煤矿井下可能存在一些可燃性气体，如 H_2、H_2S、C_2H_6、CO 等。由于这些气体本身就具有爆炸性，因此当瓦斯-空气混合气体中混入可燃气体时，不仅会增加爆炸性气体组分的总量，而且会降低瓦斯爆炸下限，从而使瓦斯爆炸极限范围扩大。混合气体中，加入可燃气体后的爆炸极限可通过相关公式计算得出。

混合气体中加入爆炸性气体后的爆炸上限，其计算公式如下：

$$C_U = \frac{1}{\dfrac{C_1}{C_{U1}} + \dfrac{C_2}{C_{U2}} + \dfrac{C_3}{C_{U3}} + \cdots + \dfrac{C_n}{C_{Un}}} \times 100\% \tag{2.1}$$

式中　$C_1, C_2, \cdots, C_n$ ——表示各可燃气体在总可燃气体中的体积分数，%（$\sum_{i=1}^{n} C_i = 100\%$）；

$C_{U1}, C_{U2}, \cdots, C_{Un}$ ——表示各可燃气体的爆炸上限，%。

爆炸下限的计算公式与其相似，可表示为：

$$C_L = \frac{1}{\dfrac{C_1}{C_{L1}} + \dfrac{C_2}{C_{L2}} + \dfrac{C_3}{C_{L3}} + \cdots + \dfrac{C_n}{C_{Ln}}} \times 100\% \tag{2.2}$$

式中　$C_1, C_2, \cdots, C_n$ ——表示各可燃气体在总可燃气体中的体积分数，%（$\sum_{i=1}^{n} C_i = 100\%$）；

$C_{L1}, C_{L2}, \cdots, C_{Ln}$ ——表示各可燃气体的爆炸下限，%。

(5) 惰性气体

在燃烧反应过程中，自由基往往是反应的活化中心。但是部分惰性气体可以捕获自由基，从而抑制瓦斯燃烧爆炸的链式反应，导致燃烧的终止。因此，煤矿井下空气中含有的 CO_2、N_2 等惰性气体可以降低瓦斯爆炸的上限、提高下限，从而减小瓦斯爆炸极限的范围，起到抑制瓦斯爆炸的作用。同样的，当瓦斯-空气混合气体中加入惰性气体后，其爆炸极限可通过相关公式计算得到。具体的计算公式如下：

$$y = x \cdot \frac{\left(1 + \frac{a}{1-a}\right) \times 100}{100 + x - \frac{a}{1-a}} \tag{2.3}$$

式中 y——新混合气体的爆炸极限值,%;

x——原混合气体的爆炸极限值,%;

a——惰性气体在新混合气体中的体积分数,%。

(6) 爆炸性煤尘

由于煤尘遇到高温火源后会生成可燃性气体,会增大瓦斯爆炸极限的范围,即当瓦斯-空气混合气体中有爆炸性煤尘混入后会促进瓦斯发生爆炸。有研究表明[36],当混合气体中煤尘含量为 8 g/m^3 时,瓦斯爆炸下限会降低到 2.5%。在煤矿井下复杂环境中,这样的煤尘含量情况普遍存在,恶劣的环境条件对于瓦斯爆炸防控工作极为不利。尤其是在工作面割煤过程中,若降尘措施实施不到位,会导致回风巷等区域的粉尘含量较高,甚至部分区域由于风速较高可能扬起沉积的煤尘。因此,煤矿井下洒水除尘不仅是职业健康的需要,也是井下瓦斯爆炸防控工作的一个重要内容。在矿井热动力灾害救援过程中,尤其要重视洒水降尘,防止煤尘参与。

(7) 水分

预混气体由干燥状态向水蒸气饱和状态转变时,瓦斯爆炸的下限浓度上升,爆炸上限浓度下降,爆炸极限范围缩小,最大爆炸压力衰减,因此预混气体中的水蒸气能起到抑制瓦斯爆炸的作用。

2.3.3 煤尘燃烧爆炸成因与影响因素

2.3.3.1 煤尘燃烧及爆炸条件

煤炭燃烧反应过程既发生燃烧化学反应,又发生质量和热量的传递、动量和能量的交换。煤本身存在着足够数量容易被氧化的游离基,常温条件下容易氧化生成更多的游离基使链式反应得以持续[37]。若煤被破碎成微细的颗粒,其总表面积显著增加,吸氧和氧化能力也随之大大增强。受到外界高温热源作用时,300~400 ℃时就可以放出被高温分解的可燃气体,其主要成分为甲烷以及乙烷、丙烷、氢气和 1%左右的其他碳氢化合物。这些可燃气体集聚于煤尘颗粒周围形成气体外壳。当这个外壳内的气体达到一定浓度,并吸收一定能量时,链式反应过程开始,游离基迅速增加,发生颗粒的闪燃。若氧化放出的能量有效地传递给周围的颗粒,并使这些颗粒参与链式反应,则反应速度急剧增加,达到一定程度时便发展成煤尘爆炸。

通俗来讲,需同时满足四个条件才会引起煤尘的爆炸:① 煤尘自身具有爆炸性;② 煤尘浓度满足爆炸极限且飘浮在空中;③ 存在能够引燃煤尘的高温热源或能量;④ 能够使煤尘发生爆炸的氧气含量。

煤尘和高分子聚合物有相似的燃烧过程,可分为五个阶段:

(1) 升温。此过程可以通过热传导、热对流或热辐射来实现,另外温度上升的快慢通常取决于热传导的速度和燃烧对象的比热容。

(2) 热分解。当周围的环境温度达到高聚物的燃点后,高聚物首先开始变软、熔化,分解成低分子化合物。在此阶段无明火可见,可视为燃烧的前奏。一旦升温到高聚物的燃烧分解点后,高聚物就会分解出可燃气体,可燃气体生成量的大小最终决定了燃烧速度等参数[38]。

部分学者在实验研究过程中发现，煤粒受到加热后就会软化、变形，这时不规则的煤粒将失去其棱角，整体变得更近于球形。同时，煤分子微观结构开始分解，由大分子结构裂解成许多小分子的气态和液态产物，统称为挥发分，包括 H_2O、C_2H_6、CO、CH_4、N_2 等，具体来源见表 2.3。

表 2.3　挥发分来源

序号	挥发分	煤中来源
1	H_2O	羟基裂解
2	CO_2	羰基裂解
3	CO	醚键裂解
4	$C_2H_6+CH_4$	脂肪烃裂解
5	焦油、液体	各种重 CH 化合物裂解
6	O_2	氧
7	N_2	氮
8	H_2	芳香烃裂解

煤的热解过程极其复杂，目前一般可按闫金定、降文萍和张亚育等[39-41]提出的两阶段热解过程来理解，如图 2.4 所示。

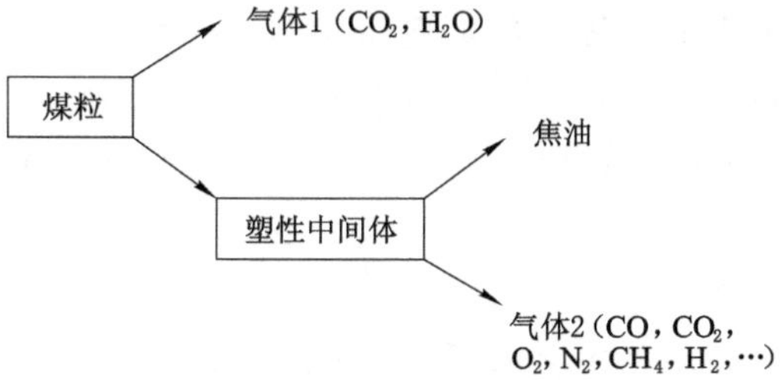

图 2.4　煤的两阶段热解模型

上述模型的具体反应过程非常复杂，无法用有限个反应方程式来表达，但对一个微小的煤体单元来说，煤热解过程中的化学反应有如下几类：

① 断键生成两个自由基；

② 断键生成一个自由基和一个双键；

③ 缩合反应；

④ 析氢反应；

⑤ 加成-取代反应；

⑥ 羟基的反应。

（3）着火。上述热分解产物与大气中的氧气相遇，温度继续升高达到着火点后发生剧烈氧化反应的同时产生火焰，标志着燃烧的正式开始。

当外界温度继续升高，煤尘及其热解阶段内产生的挥发分在达到着火点时，就会燃烧并放出巨大的热量。煤尘开始燃烧的这一瞬间称为煤尘的着火。煤尘的着火对煤尘爆炸十分重要，因为煤尘热解释放的挥发分为分子量很低的可燃气体，燃点低，极易闪燃造成煤尘着火，而煤尘着火放出的热量会使环境温度进一步升高，高温煤尘中的部分碳也会参与氧化放热，当这些热量传递给周围的尘粒时会使它们参与链式反应，加速煤尘热解的同时放出更多的挥发分。

煤尘的着火分为非均相着火与均相着火，前者是属于固定碳的着火，后者属于挥发分的着火。均相着火机制理论产生较早，该理论认为煤的着火总是在气相中发生的，煤粒受热后首先释放挥发分，这些挥发分着火、燃烧产生热量使煤焦加热、着火、燃烧直至固定碳燃尽。1912 年，Wheeler 在矿井爆炸机理研究中发现，当煤炭缓慢燃烧时，煤体是按均相着火方式进行的燃烧反应；而在爆炸燃烧时，煤体燃烧反应则可能是由表面燃烧开始的，并由此提出了非均相着火的概念。20 世纪 60 年代，这一机制得到证实。目前对煤粒着火机制的普遍看法是当大粒径煤体处于低加热速度时，着火反应是均相的；当加热速度高、煤体粒径小时，着火反应则是非均相的；而在极大加热速度条件下，对于所有粒径的煤体燃烧都是按均相、多相联合的着火方式进行。此外，影响煤尘着火的因素还有煤种、煤质特征，其中特别是挥发分的含量、组成和特性，以及环境氧浓度、加热条件、流动特性、煤粉颗粒间的相互影响等因素的影响最为关键。

(4) 燃烧。着火后，氧化反应放出的大量能量使燃烧反应不需要外界提供能量就可以进行。同时温度进一步提高又加快了燃烧反应速度，伴随着光和热的释放促进新的低分子可燃物、不可燃物以及烟雾的产生。燃烧阶段可持续到可燃物或者助燃剂(氧气)消耗殆尽。

(5) 煤尘的爆炸。爆炸是物质由一种状态迅速转变成另一种状态，并在瞬间放出大量能量，同时产生具有声响的现象。爆炸也可视为气体或蒸气在瞬间剧烈膨胀的现象。一般说来，爆炸现象具有以下特征[42]：① 爆炸过程非常迅速；② 爆炸点附近压力急剧升高，多数爆炸伴有温度升高；③ 周围介质在压力作用下产生振动或受到机械破坏，由于介质振动而产生音响。

煤是可燃物质，当它破碎成细小颗粒后，表面积大大增加，受热时单位时间内能够吸收更多的热量。在较低的温度时，煤尘就能放出大量的可燃性气体聚集于尘粒的周围。这类可燃性气体与空气混合后可在高温作用下吸收能量，形成一定数量的活化中心。之后部分悬浮的煤粉颗粒遇点火源被加热，而颗粒表面产生可燃气体与空气中的氧气混合燃烧，燃烧反应瞬间释放的热量使部分高温气体产物通过两相流气隙进入预热区，高温气态产物以对流传热的形式使未燃颗粒温度升高，同时燃烧反应区中的高温火焰通过热辐射作用使预热区中心的煤粉颗粒温度升高，当颗粒温度升高到点火温度时，预热区开始燃烧，并且燃烧速度因压力的上升而加快。如此循环，火焰传播及煤粉燃烧反应不断加速，激烈的燃烧使压力急剧上升，最后发生爆炸[43]。理论上，煤尘爆炸过程如图 2.5 所示。

在绝大多数情况下，粉尘爆炸都以爆燃形式出现，当粉尘层流火焰转变成湍流火焰后，尚需经过相当长一段距离的连续加速传播才能转为爆轰，如果是在密闭管道中，则往往在接近管端时才会转变为爆轰，这种转变主要受激波绝热压缩加热和湍流作用机制控制。

事实上，单个煤粉颗粒的燃烧爆炸机理并不能完全代表煤粉尘云的爆炸反应行为。首先，粉尘云燃烧爆炸过程必须考虑颗粒之间的相互作用及影响。其次，粉尘云中的粉尘颗粒大小和形状不完全相同，颗粒存在一定粒径分布范围，这种颗粒尺度分布方式并非单一，对粉尘云燃烧产生影响难以忽略。再者，粉尘云燃烧还必须考虑氧浓度影响，而且随着粉尘浓

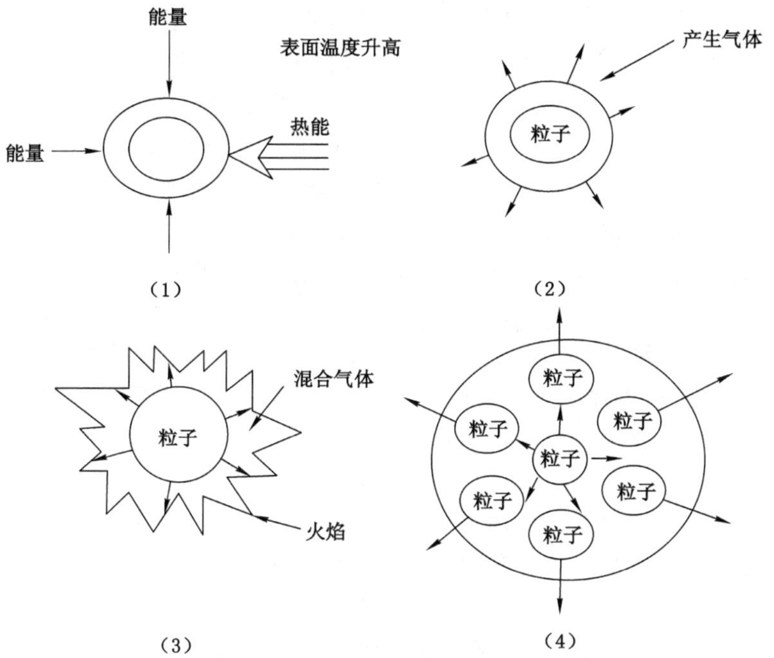

图 2.5　煤尘爆炸过程示意图[44]

度增大，这种颗粒之间对氧的需求情况变得更加突出。因此，在煤粉空气混合物中，每个煤颗粒的热损失比单个颗粒情况下的热损失要小，也就是说，粉尘云的着火温度要比单个煤粉颗粒的着火温度更低。一般来说，粉尘云着火及燃烧火焰传播过程主要由小粒径粉尘颗粒燃烧行为控制，大颗粒粉尘只有部分发生反应，甚至不发生反应。也就是说，只有那些悬浮于空中的一段时间，并保持一定浓度的粉尘云才会发生燃烧和爆炸。煤尘爆炸一般呈现"三高一多"的特点，即高温、高速、高压，以及产生大量一氧化碳气体[45]：① 高温：按理论计算，煤尘爆炸温度高达 2 300～2 500 ℃。② 高速：按化学方法计算，煤尘爆炸冲击波的传播速度高达 1 120 m/s；实验室测得最大速度为 1 100～1 800 m/s；按理论计算，最大速度为 2 340 m/s。③ 高压：理论压力为 735.5 kPa，且距爆源越远压力越大。④ 煤尘爆炸可产生大量 CO 气体。一般情况下，爆炸后巷道空气中的 CO 含量为 2%～3%。

综上，煤尘燃烧/爆炸的基本条件可归纳为如下 3 点：

(1) 煤尘爆炸性。煤尘具有爆炸性是煤尘爆炸的必要条件。煤尘爆炸危险性可通过相关实验确定。

(2) 悬浮煤尘浓度。井下空气中只有悬浮的煤尘达到一定浓度时，才可能引起爆炸，单位体积中能够发生煤尘爆炸的最低和最高煤尘量称为下限和上限浓度。低于下限浓度或高于上限浓度的煤尘都不会发生爆炸。煤尘爆炸的浓度范围与煤的成分、粒度、引火源的种类和温度及实验条件等有关。

(3) 引燃煤尘爆炸高温热源。煤尘的引燃温度变化范围较大，它随着煤尘性质、浓度及实验条件的不同而变化。我国煤尘爆炸的引燃温度在 610～1 050 ℃之间，一般为 700～800 ℃。煤尘爆炸的最小点火能为 4.5～40 mJ。这样的温度条件，几乎一切火源均可达到。

2.3.3.2 煤尘燃烧及爆炸的影响因素

(1) 煤尘粒径[46]。高挥发分、小粒径煤尘颗粒更容易着火，相应的爆炸可能性更大。瓦斯煤尘爆炸后，火焰先以高温为中心向四周球形传播，接着以平面向前传播，而压力随时间变化先上升后下降最终趋于平缓。且火焰传播速度呈现先升后降的趋势，在同一时刻，粒径越小火焰传播速度相对越大。同一浓度条件下，煤尘粒径越小，数量越多，从而进一步增大煤尘群的有效反应表面积。因此，对于实验选用煤样，煤尘粒径越小，爆炸产生的最大爆炸压力越大，这也证明了煤尘的燃烧反应与单位体积内煤尘的有效反应表面积密切相关。

粒度对爆炸性的影响极大。1 mm 以下的煤尘粒子都可能参与爆炸，而且爆炸的危险性随粒度的减小而迅速增加，75 μm 以下的煤尘特别是 30～75 μm 的煤尘爆炸性最强，在同一煤种不同粒度条件下，爆炸压力随粒度的减小而增高，爆炸范围也随之扩大，即爆炸性增强。粒度不同的煤尘引燃温度也不相同。煤尘粒度越小，所需引燃温度越低，且火焰传播速度也越快。

(2) 煤尘分散度[47]。在煤尘浓度相同、粒径跨度相同的情况下，煤尘爆炸特性还会受到粒径分布情况的影响。在煤尘分散度低于最适浓度的贫燃区，由于氧气供应充分，煤尘的燃烧主要受煤尘数量控制，提高煤尘浓度、降低颗粒间的间距有助于煤尘间的热量传输，更易于煤尘爆炸反应的充分进行；而在煤尘浓度高于 250 g/m^3 的富燃料阶段，氧气扩散供应将成为控制煤尘燃烧速率的关键因素，过量的粉尘不仅影响煤尘群的分散程度，还将导致煤尘燃烧速率及爆炸参数的降低。

一般随着煤尘粒径分散度从 1.84 增大到 3.60，煤尘最大爆炸压力整体呈现下降的趋势，尤其在煤尘浓度为 400 g/m^3 时，煤尘最大爆炸压力随着粒径分散度的增大而减小了 0.13%。这是因为粒径近似相等的情况下，粒径分散度越小，粒径较小的煤尘比重越大，越有利于爆炸反应的进行，进而产生更大的爆炸压力。

(3) 点火能量[48]。煤体变质程度越大，则煤尘爆炸所需最小着火能量越大。同时，同种变质程度煤粒的着火敏感特性也有一定差异，煤尘变质程度越低，受限高温空间内煤尘云越容易着火，煤尘云爆炸潜在危险性越大。

(4) 煤尘组分[49]。瓦斯的添加可导致煤尘最小爆炸浓度显著降低，即低于爆炸下限的瓦斯和低于最小爆炸浓度的煤尘混合之后仍然具有爆炸危险性。相同浓度的瓦斯诱导下，低挥发分煤尘最小爆炸浓度的降幅更大，即瓦斯对低挥发分煤尘最小爆炸浓度的影响更为显著。煤灰分是不燃性物质，能吸收能量，阻挡热辐射，破坏链反应，降低煤尘的爆炸性。另外，在挥发分含量为 10%～30%的范围内，煤尘爆炸剧烈程度与挥发分也存在明显的关系。一般来说，挥发分含量越高，煤尘爆炸越剧烈。在大颗粒煤尘和小颗粒煤尘混合下的瓦斯煤尘爆炸中，随着大颗粒煤尘质量分数的增大，最大爆炸压力呈现下降的趋势，但不同质量分数之间下降趋势不同：大颗粒质量分数介于 10%～50%时，爆炸超压下降幅度较大，而质量分数处于 50%～90%时，爆炸超压下降幅度较小。一般说来，煤尘的可燃挥发分含量越高，爆炸性越强，即煤化作用程度低的煤，其煤尘的爆炸性强，随煤化作用程度的增高而爆炸性减弱。

(5) 爆炸极限。一般说来，煤尘爆炸的下限浓度为 30～50 g/m^3，上限浓度为 1 000～2 000 g/m^3。其中爆炸力最强的浓度范围为 300～500 g/m^3。通常情况下，浮游的煤尘达到爆炸下限浓度的情况是不常有的，但是爆破、爆炸和其他震动冲击都能使大量落尘飞扬，在短时间内使浮尘量增加，达到爆炸浓度。因此，确定煤尘爆炸浓度时，必须考虑落尘这一因素。

(6) 氧气浓度。空气中氧的含量高时，点燃煤尘的温度可以降低；氧的含量低时，点燃煤尘云困难，当氧含量低于 17%时，煤尘就不再爆炸。煤尘的爆炸压力也随空气中含氧的多少而不同。含氧高，爆炸压力高；含氧低，爆炸压力低。

(7) 煤灰分和水分。煤的灰分对爆炸性的影响还与挥发分含量的多少有关，挥发分小于 15%的煤尘，灰分的影响比较显著；挥发分大于 15%时，天然灰分对煤尘的爆炸几乎没有影响。水分能降低煤尘的爆炸性，因为水的吸热能力大，能促使细微尘粒聚结为较大的颗粒，减小尘粒的总表面积，同时还能降低落尘的飞扬能力。

2.4　矿井热动力灾害的防治技术

贯彻“安全第一、预防为主、综合治理”的安全生产方针，是煤炭开采过程中防治热动力灾害所必须遵循的原则。这也要求热动力灾害防治工作需要充分利用先进的科学技术装备，针对热动力灾害致灾条件及特点，制定科学有效的防治技术措施，以防控事故的发生，提高矿井的抗灾能力。

2.4.1　矿井自燃火灾防治

呈破碎堆积态的煤炭接触空气后，会发生氧化反应产生热，当热量积聚致使煤温升高直至发生着火的现象，称为煤的自燃。煤自燃反应的研究理论有很多，但最符合实际现场煤自燃火灾发展演化过程的理论解释是煤氧复合理论。该理论已经得到了大量的现场和科学实验证实[50-51]，为煤矿一线防控煤自燃火灾提供了可靠的理论基础。

煤自身具有吸氧蓄热着火的特性，这种性质称为煤的自燃倾向性。根据《煤矿安全规程》(2022 版)规定，将煤的自燃倾向性分为容易自燃、自燃和不易自燃 3 种。煤自燃的根本原因是煤与氧气作用自发地产生热量。据此可知，煤温越高、氧浓度越大，则煤氧复合产生的热量越多[52-53]。因此，煤自燃防治工作可以从阻止煤氧接触、降低煤温和降低氧浓度三个方面着手，开发相应的防灭火技术手段。目前，常用的煤自燃防控技术手段及对比，如表 2.4 所示。

表 2.4　煤自燃防治技术分类对比表

类别	防治方向				
	控制漏风	火区惰化	充填不燃物	煤自燃倾向阻化	吸热降温
防治机理	减少松散煤体内氧气供给	降低火区氧浓度，窒息火区	包裹煤体，阻止煤氧接触	降低氧化性，抑制煤氧结合	降低煤温，灭火，防止复燃
技术方法	水泥喷浆；泡沫喷涂；均压；注水系高分子胶体材料	注 N_2 和 CO_2；注惰泡；注三相泡沫	灌浆；注水泥；注石膏；注水系高分子胶体材料	$CaCl_2$ 雾化阻化；惰化阻化剂；水系高分子胶体材料	灌浆；液氮；水系高分子胶体材料；液态 CO_2；三相泡沫

20 世纪 50 年代黄泥灌浆防灭火技术开始应用；60 年代均压防灭火技术逐步推广，高泡灭火技术问世；70 年代阻化剂防灭火试验成功，煤炭自燃的早期预报束管系统初步建立；80 年代惰气防灭火技术开始应用，快速高效堵漏风防治煤层自燃火灾等技术应运而生；进

入 90 年代，随着放顶煤技术的发展，采空区注氮防火技术得到推广与应用。氮气作为一种良好的惰性气体，氮气在标准大气压下冷却至－195.8 ℃时会转变为液氮，能够有效吸收热量，在防灭火领域内的应用有许多优点，如能吸收的热量大、无三相点，不会存在如液态 CO_2 形成干冰堵塞管路的可能。近年来，随着对煤炭自燃机理的深入研究，研发了液态 CO_2、水系高分子胶体材料等防治技术及工艺装备。各类技术、设备逐步发展适应井下煤火防治工作的需求[54-56]。常用的煤自燃防治技术措施主要有以下几种。

2.4.1.1 合理开拓开采

煤炭处于破碎状态时，存在通风供氧和易于蓄热的环境，极易诱发煤自燃。因此，在开拓、开采巷道布置及选择采煤方法时，应该充分考虑防火工作的要求，在进行开拓、开采系统设计及选择采煤方法时，应遵循以下原则[57-58]：

(1) 开采自然发火严重的厚煤层或近距离煤层群时，可以将运输大巷、回风大巷、采区上下山、集中运输平巷和集中回风平巷等服务时间较长的巷道，布置在煤层底板的岩石中。

(2) 厚煤层分层开采的区段巷道应垂直布置，避免因上下分层巷道内错或外错布置时形成的阶梯煤柱内侧碎煤氧化形成易燃隅角带，尽可能减少甚至不留煤柱。

(3) 尽量采用长壁式采煤法，推行综合机械化采煤，并采用全部陷落法管理顶板。

(4) 推广无煤柱开采，可有效减少采空区遗留浮煤，但应做好防止漏风措施。

2.4.1.2 加强通风管理及减少漏风

防火工作对通风管理的要求是：风流稳定、漏风量少和通风网络中有关区段易于隔绝。完全杜绝漏风固然可以消除自燃，但实际难以实现，通常只能根据矿井的实际情况，提高通风设施的质量达到减少漏风供氧的目的[59-61]。

2.4.1.3 通风系统防火要求[62-63]

(1) 矿井通风网络结构简单；

(2) 风网阻力适中；

(3) 主要通风机与风网匹配；

(4) 通风设施布置合理，通风压力分布适宜，在回风区段内，尽可能避免安设风门、风窗等通风构筑物；

(5) 矿井以中央分列式或两翼对角式通风方式最佳，采区应采用分区通风的工作方式；

(6) 主要通风机运行的工况点位于高效区内；

(7) 风门、风墙及调节风窗在风路中安设目的是使其前方压力升高而后方压力降低，而辅助通风机的功效则完全相反；

(8) 大、中型矿井主要通风机压力应保持在 3 kPa 以下，而小型矿井应保持在 0.7 kPa 以下；

(9) 矿井进风、用风、回风段的阻力宜保持 3∶2∶5 的比例。

2.4.1.4 灌浆防灭火

预防性灌浆是将水、骨料(多为黄土、粉煤灰、风积沙等)按适当的比例混合成一定浓度的浆液，借助输浆管路送往可能发生自燃的地区以防止自燃火灾的发生，其主要作用为[64-65]：

(1) 堵塞漏风，隔绝氧气；

(2) 使炽热的煤炭冷却；

(3) 分层开采时有利于形成再生顶板。

在一些山区、农耕区、缺少黄土或黄土资源匮乏的地区，则黄泥灌浆系统原料可改用粉煤灰、煤矸石、风积沙、页岩等固体材料。此外，为了提高灌浆防灭火效果，可在浆液中加入一定量的悬浮剂、胶凝剂等添加剂，制成复合胶体，改良其管道输送效果及固水防灭火性能。

2.4.1.5　阻化剂防灭火

阻化剂就是化学物质配置形成的水溶液，它能降低或阻止煤的自然发火进程，具有防火、灭火双重功能，其作用机理是[66-68]：

(1) 增加煤在低温时的化学惰性，提高煤反应所需活化能；

(2) 形成液膜包围煤的表面；

(3) 充填煤的内部裂隙；

(4) 水分蒸发时吸热降温。

目前，最常用的阻化剂有氯化钙($CaCl_2 \cdot H_2O$)、氯化镁($MgCl_2 \cdot H_2O$)、氯化铵($NH_4Cl \cdot H_2O$)以及水玻璃($xNa_2O \cdot ySiO_2$)等[69-72]。从应用效果来看，氯化钙、氯化镁、氯化铝等氯化物对褐煤、长焰煤和气煤有较好的阻化效果，水玻璃、氢氧化钙对高硫煤有较高的阻化率。阻化剂防火具有施工简单、投资少、减少用土量等优点，其缺点是对采空区再生顶板的胶结作用不如泥浆好，对井下设备等有一定的腐蚀，并且其阻化寿命有待进一步提高[73-75]。

此外，近年来煤自燃离子液阻化技术的发展迅猛。离子液体可以溶解、破坏煤体中易氧化的基团，降低煤体氧化活性，从而达到惰化煤自燃倾向性的效果。西安科技大学防灭火团队研发出的咪唑类离子液体，可破坏烟煤在低温氧化时的分子结构侧链中的官能团，而当氧浓度低于 10%且咪唑类离子液体浓度为 7.5%时，咪唑类离子液对煤的活性基团溶解破坏作用达到最大，能够有效降低煤的自燃倾向性(阻化机理如图 2.6 所示)。

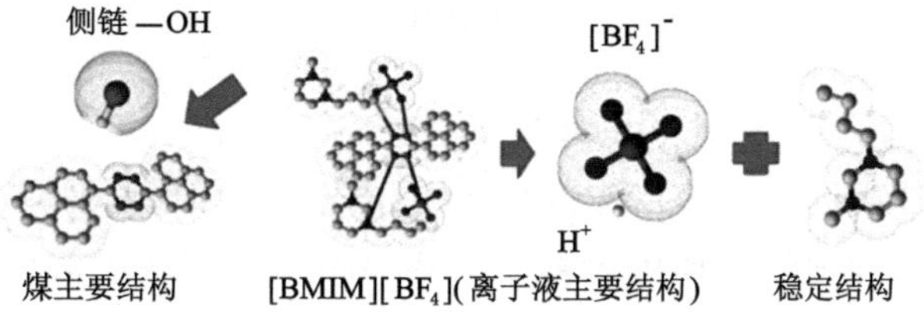

图 2.6　咪唑类离子液对煤的破坏机理

2.4.1.6　均压通风防灭火

均压通风防灭火的实质就是利用风窗、通风机、调压气室和连通管等压力调节手段，改变矿井通风系统的压能分布，降低漏风压差、减少漏风、切断供氧从而达到抑制煤炭氧化、惰化火区的作用。均压通风同时具有防火和灭火的功效，但是采用均压通风防灭火需要掌握各风路的风阻，精准调节各路风阻。因此，该技术在现场的实际应用过程中实施难度较大。

常用的均压调控技术主要包括利用角联风路调压、调节风窗调压、通风机调压、风窗-通风机增压调节、风窗-通风机降压调节等。

(1) 利用角联风路调压

当矿井的漏风形式是角联漏风时，若要改变风网的风阻参数，则需在风路的适当位置安装风门和通风机等调压装置，通过降低漏风源的压能来提高漏风汇集处的压能、减少漏风压力差。具体的角联风路调压灭火工作方式如图 2.7 所示，利用调节风窗使 A 点与 B 点的通风压力相等，实现均压。

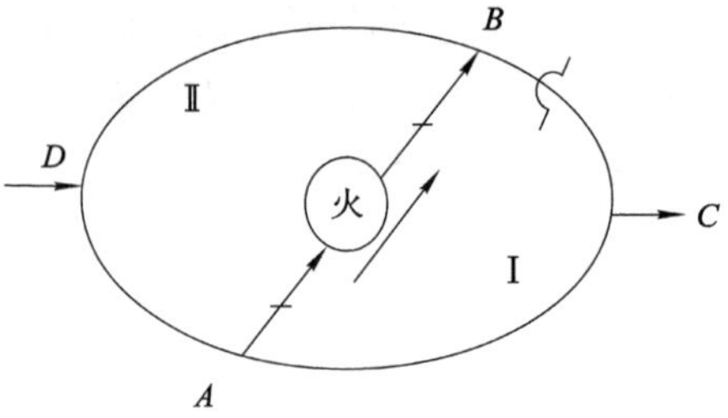

图 2.7　角联风路调压灭火

（2）调节风窗调压

在图 2.7 的基础上，若在并联风路Ⅰ分支中安装调节风窗口，风路中增加了风阻导致其风量减小引起对应分支压力变化，图 2.8 中 afb 和 $a'fb'$ 分别为安装风窗前、后的压力坡度线。

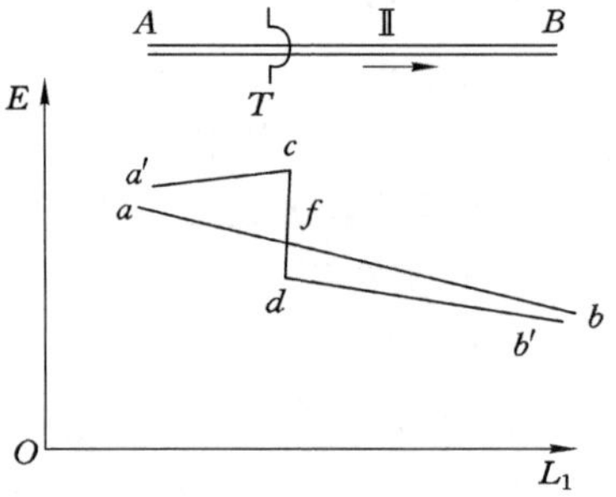

图 2.8　风窗调压（支路Ⅰ）

对比两者可知：风窗上风侧风流压能增加，下风侧风流压能降低，A 点风流压能增加，B 点风流压能降低，由此可以推断，风流网络当中压能增加和降低的幅度取决于风窗的阻力和该分支在网络中所处的地位。而风窗前后风路上压力坡度线变缓（因风量减小），分析可知：风窗调压的实质是增阻减风，通过改变调压风路上的压力分布达到调压目的。其应用前提是当前风路风量可以减小。

（3）通风机调压

在需要调压的风路上安装带风门的通风机，实质上是辅助通风机改变局部压力，利用通风机产生的增风增压作用改变风路上的压力分布以达到调压目的。若在图 2.7 的Ⅱ分支上安装带风门的通风机，使其风量大于原来风量，调压前后Ⅱ分支压力坡度线如图 2.9 所示，afb 和 $a'cfdb'$ 分别为调压前后的压力坡度线。

对比两者可知：通风机的上风侧（AF）段风流的压能降低，下风侧（FB）段风流的压能增加，其降低和增加幅度随距通风机的距离增大而减小；因风路上风量增加，故其压力坡度线变陡。在Ⅱ分支上安装风机后，对与其并联的Ⅰ分支将产生下列影响：风量减小，但减小值小于Ⅰ分支的风量增加值，风量减小程度取决于所安装通风机的额定功率及该分支在网络中的地位，另外压力坡度线的坡度将会变缓。需要单独指出的是，单独使用调压通风机调压是以增加支路风量为前提的调压作业。

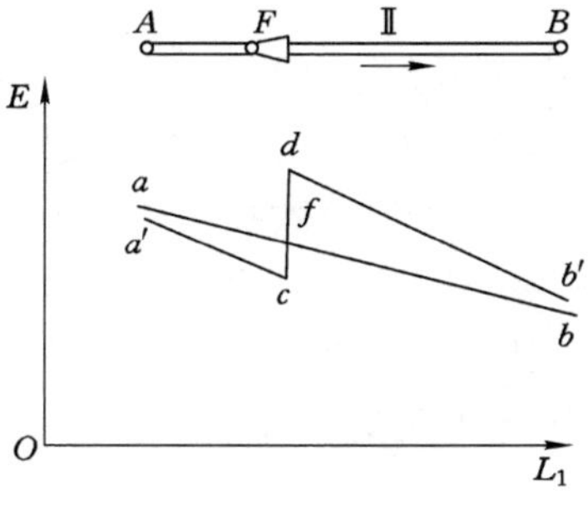

图 2.9　通风机调压(支路Ⅱ)

(4) 风窗-通风机增压调节

漏风总是从高压力区域流向低压力区域,增压调节的目的是增加调压装置中间风路上的风流压能。因此需要在上风侧安装通风机,在下风侧安装风窗,其风量的变化可根据实际需要来调整,风窗、通风机调后的风流网络压能分布情况如图 2.10 所示,a、b 分别表示风量不变和风量减小时压力分布变化特点。

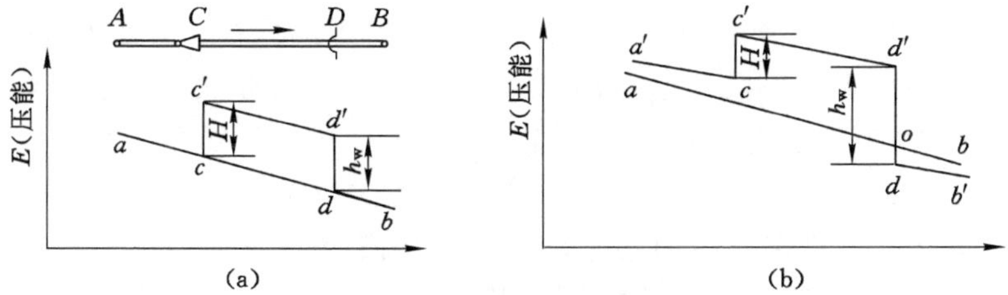

图 2.10　风窗-通风机增压调节

例:如图 2.11 所示,某矿开采浅地表煤层,采煤工作面采空区垮落后与地面沟通形成漏风 B-A 引起采空区内浮煤自燃,导致一氧化碳进入工作面。矿井在进风巷安设局部通风机 F 和风门 K_1,在回风巷安设调节风窗 T,采用增压调节提高工作面的通风压力,当工作面恢复生产后阻止有害气体从采空区的 A 泄漏到地面 B。某天井下停电,增压通风机 F 停止运转,工作面也停班,工作面无人,而地面主要通风机仍在运转,此时漏风方向改变,一氧化碳由 A-T 泄漏而井下未采取补救措施,一名瓦斯检查工通过风门 K_2-T 到采煤工作面检查瓦斯时,因一氧化碳中毒而死亡。

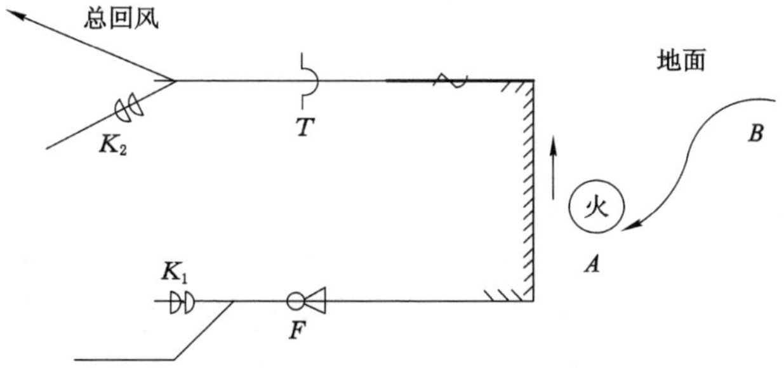

图 2.11　采煤工作面增压调节通风系统示意图

（5）风窗-通风机降压调节

通过降压调节使两调压装置中间风路上的风流压能降低。要达到这一目的，需在上风侧安装风窗，在下风侧安装通风机，其风量的变化可根据实际需要来调整。均压通风防灭火理论上较容易，但要求有精确的通风阻力测定数据来保障准确调压。否则，可能引起通风系统混乱导致火区风流反向，甚至一氧化碳反向逸出。为了提高均压效果，国内一些煤矿采用与惰性气体防灭火技术、示踪气体技术综合使用，应用效果良好。此外还有双调压气室-连通管调压，单调压气室-连通管调压等火区均压方法。

2.4.1.7 惰性气体防灭火

惰气防灭火技术的主要目的是减小氧含量，降低燃烧速度和燃烧火势。同时，惰性气体被输送到燃烧地点时，可以实现灭火或降低瓦斯爆炸危险性。井下灭火用的气体有两种特性：一是惰性气体因井下火灾温度上升而被加热，但其本质不变；二是惰性气体与可燃气体或可燃物质不发生化学反应。火灾现场采用的惰性气体有氮气、二氧化碳及燃料燃烧后形成的混合气体（其中氮气和二氧化碳各占15%和85%）。

（1）氮气

早在20世纪60年代，一些主要采煤国家就用惰性气体来扑灭矿井火灾，并获得成功。随后，惰气防灭火技术不断发展。20年代，德、英、法、澳等国广泛应用惰气防灭火技术，至今还作为矿井的主要防灭火手段普遍使用。80年代初，西德、苏联、波兰、日本开始采用氮气扑灭煤矿井下火灾，取得了良好效果。氮气充入封闭区域内可稀释空间内的氧浓度，从而降低煤体氧化速度。此外，液氮除了可以起到气态氮气的降氧惰化效果外，还能起到吸热降温的效果。液氮防灭火有许多优点的同时，也因其常压下温度低（-196 ℃），储存、运输、释放设备要求严格，并受其来源及安全性（若使用不当，发生泄漏时，容易造成人员冻伤等事故）的限制，所以应用局限性较大。另外，膜分离、变压吸附等技术产生氮气的设备较大，关键部件寿命不长，设备利用率低，所以氮气防灭火技术的综合成本较高。

（2）烟气

矿物质燃料（煤炭、油料等）燃烧生产的烟气可大量用来作为煤矿井下防灭火的惰气源。烟煤完全燃烧的烟气组成为：$N_2$75.14%、$CO_2$17%、H_2O（汽）7.86%，燃烧良好的烟煤烟气中还含有约为50×10^{-6}的CO、少量的SO_2和少量的O_2[76]，成本低廉是烟煤燃烧烟气的主要优势。我国在20世纪60年代就开展过以煤为燃料的炉烟气灭火技术的研究，并在鹤岗、徐州等矿区推广应用。实践证明，炉烟气灭火能够有效扑灭火区，对采空区高温点注入炉烟气不但能控制采空区自然发火的发生，又能保证回采工作的继续进行。但要制备出合格的炉烟气并非易事，过高的CO和SO_2含量以及氧含量的不稳定都导致炉烟气质量达不到防灭火烟气的制备标准[77]。

（3）二氧化碳

作为一种煤矿火灾防治的常用惰性气体，二氧化碳的分子量为44，密度为1.98 kg/m^3（0 ℃，1个大气压）。三相点温度为-56.6 ℃，压力为0.53 MPa，气液固三相呈平衡状态；临界点温度为31.3 ℃，压力为7.38 MPa，气液两相会形成连续的流体区；升华点温度为-78.5 ℃（压力为0.101 MPa）。液态CO_2密度随温度变化而改变，-37 ℃时的密度约为1 101 kg/m^3，汽化热为573.5 kJ/kg，在温度15 ℃和1个大气压下的条件下，1 t液态二氧化碳体积膨胀约640倍。液态CO_2用于煤层火灾防治具有下述特点：

① 惰化降氧。液态 CO_2 充注到火区并汽化后，使得火区氧浓度下降，削弱了煤氧复合作用的一个重要条件（氧浓度），使火区因缺氧而熄灭。同时，一定程度上抑制了 CO 等氧化产物的产生，从宏观上体现为对煤氧化自燃的抑制作用。液态 CO_2 内没有氧气，向高温火区灌注时，可避免由于注入惰气时带入氧气而造成的不利影响；而且，CO_2 比空气密度大、泄漏流失量小，可快速沉入底部置换出氧气并在火区内扩散充满其空间，使火区内氧气浓度急速下降，并保持微正压弱平衡状态，可在一定程度上起到均压灭火的效果。

② 吸热降温。注入高温火区的 CO_2 气体温度低，不仅具有对火区惰化和抑爆的能力，而且可以吸收大量的热，从而降低火区温度、加快火区的熄灭。

③ 吸附阻化。煤对气体吸附强弱的顺序为 $CO_2 > CH_4 > N_2$。因此，CO_2 可以抢占煤分子的吸附位，达到惰化的目的。从这一角度分析，CO_2 的防灭火效果要优于 N_2。

在长期的防灭火技术研发与现场应用中，西安科技大学研发了液态 CO_2 防灭火技术及工艺装备，主要包括地面固定式液态 CO_2 防灭火系统及矿用移动式液态 CO_2 防灭火装置（型号 CPW-2.0 或 CPW-1.26）等。地面固定式液态 CO_2 防灭火系统由液态 CO_2 槽车（液态 CO_2 供应商提供）、液态 CO_2 储罐（选配）、水浴式汽化器、缓冲罐，以及流量、压力、温度等监测和控制装置组成（图 2.12），可实现地面保压直注或汽化后从地面注 CO_2，进行井下火灾快速防治。矿用移动式液态 CO_2 防灭火系统和装置由液态 CO_2 槽车（液态 CO_2 供应商提供）、液态 CO_2 储罐、矿用移动式液态 CO_2 防灭火装置（装置实物图见图 2.13，技术参数见表 2.5），以及流量、压力等监测和控制装置组成，可实现井下火区近距离压注液态 CO_2，有效保证液态 CO_2 惰化降氧与降温效用。

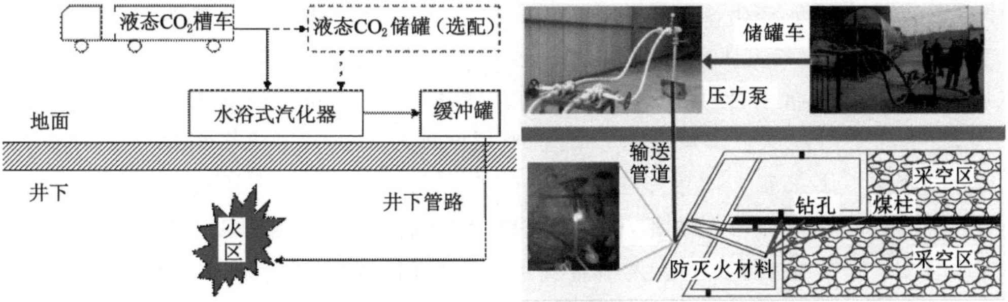

图 2.12　地面固定式液态二氧化碳防灭火工艺示意图

图 2.13　矿用移动式液态 CO_2 防灭火装置实物图

表 2.5　技术参数

型号	有效容积/m^3	几何容积/m^3	工作压力/MPa	充满率/%	结构型式	外形尺寸/(m×m×m)	空质量/kg	满质量/kg
CPW-2.0	2	2.11	2.6	95	卧式	3.0×1.4×1.6	1 466	3 666

矿用移动式液态 CO_2 防灭火系统工艺流程如下：

① 槽车灌注。气源（一般来自化工厂）通过槽车将液态二氧化碳运送至煤矿企业，在井上将液态二氧化碳压注入移动式储罐。

② 移动式储罐运至井下火区附近。将满载 CO_2 的储罐固定在矿车上，并将移动式储罐转运至工作面、掘进巷道等火区地点附近。

③ 储罐与灌注点连接。储罐排液口接 DN25 的三通，一端连接阀门控制泄压，一端连接注液管路，在注液管路中间位置或者注液口位置留设一个阀门。管路连接好后进行注液，打开液体进出口阀或排液阀即可，当压力表显示压力低于 1.8 MPa 时，打开加压装置加压阀，以免压力减小过快导致阀门内形成干冰而堵塞管路，并且充分排出液态二氧化碳，提高二氧化碳利用率。排注结束后，必须待泄压后再拆除管路。

(4) 高倍数惰气泡沫堵漏防火

采用高倍数惰气泡沫堵漏来实现矿井采空区火灾的防治，是 20 世纪 70 年代兴起的防灭火技术。进入 80 年代，苏联、法国等主要产煤国家开发了惰气泡沫压注技术防治采空区遗煤自燃，取得了一定的成效。向采空区注入惰气泡沫的实质，就是以惰气为气源，通过泡沫发生装置连续大量地产生惰气泡沫（以下简称惰泡），沿管路或钻孔向采空区和煤堆内部注射，并让它们保存于垮落的矸石缝隙之中形成堵漏带，阻止风流进入采空区，预防煤自燃。

就煤矿井下应用而言，使用的泡沫有化学和机械泡沫两种。化学泡沫大多使用尿醛泡沫，即尿素-甲醛塑料泡沫。苏联和波兰煤矿曾用此项技术进行了大量的防灭火作业，美、德等国家曾以聚醚或多苯基多次甲基多异氰酸酯为原料，制备了常温下能够快速凝固的聚氨酯泡沫塑料进行防火作业。机械泡沫则多是稳定的低倍数泡沫或者在其中添加增塑剂形成的可塑性泡沫。近年来，西安科技大学研发了矿用高倍惰泡防灭火技术及装备，研发出高倍惰气泡沫[图 2.14(a)]、发泡充填设备[图 2.14(b)]，以及无机固化膨胀充填材料等，可以用于松散煤体的漏风封堵，起到很好的防灭火效果。

2.4.1.8　胶体防灭火

胶体防灭火具有灭火速度快、安全性好、火区启封时间短且火区复燃概率低等特点，能够更好地发挥水、灌浆材料和胶体材料的防灭火性能。目前主要有四种类型的胶体：①“凝胶”是以硅胶为主体，由基料（水玻璃）、促凝剂（碳酸氢钠）、增强剂（黄土或粉煤灰等）和水按比例混合而成；②“水系高分子胶体”由灭火剂（XKM16）和水按比例混合而成[图 2.15(a)]；③“稠化胶体”由稠化悬浮剂（JXF1930）、黄土（或粉煤灰）和水按比例混合而成；④“复合胶体”由胶凝剂（FCJ12）、黄土（或粉煤灰）和水按比例混合而成[图 2.15(b)、(c)]。胶体材料具有如下防灭火性能[76-78]：

(1) 固水降温性：胶体中 90%以上是水，将易于流动的水固结起来，能够充分发挥水的降温作用；成胶过程是吸热反应，煤氧化产生的热量会使胶体中的水汽化，进而吸收大量的热，起到吸收热量降低煤温的目的。

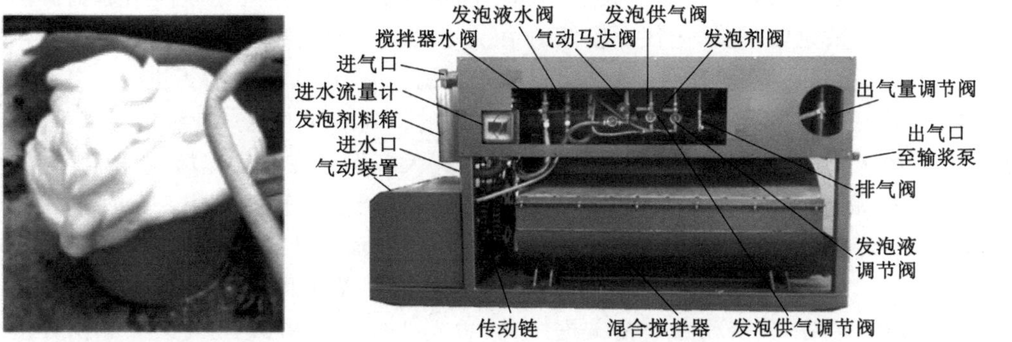

(a) 高倍惰气泡沫　　(b) 发泡充填设备

图 2.14　惰泡防灭火技术装备

(a) 水系高分子胶体　　(b) 粉煤灰复合胶体　　(c) 黄土复合胶体

图 2.15　胶体防灭火材料

(2) 渗透和堵漏性：成胶材料是易于流动的液体，渗透到煤层缝隙中后形成胶体，可以很好地封堵漏风通道。

(3) 阻化性：促凝剂和基料本身都是阻化剂，两者反应生成的材料也是阻化剂，胶体具有一般通用阻化剂的性能。

(4) 热稳定性：在 1 000 ℃的高温下胶体不熔化、不破裂，保持完好的同时缓慢失水干裂，热稳定性好。

(5) 充填性能：形成的黄泥复合胶体浆液不易脱水，在松散煤体中有良好的持久固水堵漏隔氧作用。而且，随着增强剂（黄土、粉煤灰等）用量增加，胶体耐压性会不断增强，高浓度胶体泥浆可充填高冒空顶区。

(6) 灭火安全性：由于胶体有束水作用，在用于煤火扑灭时不会急剧产生大量的水煤气，有效避免了救援工作环境恶化或水煤气爆炸的发生。

(7) 有效期长：通常情况下（温度小于 28 ℃，湿度大于 90%），胶体可长期保存在煤层中（现场实测 13 个月仍完好），能够有效防止煤层自然发火或火区复燃。

(8) 成胶时间可控性：最短成胶时间 25 s，慢的可控制在 2 h 以上，便于针对不同发火情况和现场使用工艺对其进行适当调节。

2.4.2　矿井外因火灾的防治

外因火灾是指由外部火源，如明火、电缆着火、电气设备产生的电弧火花、瓦斯或煤尘爆炸以及爆破等引起的火灾。在井下吸烟、取暖、违章爆破、电焊及其他原因引起的外因火灾也有发生。一般来说，在电气化程度较低的中、小型煤矿，大多数外因火灾是由于使用明火或违章爆破等引起的。在机械化、电气化程度较高的矿井，则大多是由于机电设备管理维护不善、操作使用不当或设备运转故障等原因所引起的。随着矿井电气化程度不断提高，机电设备引起外因火灾的比例也有增长趋势。外因火灾大多发生在井底车场、机电硐室、运输及回采巷道等机械、电气设备比较集中且风流比较畅通的地点，这类火灾一般发生得比较突然，并且发展速度极快，一个小火源稍有疏忽就有可能造成火势蔓延扩大到一个极为宽广的范围。如果隐患发现不及时、处理方法不当或灭火行动措施不果断时，就会给矿井带来严重损失，甚至发生惨痛的人身伤亡事故。据统计，重大恶性火灾事故 90%以上是由外因火灾引起的。由此可见，外因火灾造成的损失不容忽视。因此，外因火灾的预防工作已经成为煤矿防灭火的重要课题，必须给予足够的重视和有效的防治。生产和在建矿井必须制定井上、下防火措施，预防外因火灾的措施关键是严格遵守《煤矿安全规程》的有关规定，及时发现外因火灾的初起征兆，并阻止其发展[79]。

(1) 选用不燃性材料，《煤矿安全规程》第二百四十八条规定：新建矿井的永久井架和井口房、以井口为中心的联合建筑，必须用不燃性材料建筑。对现有生产矿井用可燃性材料建筑的井架和井口房，必须制定防火措施。《煤矿安全规程》第二百五十二条规定：井筒与各水平的连接处及井底车场，主要绞车道与主要运输巷、回风巷的连接处，井下机电设备硐室，主要巷道内带式输送机机头前后两端各 20 m 范围内，都必须用不燃性材料支护。在井下和井口房，严禁采用可燃性材料搭设临时操作间、休息间。

(2) 严禁明火取暖，《煤矿安全规程》第二百五十一条第一款规定：井口房和通风机房附近 20 m 内，不得有烟火或者用火炉取暖。通风机房位于工业广场以外时，除开采有瓦斯喷出的矿井和突出矿井外，可用隔焰式火炉或者防爆式电热器取暖。《煤矿安全规程》第二百五十三、二百五十四条规定：井下严禁使用灯泡取暖和使用电炉。井下和井口房内不得从事电焊、气焊和喷灯焊接等工作。如果必须在井下主要硐室、主要进风井巷和井口房内进行电焊、气焊和喷灯焊接等工作，每次必须制定安全措施，由矿长批准并遵守特别规定条目。

(3) 严格控制易燃物品的堆放，《煤矿安全规程》第二百五十五条规定：井下使用的汽油、煤油必须装入盖严的铁桶内，由专人押运送至使用地点，剩余的汽油、煤油必须运回地面，严禁在井下存放。井下使用的润滑油、棉纱、布头和纸等，必须存放在盖严的铁桶内。用过的棉纱、布头和纸，也必须放在盖严的铁桶内，并由专人定期送到地面处理，不得乱放乱扔。严禁将剩油、废油泼洒在井巷或硐室内。井下清洗风动工具时，必须在专用硐室进行，并必须使用不燃性和无毒性洗涤剂。

(4) 设置消防材料库，应遵守《煤矿安全规程》第二百五十六、二百五十七条的有关规定。

(5) 设置消防水池和消防管路系统。《煤矿安全规程》第二百四十九条规定：矿井必须设地面消防水池和井下消防管路系统。井下消防管路系统应当敷设到采掘工作面，每隔 100 m 设置支管和阀门，但在带式输送机巷道中应当每隔 50 m 设置支管和阀门。地面的消防水池必须经常保持不少于 200 m^3 的水量。消防用水同生产、生活用水共用同一水池时，应当有确保消防用水的措施。开采下部水平的矿井，除地面消防水池外，可以利用上部水平或生产水平的水仓作为消防水池。

（6）设置防火门，《煤矿安全规程》第二百五十条第一款规定：进风井口应当装设防火铁门，防火铁门必须严密并易于关闭，打开时不妨碍提升、运输和人员通行，并定期维修；如果不设防火铁门，必须有防止烟火进入矿井的安全措施。《煤矿安全规程》第二百五十一条第二款规定：暖风道和压入式通风的风硐必须用不燃性材料砌筑，并至少装设两道防火门。

2.4.3　矿井瓦斯爆炸的防治

矿井瓦斯爆炸事故的防治应以预防为主，消除日常生产中存在的瓦斯隐患。从瓦斯爆炸的三个条件来看，氧浓度条件在井下总能满足，因此防止瓦斯的积聚和引火源的形成，就能有效预防瓦斯爆炸事故的发生[80]。

2.4.3.1　防止瓦斯积聚

1）优化设计方案

开采方案必须考虑煤层条件、地质构造、水文条件、瓦斯等级、老窑分布等情况。

2）合理采掘布置

不仅需要考虑采掘接替，还要充分考虑通风及瓦斯治理等要求，布置力求简单合理。

3）加强通风管理

实现机械通风、分区通风、按需配风；加强对主要通风机的管理；井下通风设施安设位置合理，不得随意拆除；掘进工作面必须使用矿井全风压通风或局部通风机通风，严禁循环通风，严禁扩散通风，严禁不合理的串联；风筒要符合实际布置需求；临时停工点不得停风等。

4）建立健全矿井瓦斯管理规章制度

健全专业机构，配足检查人员，定期培训和不断提高专业人员技术素质。

5）及时处理局部积聚的瓦斯

（1）采煤工作面上隅角处瓦斯积聚的处理方法包括：

① 风障引导风流法。如图 2.16 所示，设备安设简单、安全、经济；但引入风量有限，可能会加剧采空区漏风。

② 尾巷排放法。如图 2.17 所示，利用已有的巷道进行改造，不需要增加设备，易于实施，较经济，但是进入尾巷的瓦斯量难以控制。

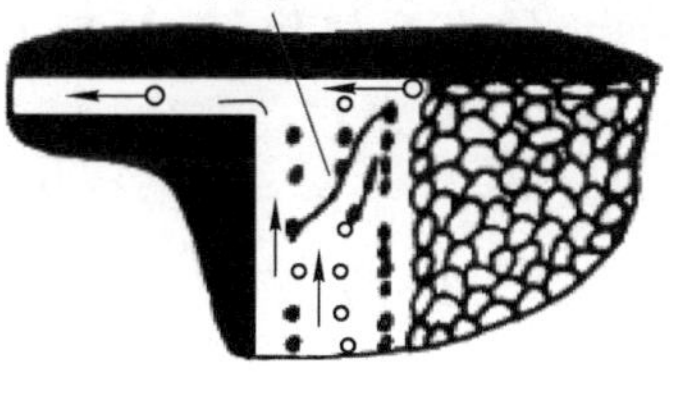

图 2.16　风障引导风流法

图 2.17　尾巷排放法

③ 风筒导风法。利用水力引射器、压气引射器处理积聚瓦斯，如图 2.18 所示。该方法处理能力大，适应范围广，但是需要空间安设设备，可能会占据一定的采掘空间。

④ 充填置换法。将积聚瓦斯的空间用不燃性固体物质充填严密，同时设管抽放瓦斯。这种方法效果明显，又可预防煤体自燃。

⑤ 调整通风方式法。采用后退式的 Z 型、Y 型等通风方式，能够预防、排除上隅角集聚瓦斯，但对于有自然发火危险的煤层不宜采用此方法。

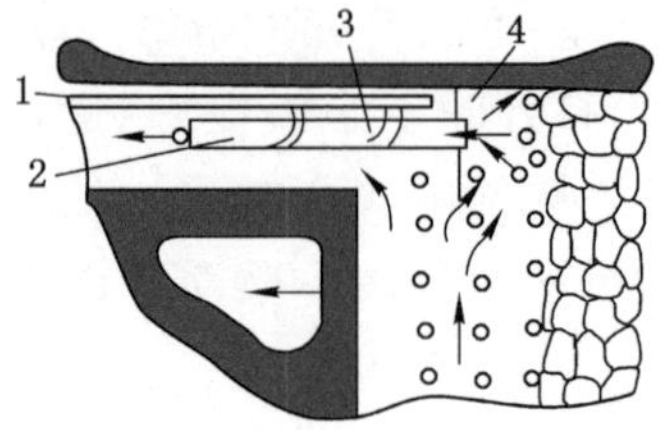

1—水管；2—导风筒；3—水力引射器；4—风障。

图 2.18　风筒导风法

⑥ 瓦斯抽采法。即进行采空区的瓦斯抽采。

(2) 巷道瓦斯积聚多发生在冒顶形成的高顶空间内，以及供风不足的掘进头、巷道顶板等区域。相对应的巷道瓦斯积聚处理方法包括：

① 增加风量稀释法。可采取减少风筒漏风、更换能力较大的局部通风机或增设局部通风机的台数等措施。

② 导风板引导排放法。此种方法是在高顶空间下面的支架横梁上钉导风板，使巷道中的部分风流从高顶空间中流过以冲淡并带走集聚的瓦斯。

③ 风筒分支排放法。当冒顶空间较大、积聚瓦斯较多、浓度较高，或采用导风板风流法因风量有限而无效时，可采用风筒分支排放法。具体方法是在局部通风机供风的风筒上加“三通”或安设一段分支风筒，向冒顶空间送风以冲淡、排除积聚的瓦斯。

④ 充填置换法。即在棚梁上铺设一定厚度的木板或荆篱，在铺设物上填满黄土或河砂进行瓦斯的置换排除。

⑤ 钻孔抽放法。当全风压通风巷道顶板裂隙发育并有大量瓦斯涌出时，可向巷道顶板打钻抽放瓦斯。

(3) 盲巷是指没有通风、长度大于 6 m 的独头巷道。盲巷瓦斯积聚的处理方法如下：

井下应尽量避免出现任何形式的盲巷。与生产无关的报废巷道或旧巷必须及时充填或用不燃性材料进行封闭。临时停工的工作地点不得停风，否则必须切断巷道内一切电气设备的电源和撤出所有人员，并在离巷道口 5 m 内设置栅栏、挂有明显警标，严禁人员入内。必须进入盲巷检查瓦斯时要有安全措施，并且严格按照由外向里的方式进行检查。瓦斯检查工每天在栅栏处至少检查一次。如果发现栅栏内侧 1 m 处瓦斯浓度超过 3%或其他有害气体超过允许浓度，必须在 24 h 内封闭。风墙外的瓦斯浓度至少每周检查一次，并遵守《煤矿安全规程》第一百七十五条的有关规定。

2.4.3.2　防止瓦斯引燃

(1) 防止明火

① 井口房、通风机房附近 20 m 以内不得有烟、火或用火炉取暖，瓦斯泵房周围 20 m 范围内禁止堆积易燃物和有明火，并遵守《煤矿安全规程》第二百五十一条的有关规定。

② 严禁携带烟草、点火物品和穿戴化纤衣物入井；严禁携带易燃品入井，必须带入井下的易燃品要经矿技术负责人批准。

③ 井下禁止使用电炉或灯泡取暖。

④ 不得在井下和井口房内从事电焊、气焊和喷灯焊接等工作。如必须在井下主要硐

室、主要进风井巷和井口房内从事电焊、气焊和使用喷灯焊接时，每次必须制定安全措施，报矿长批准，并遵守《煤矿安全规程》第二百五十四条的有关规定。

⑤ 严禁在井下存放汽油、煤油、变压器油等。井下使用的棉纱、布头、润滑油等，必须放在盖严的铁桶内，不得乱扔乱放，严禁将剩油、废油泼洒在井巷、硐室内。

⑥ 防止煤炭氧化自燃，加强火区检查与管理，定期采气分析，防止复燃。

(2) 防止电火

① 井下电气设备应符合《煤矿安全规程》的要求。对电气设备的防爆性能要定期检查，不符合要求的要及时更换和修理，否则，不准使用。

② 井口和井下电气设备必须有防雷和防短路保护，采取有效措施防治井下杂散电流。

③ 所有电缆接头严禁有“鸡爪”“羊尾巴”和明接头。

④ 修理开关、接线盒等不准带电作业。

⑤ 局部通风机开关要设甲烷风电闭锁装置、检漏装置等。

⑥ 发放的矿灯要符合要求，严禁在井下拆开、敲打和撞击灯头、灯盒。

(3) 防止炮火

① 严格炸药、爆破管理，井下严禁使用可能产生火焰的爆破器材和爆破工艺。

② 井下爆破作业必须使用符合煤矿安全许可的炸药、电雷管，不得使用过期或严重变质的炸药。

③ 炮眼深度和装药量要符合《煤矿安全规程》第三百五十九、三百六十条规定；炮眼封泥应用水炮泥，水炮泥外剩余炮眼部分应用黏土炮泥封实。

④ 禁止使用明接头或裸露的爆破母线，爆破母线与发爆器的连接要牢固，防止产生电火花；爆破工应尽量在进风流中启动发爆器。

⑤ 禁止放明炮、糊炮。

⑥ 严格执行“一炮三检”制度(装药前、爆破前、爆破后检查瓦斯)。

(4) 治理其他引火源

① 在摩擦发热的部件上安设过热保护装置；在摩擦部件金属表面熔敷活性低的金属；井下工作配备难引燃性能的合金工具。

② 矿井中使用的如塑料、橡胶、树脂等高分子材料制品，其表面电阻应低于规定值。

③ 高瓦斯区域、突出危险区域掘进工作，严禁使用钢丝绳牵引的耙装机。

2.4.3.3　防止瓦斯爆炸事故扩大

井下一旦发生瓦斯爆炸，应尽量控制事故扩大、减少损失，因此防止灾害扩大的措施应集中在灾害发生前的预备设施安装和灾害发生时的快速反应上，这需要煤矿企业平时做好以下工作：

① 建立完善合理且抗灾能力强的矿井通风系统。矿井通风系统应力求简单、合理，对井下工作区域实行分区通风。分区通风是防止灾害蔓延扩大的有效措施。

② 安设防爆门。

③ 安设反风装置。

④ 安设隔爆设施。《煤矿安全规程》第一百八十八条规定：高瓦斯矿井、突出矿井和有煤尘爆炸危险的矿井，煤巷和半煤岩巷掘进工作面应当安设隔爆设施。

⑤ 矿工下井携带自救器。

⑥ 编制灾害预防与处理计划。

2.4.4 煤尘燃烧及爆炸的防治

《煤矿安全规程》第一百八十七条规定，矿井应当每年制定综合防尘措施、预防和隔绝煤尘爆炸措施及管理制度，并组织实施。矿井应每周至少检查1次煤尘隔爆设施的安装地点、数量、水量或岩粉量及安装质量是否符合要求。综合防尘就是防止生产过程中产生粉尘和消除作业场所已产生的粉尘。通常按矿井防尘措施的具体功能，可将其划分为减尘措施、降尘措施、通风除尘和个体防护等[81-83]。矿井常用的粉尘防治技术措施如图2.19所示。

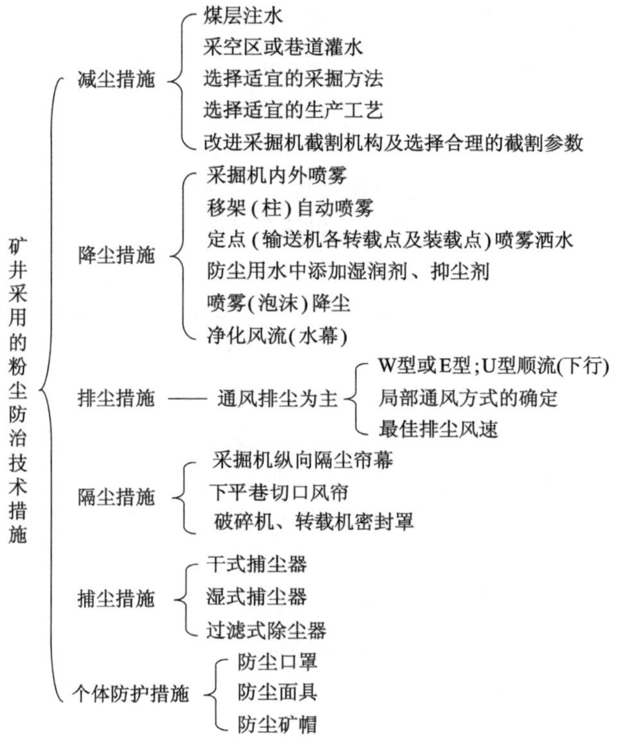

图2.19 矿井常用的粉尘防治技术措施

2.4.4.1 减少煤尘措施

减尘措施主要包括：煤层注水、采空区灌水、改进采掘机械结构及运行参数、湿式打眼、爆破时采用水炮泥、封闭尘源和设置捕尘罩等。

（1）煤层注水

煤层注水是采煤工作面最重要的防尘措施之一。在回采之前预先在煤层中打若干钻孔，通过钻孔注入压力水，使其渗入煤体内部增加煤体的水分，从而减少煤层开采过程中的产尘量。该方法的降尘率可达60%～90%。注水钻孔一般平行于工作面，孔深为工作面长度的2/3，孔间距10～20 m，使用液压钻机打孔，水泥砂浆封孔。当地质条件变化较大、煤层的渗透性较差时，可采用短孔注水，钻孔垂直于采煤工作面。在缓倾斜厚煤层分层开采时，从下分层风巷向上分层采空区打孔注水，该方法可降低70%～85%的煤尘[84]。

（2）湿式打眼

湿式凿岩、钻眼的实质是指在凿岩和打钻过程中，将压力水通过凿岩机、钻杆送入并充满孔底，以湿润、冲洗和排出产生的矿尘。它是打眼工作普遍采用的有效防尘措施。湿式打眼有中心供水和旁侧供水两种供水方式，目前凿岩机使用较多的是中心供水方式。

(3) 水炮泥

水炮泥是用盛水的塑料袋代替或部分代替炮泥充填于炮眼内，爆破时水袋破裂，在高温高压爆炸波的作用下，袋内大部分水首先汽化，然后重新凝结成极细的雾滴并与同时产生的粉尘相接触，形成雾滴的凝结核或被雾滴所湿润而起到降尘作用。水炮泥爆破除降尘效果外，对降低爆焰温度、防止引燃事故以及降低炮烟量和有毒有害气体含量的效果也十分显著。

水炮泥的塑料袋应难燃、无毒并且具有一定的强度，尤其水袋封口是关键。目前通常使用的是自动封口水袋，如图 2.20 所示。

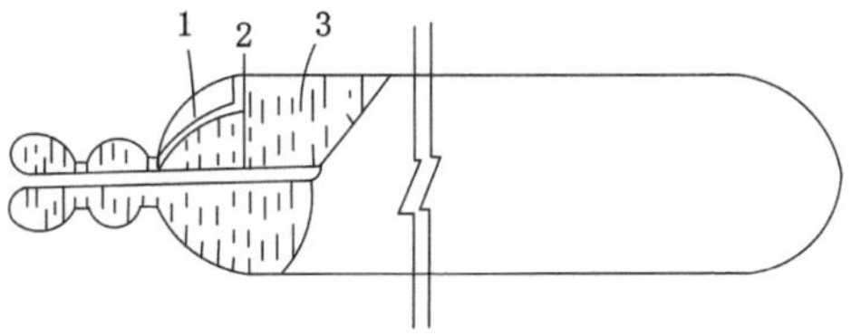

1—逆止阀注水后位置；2—逆止阀注水前位置；3—水。

图 2.20　自动封口水袋

2.4.4.2　降低煤尘措施

降尘措施是矿井综合防尘工作的重要环节，现行的降尘措施主要包括喷雾洒水、风流净化水幕、干式捕尘和除尘器除尘等。

(1) 喷雾洒水

喷雾洒水降尘是用水湿润悬浮在空气中和沉积于煤堆、岩堆、巷道周壁、支架等处的粉尘。当矿尘被水湿润后，尘粒间会互相附着凝集成较大的颗粒(附着性增强)，不易飞扬。在炮采和炮掘工作面爆破前后洒水，不仅能够起到降尘作用，而且还能消除炮烟、达到缩短通风时间的作用。喷雾洒水降尘操作简单，已广泛应用于采掘机械切割、爆破、装载、运输等生产过程中。我国矿山井下常用的喷雾器有水力喷雾器、引射式喷雾器和气水喷雾器。

喷雾洒水效果与水量、水压、喷雾速度和雾化程度有关。采煤机、掘进机采用外喷雾时除尘效率可达 50%～70%，采用内喷雾时降尘效率还可再提高 20%左右[85]。

(2) 风流净化

风流净化是使井巷中含尘的空气通过一定的设施或设备后将矿尘除去的技术措施。目前使用较多的是水幕和湿式除尘装置。水幕是在铺设于巷道顶部或两帮的水管上按一定间隔安上数个喷雾器喷雾形成的，这是净化入风流和降低污风流粉尘浓度的有效方法。在巷道周壁间隔安装 3～5 个喷雾器，使整个断面都布满水雾，从而使经过该断面的风流被除尘净化，这种方法称为水幕净化。在煤尘较大的采掘工作面，一般可设置 2～4 道水幕，如图 2.21 所示，水幕净化的理论除尘率接近 100%[86]。净化水幕应安设在支护完好、壁面完整、无断裂破碎的巷道中。在采煤工作面回风巷中安设时应距回风巷口 10～20 m，掘进回风流中安设时应距工作面 30～50 m[87]。

湿式打眼方法并不适用于所有的矿井。在水源缺乏、冰冻期长而又无采暖设备的煤矿

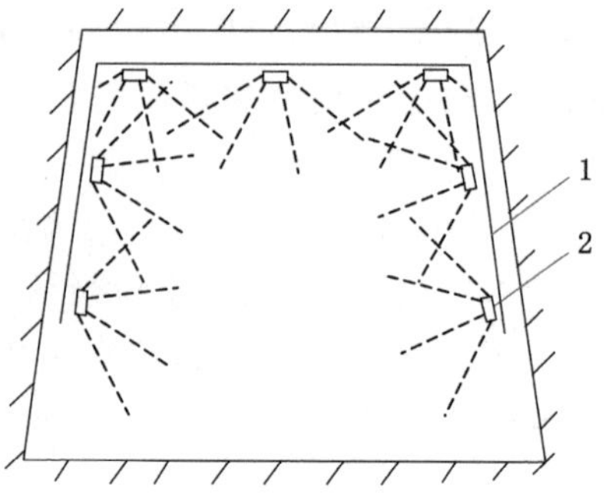

1—水管;2—喷雾器。

图 2.21　巷道水幕示意图

以及不宜用水作业的特殊岩层(如遇水膨胀的泥页岩层等)都要考虑采用干式打眼方法。为了减少干式打眼产生的大量粉尘应采取适宜的干式捕尘方法、干式捕尘装置,其基本捕尘方式有两种:孔口捕尘和孔底捕尘。

① 孔口捕尘是在凿岩机上增加一个密闭罩,将钻孔密闭起来,再用压气引射器、导尘管和净化装置,将打眼时产生的粉尘抽出、收集。因为孔口很难严密密封,所以除尘效果不好,而且会影响凿岩进度,因此具有一定的局限性。我国煤矿多采用干式孔底捕尘凿岩机和75-1 型孔口捕尘器。

② 孔底捕尘是采用特制的干式捕尘凿岩机和净化装置,由钻杆的中心孔道将孔底的粉尘抽出、收集。这类凿岩机分中心抽尘和旁侧抽尘两类。中心抽尘净化系统凿岩时产生的粉尘在内部压气引射器吸引作用下,经导尘胶管进入捕尘器后被沉淀、过滤收集。旁侧抽尘是在凿岩机机头部加装一个转动套筒和机头套筒,凿岩时产生的粉尘在压气引射器产生的负压作用下被吸入钎杆中心孔,经钎尾侧孔、环形槽、机头导尘管等部件后进入捕尘器。

(3) 除尘器除尘

除尘器是指把气流或空气中含有的固体颗粒分离并捕集起来的装置,又称集尘器或捕尘器。根据除尘器是否利用水或其他液体可分为湿式和干式两类,煤矿一般采用湿式除尘器。我国目前常用的除尘器有 SCF 系列除尘风机、KGC 系列掘进机除尘器、MAD 系列风流净化器等。

(4) 物理化学降尘技术

物理化学防尘方法主要有:水中添加降尘剂降尘、泡沫降尘、黏尘剂降尘、磁化水降尘等。水中添加降尘剂降尘是在水力降尘基础上发展起来的一种降尘技术。水中添加的降尘剂主要由表面活性物质组成,由于表面活性物质特殊的结构,可大大提高水溶液对粉尘的浸润性,即粉尘粒子原有的固-气界面被固-液界面所代替,形成液体对粉尘的浸润程度大大提高,从而提高降尘效率。

泡沫除尘是用无空隙的泡沫体覆盖尘源,使刚产生的粉尘得以润湿、沉积,失去飞扬能力的除尘方法;而黏尘剂降尘主要有美国的 DCL-1803 型黏尘剂、Conhex 型黏尘剂,日本的 SS-01 黏尘剂、SS-02 黏尘剂、TH-C 黏尘剂,南非的 ANTI 型疏水防尘剂及德国的 MONTAN 型黏尘剂等。我国主要有 NCZ-1 型黏尘阻燃剂、丙烯酸酯型黏尘剂、己内酰胺型黏尘剂及 CM 保湿性黏尘剂等。

2.4.4.3　通风除尘

通风除尘是指通过风流的流动将井下作业点悬浮矿尘带出，降低作业场所的矿尘浓度的除尘措施。矿内各种尘源在采取了防尘措施后仍会有一定量的矿尘进入矿井空气中，其中绝大部分是小于10 μm的微细粉尘，这种微细粉尘能长时间悬浮于空气中并逐渐积累，导致矿尘浓度越来越高直至形成高浓度的粉尘，严重危害人员身体健康，因此必须采取有效的通风排尘措施。通风除尘是矿井综合防尘的重要措施之一，充分发挥通风排尘的作用能有效减小空气中的粉尘浓度。通风除尘方法分为全矿井通风排尘和局部通风排尘两种。掘进工作面主要利用除尘风机除尘，目前主要有SCF系列除尘风机、水射流除尘风机等。

通风除尘效果的影响因素主要包括风速、粉尘密度、粒度、形状、湿润程度等。风速过低，粉尘不易排出；风速过高，反而会导致落尘扬起。因此，通风除尘的效果通常随风速的增加而增大，达到最佳效果后，如果再增大风速则降尘效果又开始下降。使呼吸性粉尘保持浮游状态并随风流排出的最低风速称为最低排尘风速；能最大限度排出粉尘而又不致使落尘二次飞扬的风速称为最优排尘风速。一般掘进工作面的最优风速为0.4～0.7 m/s，机械化工作面为1.5～2.5 m/s[88]。《煤矿安全规程》第一百三十六条规定的采掘工作面风速不仅考虑了供风要求，同时也充分考虑到排尘的要求。对于产尘量较大的掘进工作面，可以结合长抽短压或长压短抽的通风方式配合捕尘器净化流出工作面的风流。

《煤矿安全规程》第一百五十一条规定：井下所有煤仓和溜煤眼都应当保持一定的存煤，不得放空；有涌水的煤仓和溜煤眼，可以放空，但放空后放煤口闸板必须关闭，并设置引水管。溜煤眼不得兼作风眼使用。

2.4.4.4　个体防护

个体防护是指通过佩戴各种防护面具以减少吸入人体粉尘的最后一道措施。因为井下各个生产环节虽然采取了一系列防尘措施，但仍会有少量微细粉尘悬浮于空气中，甚至个别地方无法达到国家卫生标准，因此个体防护是防止粉尘对人体伤害的最后一道关卡。个体防护用具主要有防尘口罩、防尘风罩、防尘帽、防尘呼吸器等，其目的是使佩戴者能够呼吸净化后的空气而不影响正常工作。

根据《煤矿安全规程》第十四条、第一百一十五条、第一百四十五条、第一百八十六条的规定，对产生煤(岩)尘的地点应采取防尘措施，简单来说必须满足以下条件：

(1) 掘进井巷和硐室时，必须采取湿式钻眼、冲洗井壁巷帮、水炮泥、爆破喷雾、装岩(煤)洒水和净化风流等综合防尘措施。冻结法凿井和在遇水膨胀的岩层中掘进不能采用湿式钻眼时可采用干式钻眼，但必须采取捕尘措施并使用个体防尘保护用品。

(2) 采煤工作面应采用煤层注水防尘措施。

(3) 炮采工作面应采取湿式打眼，使用水炮泥；爆破前、后应冲洗煤壁，爆破时应喷雾降尘，出煤时洒水。

(4) 采煤机必须安装内、外喷雾装置。掘进机作业时，应使用内、外喷雾装置，如果内喷雾装置的使用水压小于3 MPa或无内喷雾装置，则必须使用外喷雾装置和除尘器。

(5) 采煤工作面回风巷应安设风流净化水幕。

(6) 井下煤仓放煤口、溜煤眼放煤口、输送机转载点和卸载点以及地面筛分厂、破碎车间、带式输送机走廊、转载点等地点，都必须安设喷雾装置或除尘器，作业时进行喷雾降尘或用除尘器除尘。

(7) 在煤、岩层中钻孔，应采取湿式钻孔。煤(岩)与瓦斯突出煤层或软煤层中瓦斯抽采钻孔难以采取湿式钻孔时，可采取干式钻眼，但必须采取捕尘、降尘措施，工作人员必须佩戴防尘保护用品。

参考文献

[1] 郭军，蔡国斌，郑学召，等. 矿井热动力灾害及救援安全性判定研究现状及展望[J]. 煤炭科学技术，2020，48(12)：116-122.

[2] 王德明，邵振鲁，朱云飞. 煤矿热动力重大灾害中的几个科学问题[J]. 煤炭学报，2021，46(1)：57-64.

[3] 文虎. 煤矿事故应急救援[M]. 徐州：中国矿业大学出版社，2014：12-20.

[4] DAI L C. Safety classification and application of coal-rock gas compound dynamic disaster in coal mine[J]. IOP conference series：earth and environmental science，2021，651(3)：032036. DOI：10.1088/1755-1315/651/3/032036

[5] 郭军，岳宁芳，金永飞，等. 矿井热动力灾害救援安全性评价指标体系[J]. 煤矿安全，2017，48(7)：253-256.

[6] 马红伟. 煤矿火灾的危害及防治措施[J]. 内蒙古煤炭经济，2018(14)：115-116.

[7] 李小飞，张渝，张学庆，等. 我国矿井火灾防治措施[J]. 中国矿业，2015，24(增刊 2)：263-265.

[8] 王海燕，王兵建. 矿井热动力灾害学[M]. 北京：煤炭工业出版社，2010.

[9] 辛嵩. 矿井热害防治[M]. 北京：煤炭工业出版社，2011：5-10.

[10] 刘易斯. 燃气燃烧与瓦斯爆炸[M]. 3 版. 王方，译. 北京：中国建筑工业出版社，2007.

[11] 邱进伟. 瓦斯爆炸冲击波在管网内传播特征及灾变过程仿真研究[D]. 淮南：安徽理工大学，2018：12-31.

[12] 高健. 煤矿瓦斯爆炸及通风预防措施[J]. 内蒙古煤炭经济，2018(9)：98，135.

[13] WANG C，ZHAO Y Y，ADDAI E K. Investigation on propagation mechanism of large scale mine gas explosions[J]. Journal of loss prevention in the process industries，2017，49：342-347.

[14] 杨龙龙. 煤尘瓦斯爆炸反应动力学特征及致灾机理研究[D]. 北京：中国矿业大学(北京)，2018.

[15] 王德明. 煤矿热动力灾害及特性[J]. 煤炭学报，2018，43(1)：137-142.

[16] 时国庆，周涛，刘茂喜，等. 矿井火区封闭进程中瓦斯爆炸危险性的数值模拟分析[J]. 中国矿业大学学报，2017，46(5)：997-1006.

[17] 梁运涛，王连聪，罗海珠，等. 激波诱导瓦斯爆炸反应动力学计算模型[J]. 煤炭学报，2017，42(6)：1475-1481.

[18] 卢细苗. 瓦斯爆炸载荷与高应力耦合作用下巷道损伤破坏机制研究[D]. 徐州：中国矿业大学，2019.

[19] 徐婷婷，李树岗，郝慧斌，等. 瓦斯-煤尘爆炸特性研究[J]. 煤炭与化工，2021，44(1)：113-115，120.

[20] 聂百胜，王晓彤，宫婕，等. 瓦斯煤尘爆炸特性及抑爆方法研究进展[J]. 安全，2021，42(1)：1-13，15，89.

[21] 田川，韩宇. 煤尘爆炸分析与预防[J]. 煤，2008，17(8)：34-35.

[22] 李国祯，李希建，刘玉玲. 矿井瓦斯爆炸与预防[J]. 工业安全与环保，2011，37(6)：36-38，50.

[23] 邓军，文虎，张辛亥，等. 煤田火灾防治理论与技术[M]. 徐州：中国矿业大学出版社，2014：5-15.

[24] MELODY S M, JOHNSTON F H. Coal mine fires and human health：what do we know? [J]. International journal of coal geology，2015，152：1-14. DOI：10. 1016/j. coal. 2015. 11. 001.

[25] HANSEN R. Fire behaviour of multiple fires in a mine drift with longitudinal ventilation[J]. International journal of mining science and technology，2019，29(2)：245-254.

[26] 邓军，张敏，雷昌奎，等. 不同变质程度煤自燃特性及低温氧化动力学分析[J]. 安全与环境学报，2021，21(1)：94-100.

[27] 张九零，朱壮，范酒源，等. 含水量对煤自燃特性的影响实验研究[J]. 煤矿安全，2019，50(7)：42-45.

[28] 张九零，朱壮，范酒源，等. 基于 DSC 测试的含水煤自燃规律实验研究[J]. 煤矿安全，2019，50(6)：41-44.

[29] 李锋，安世岗，邢真强. 水浸煤孔隙结构及自燃特性试验研究[J]. 煤炭科学技术，2019，47(增刊 2)：208-212.

[30] 郑纪武. 采空区漏风对煤自燃特性的影响研究[D]. 西安：西安科技大学，2018.

[31] 郭军. 矿井热动力灾害救援安全性评价与动态预测[D]. 西安：西安科技大学，2016：16-17.

[32] 魏嘉. 煤矿瓦斯煤尘爆炸数值模拟研究[D]. 太原：中北大学，2015.

[33] 司荣军，李润之. 低浓度含氧瓦斯爆炸动力特性及防控关键技术[J]. 煤炭科学技术，2020，48(10)：17-36.

[34] 黄子超. 环境温度对预混瓦斯气体爆炸特性的影响[J]. 煤矿安全，2021，52(2)：1-6.

[35] 马恒，陈晓军，荆德吉. H 型通风巷道瓦斯爆炸及泄爆过程模拟研究[J]. 中国安全科学学报，2021，31(1)：45-51.

[36] 张群. 高瓦斯矿井封闭火区瓦斯爆炸实验及数值模拟研究[D]. 西安：西安科技大学，2013.

[37] ECKHOFF R K，LI G. Industrial dust explosions：a brief review[J]. Applied sciences，2021，11(4)：1669. DOI：10. 3390/APP11041669.

[38] 左前明. 煤尘爆炸特性及抑爆技术实验研究[D]. 青岛：山东科技大学，2010：64-73.

[39] 闫金定，崔洪，杨建丽，等. 热重质谱联用研究兖州煤的热解行为[J] 中国矿业大学学报，2003，32(3)：311-315.

[40] 降文萍. 煤热解动力学及其挥发分析出规律的研究[D]. 太原：太原理工大学，2004：10-30.

[41] 张亚青. 移动床循环灰热载体煤热解模拟与工艺开发[D]. 青岛：山东科技大学，2018：45-50.

[42] 王育德，曲志明. 煤尘浓度和粒度对煤尘燃烧爆炸特性影响的实验研究[J]. 中国矿业，2013，22(8)：136-140.

[43] SHI Q L，QIN B T，BI Q，et al. Fly ash suspensions stabilized by hydroxypropyl guar gum and xanthan gum for retarding spontaneous combustion of coal[J]. Combustion science and technology，2018，190(12)：2097-2110.

[44] 李浩浩. 煤尘浓度质量对瓦斯爆炸极限的影响研究[J]. 中国石油和化工标准与质量，2020，40(23)：137-139.

[45] 王博. 煤矿瓦斯煤尘爆炸冲击波传播的影响因素研究[D]. 太原：中北大学，2019.

[46] 刘贞堂，周西方，李晓亮，等. 不同粒径肥煤及其爆炸残留物的爆炸条件和产物分析[J]. 煤矿安全，2020，51(7)：200-204，209.

[47] 张江石，孙龙浩. 分散度对煤粉爆炸特性的影响[J]. 煤炭学报，2019，44(4)：1154-1160.

[48] 刘天奇，郑秋雨，苏长青. 不同煤质煤尘云最小点火能实验研究[J]. 消防科学与技术，2019，38(4)：465-468.

[49] 王燕，齐英全，温小萍，等. 煤尘组分对瓦斯/煤尘复合爆炸下限的影响研究[J]. 煤炭科学技术，2020，48(2)：125-130.

[50] KONG B，LI Z H，YANG Y L，et al. A review on the mechanism，risk evaluation，and prevention of coal spontaneous combustion in China[J]. Environmental science and pollution research，2017，24(30)：23453-23470.

[51] SHI Q L，QIN B T，LIANG H J，et al. Effects of igneous intrusions on the structure and spontaneous combustion propensity of coal：a case study of bituminous coal in Daxing Mine，China[J]. Fuel，2018，216：181-189.

[52] ZHAO J Y，DENG J，CHEN L，et al. Correlation analysis of the functional groups and exothermic characteristics of bituminous coal molecules during high-temperature oxidation[J]. Energy，2019，181：136-147.

[53] WEN H，GUO J，JIN Y F，et al. Experimental study on the influence of different oxygen concentrations on coal spontaneous combustion characteristic parameters[J]. International journal of oil，gas and coal technology，2017，16(2)：187-202.

[54] 文虎，郭军，金永飞，等. 煤田火区高温氧化燃烧特性参数测试装置研发[J]. 工矿自动化，2015，41(3)：14-18.

[55] 金永飞，郭军，文虎，等. 煤自燃高温贫氧氧化燃烧特性参数的实验研究[J]. 煤炭学报，2015，40(3)：596-602.

[56] ZHANG Y N，CHEN L，ZHAO J Y，et al. Evaluation of the spontaneous combustion characteristics of coal of different metamorphic degrees based on a temperature-programmed oil bath experimental system[J]. Journal of loss prevention in the process industries，2019，60：17-27.

[57] 邓军，李贝，肖旸，等. 基于热重-傅里叶红外光谱联用的煤矸石自燃特性及微观表征

[J]. 西安科技大学学报,2017,37(1):1-6.
[58] WANG D M,XIN H H,QI X Y,et al. Reaction pathway of coal oxidation at low temperatures: a model of cyclic chain reactions and kinetic characteristics [J]. Combustion and flame,2016,163:447-460.
[59] 王德明,辛海会,戚绪尧,等. 煤自燃中的各种基元反应及相互关系:煤氧化动力学理论及应用[J]. 煤炭学报,2014,39(8):1667-1674.
[60] XIAO Y, REN S J, DENG J,et al. Comparative analysis of thermokinetic behavior and gaseous products between first and second coal spontaneous combustion[J]. Fuel,2018,227:325-333.
[61] LIANG Y T,ZHANG J,WANG L C,et al. Forecasting spontaneous combustion of coal in underground coal mines by index gases:a review[J]. Journal of loss prevention in the process industries,2019,57:208-222.
[62] GUO J,WEN H,ZHENG X Z,et al. A method for evaluating the spontaneous combustion of coal by monitoring various gases[J]. Process safety and environmental protection,2019,126:223-231.
[63] GUO J,WENH,LIU Y,et al. Data on analysis of temperature inversion during spontaneous combustion of coal[J]. Data in brief,2019,25:104304.
[64] DENG J,LEI C K,XIAO Y,et al. Determination and prediction on "three zones" of coal spontaneous combustion in a gob of fully mechanized caving face[J]. Fuel,2018, 211:458-470.
[65] 王伟峰,邓军,侯媛彬. 煤自燃危险区域高密度网络化监测预警系统设计与应用[J]. 煤炭技术,2018,37(3):218-220.
[66] ZHENG X Z,ZHANG D,WEN H. Design and performance of a novel foaming device for plugging air leakage in underground coal mines[J]. Powder technology,2019,344: 842-848.
[67] LI B,DENG J,XIAO Y,et al. Heat transfer capacity of heat pipes:an application in coalfield wildfire in China[J]. Heat and mass transfer,2018,54(6):1755-1766.
[68] 程方明,常助川,李贝,等. 基于热棒降温技术的自燃煤堆热迁移行为数值模拟[J]. 西安科技大学学报,2019,39(4):581-588.
[69] YU Z J,WEN H,CHEN X K,et al. Integrated approaches for extinguishing the fire of coal pillars in contiguous coal seams[J]. Procedia engineering,2018,211:963-971.
[70] SHI Q L,QIN B T. Experimental research on gel-stabilized foam designed to prevent and control spontaneous combustion of coal[J]. Fuel,2019,254:115558. DOI:10. 1016/j. fuel. 2019. 05. 141.
[71] CUI C B,JIANG S G,SHAO H,et al. Experimental study on thermo-responsive inhibitors inhibiting coal spontaneous combustion[J]. Fuel processing technology, 2018,175:113-122.
[72] DOU G L,WANG D M,ZHONG X X,et al. Effectiveness of catechin and poly (ethylene glycol) at inhibiting the spontaneous combustion of coal [J]. Fuel

processing technology,2014,120:123-127.
[73] 邓军,白祖锦,肖旸.离子液体抑制煤自燃的研究进展[J].煤矿安全,2017,48(10):39-42,46.
[74] DENG J,BAI Z J,XIAO Y,et al. Effects of imidazole ionic liquid on macroparameters and microstructure of bituminous coal during low-temperature oxidation[J]. Fuel, 2019,246:160-168.
[75] LÜ H F,XIAO Y,DENG J,et al. Inhibiting effects of 1-butyl-3-methyl imidazole tetrafluoroborate on coal spontaneous combustion under different oxygen concentrations[J]. Energy,2019,186:115907. DOI:10.1016/j. energy. 2019. 115907.
[76] XU J C,DENG J,WEN H. Extinguishing spontaneous combustion in coal seam with heat-resistant rich-water gel[J]. Mining science and technology,2002(1):137-140.
[77] 徐精彩,邓军,文虎,等.耐温高水胶体直接灭火技术在煤层自燃火灾中的应用[J].矿业安全与环保,2000,27(1):40-41.
[78] 徐精彩,张辛亥,邓军,等. FHJ16 型胶体防灭火材料的流动性实验研究[J].西安科技学院学报,2003,23(2):128-130.
[79] 王德明.矿井火灾学[M].徐州:中国矿业大学出版社,2008:45-50.
[80] 李贤功.中国煤矿重大瓦斯事故致因复杂性机理及其管控研究[D].徐州:中国矿业大学,2010:21-35.
[81] 赵媛媛.井下煤尘爆炸特性及降尘抑爆技术研究[D].太原:中北大学,2017:19-25.
[82] 谭烜昊.煤尘湿润特性及喷雾降尘效率实验研究[D].湘潭:湖南科技大学,2019:31-40.
[83] 李雨成,刘天奇,赵晓涛.烟煤煤尘爆炸性影响因素试验研究[J].辽宁工程技术大学学报(自然科学版),2017,36(4):354-358.
[84] 程卫民,刘向升,郭允相,等.综放工作面煤层混合式注水防尘技术[J].煤炭科学技术,2008,36(9):38-42.
[85] 煤矿粉尘情报分站.煤矿粉尘学术交流会综述[J].煤矿安全技术,1982,9(2):1-7.
[86] 冷杰宣,卢甲斌,于鸽.矿井煤尘爆炸机理及预防技术[J].采矿技术,2009,9(4):55-57.
[87] 李虎贵.矿井综合防尘技术应用与实践[J].煤矿现代化,2017(3):41-43.
[88] 程卫民,刘伟,聂文,等.煤矿采掘工作面粉尘防治技术及其发展趋势[J].山东科技大学学报(自然科学版),2010,29(4):77-82.

第 3 章　矿井热动力灾害救援体系及其技术要点

矿井热动力灾害救援属安全生产救援中的矿山救援，我国应急救援系统的建立晚于安全生产救援的发展，随着时代的发展，我国逐步建立起较为完善的应急管理体系与应急救援体系，其中既包括针对安全生产事故的救援，也涵盖自然灾害、公共卫生事件等各类突发事件的应急救援。安全生产救援在特定的工业生产等领域有着长期的实践和发展，而应急救援的概念则随着对各类突发事件综合应对的需求不断拓展和深化。

3.1　我国应急救援体系

3.1.1　概况

应急救援是指在事故或灾害发生后，为消除、减轻事故或灾害危害，防止事故或灾害的扩大或恶化，最大限度地降低其造成的损失或危害而采取的救援措施或行动。根据事故或灾害发生原因与类型不同，分为火灾事故救援体系，地震救援体系、公共交通救援体系、重大工程厂矿救援体系等。

随着我国应急管理体系的演进（表 3.1），我们发现建立行之有效的应急救援体系是灾害事故应急处理的基础，其主要包括应急救援组织体制、应急救援行动体制、应急救援法制基础系统和应急保障四部分内容。

表 3.1　我国应急管理体系的演进历程[1]

要素		时间线			
		改革开放前	改革开放至 2003 年	2003 年至 2012 年党的十八大前	2012 年党的十八大之后
环境	自然环境	强调征服自然	环境污染严重，生态系统退化		强化生态文明建设
	社会环境	相对封闭	社会空间发展	进一步融入国际社会	日益走近世界舞台中央
客体	事件类型	单一类型为主	事件类型增多	跨界事件增多	区域性、全球性事件增多
	事件特点	本地化为主	区域化增强	全球化增强	全球化进一步增强

表 3.1(续)

要素		时间线			
		改革开放前	改革开放至 2003 年	2003 年至 2012 党的十八大前	2012 年党的十八大之后
目标	发展理念	以阶级斗争为纲	以经济建设为中心	科学发展观	总体国家安全观
	管理阶段	事中应对为主		预防为主，预防与处置并重	强化源头防范，风险防范化解
主体	横向组织	分类管理为主	依托议事协调机构强化协调	依托政府应急办强化协调	依托应急管理部门强化协调
	纵向组织	垂直管理为主	央地适度分权，调动地方积极性		强化属地管理为主
规范		强调命令-服从，粗放管理	逐步强化制度建设，依法应对	强化应急预案和法律体系	全面依法治国
保障		资源比较有限，保障相对薄弱	资源保障逐步增强，但在应对重特大突发事件时存在较大缺口		建设统一的资源保障体系
方法		人海战术为主	逐步强化科技赋能		充分运用科技

3.1.2 我国应急救援体系

应急救援是一项涉及面广、专业性强、危险性高、难度大、时间紧、任务重的工作，应急救援必须确保反应迅速、判断正确、应变及时以及措施得力。因此，需要通过严密的组织指挥机构来指挥应对，将现场有关方面的力量充分动员和组织起来。事故或灾害发生后，必须立即成立抢险救灾指挥部并设立相应的救援基地，以便救援指挥部的统一指挥，协调各部门协同奋勇作战，认真实施救援预案，有序、有效地完成救援任务[2]。在应急管理部成立后，我国应急救援水平有了明显的提升(具体对比如图 3.1 所示)。

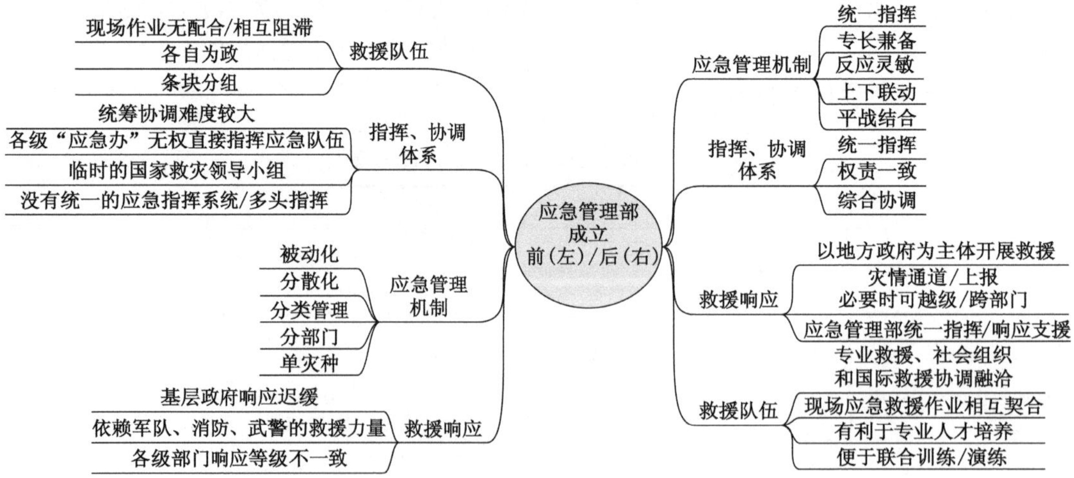

图 3.1 应急救援体系基本框架图

3.1.2.1 应急救援体系基本构成

完整的应急救援体系应由组织体制、运行机制、法制基础和应急保障四部分构成，具体结构框架示意图如图 3.2 所示。

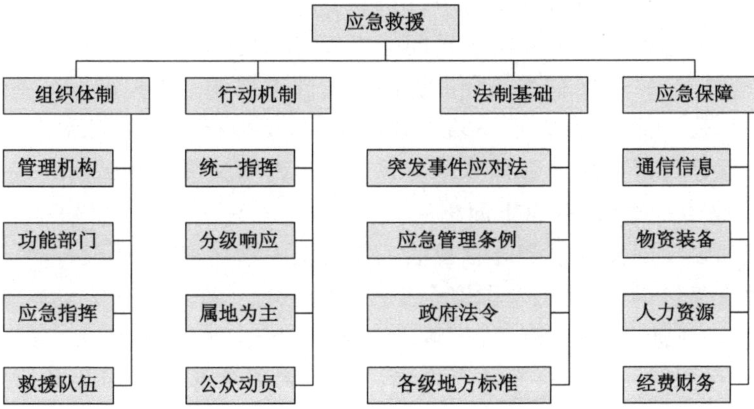

图 3.2　应急救援体系基本框架图

(1) 组织体制:包括管理机构、功能部门、应急指挥、救援队伍。从组织体制上保证救援行动过程中有兵可用、听从指挥。

(2) 运行机制:包括统一指挥、分级响应、属地为主、公众动员。

(3) 法制基础:法律条文是应急体系的基础和保障,也是开展各项应急活动的依据,主要包括由立法机关通过的法律、政府和有关部门颁布的规章和规定,以及与应急救援活动直接有关的标准或管理办法等。

(4) 应急保障:包括信息与通信保障、物资与装备保障、人力资源保障、财务保障,以及培训演练系统、技术支持系统等。事故发生后,一个完善的保障系统要能与各方及时联络,确保通信、物资、人员和经费及时就位,保障应急救援工作的顺利进行。

3.1.2.2　应急救援组织体系

组织体制是应急救援体系的基础之一。一个完整的应急救援组织体制应包括管理机构、功能部门、应急指挥和救援队伍等部分。参考《全国安全生产应急救援体系总体规划方案》的规定并结合相关研究可以发现,安全生产应急救援的组织体制应包括领导决策层、应急管理与协调指挥系统和应急救援队伍[3],应急救援组织体系同样可分为领导决策层、应急管理与协调指挥系统和应急救援队伍。

(1) 领导决策层

由议事协调机构(包括国家防汛抗旱总指挥部、国务院抗震救灾指挥部、国家森林草原防灭火指挥部和国务院安全生产委员会)、国务院有关部门和地方各级人民政府组成。

① 国家防汛抗旱总指挥部

按照《中华人民共和国防洪法》《中华人民共和国防汛条例》《中华人民共和国抗旱条例》和国务院"三定方案"的规定,国家防汛抗旱总指挥部在国务院领导下,负责领导组织全国的防汛抗旱工作。

② 国务院抗震救灾指挥部

依据《国家破坏性地震应急预案》,一旦发生造成特大损失的严重破坏性地震,中国地震局迅速向国务院报告并建议国务院抗震救灾指挥部开始运作。

③ 国家森林草原防灭火指挥部

国家森林草原防灭火指挥部负责组织、协调和指导全国森林草原防灭火工作。国家森林草原防灭火指挥部总指挥由国务院领导同志担任，副总指挥由国务院副秘书长和公安部、应急管理部、国家林草局、中央军委联合参谋部负责同志担任。指挥部办公室设在应急管理部，由应急管理部、公安部、国家林草局共同派员组成，承担指挥部的日常工作。必要时，国家林草局可以按程序提请以国家森林草原防灭火指挥部名义部署相关防火工作。

④ 国务院安全生产委员会(以下简称安委会)

安委会旨在加强全国安全生产应急救援工作的统一领导；负责研究部署、指导协调全国安全生产应急救援工作；研究提出全国安全生产应急救援工作的重大方针政策；负责应急救援重大事项的决策，对涉及多个部门或领域、跨多个地区、影响特别恶劣事故灾难的应急救援实施协调指挥；必要时协调中央军委联合参谋部和武警总部调集部队参加安全生产事故应急救援；建立与协调同自然灾害、公共卫生和社会安全突发事件应急救援机构之间的联系，并相互配合。

⑤ 国务院有关部门

国务院有关部门在各自的职责范围内领导有关行业或领域的安全生产应急管理和应急救援工作，监督、检查、指导、协调有关行业或领域内的安全生产应急救援工作，负责本部门所属的安全生产应急救援协调指挥机构、队伍的行政和业务管理，协调指挥本行业或领域应急救援队伍和资源参加重特大安全生产事故的应急救援。

⑥ 地方各级人民政府

地方各级人民政府统一领导本地区安全生产应急救援工作，按照分级管理的原则统一指挥本地区安全生产事故的应急救援。

(2) 应急管理与协调指挥系统

全国应急管理与协调指挥系统由应急管理部应急指挥中心(国家消防救援局指挥中心)、救援协调和预案管理局、有关应急管理与协调指挥机构以及地方各级应急管理与协调指挥机构组成。

① 应急管理部应急指挥中心(国家消防救援局指挥中心)

承担应急值守、政务值班等工作，拟定事故灾难和自然灾害分级应对制度，发布预警和灾情信息，衔接解放军和武警部队参与应急救援工作，指导地方建立健全应急联合指挥平台。加挂国家消防救援局指挥中心牌子，承担应急值守工作，接报处理灾情信息，按权限承办国家综合性消防救援力量调动事宜，参与协调和指挥调度重特大及突发灾害事故处置等工作。

② 救援协调和预案管理局

统筹应急预案体系建设，组织编制国家总体应急预案和安全生产类、自然灾害类专项预案并负责各类应急预案衔接协调，承担预案演练的组织实施和指导监督工作，承担国家应对特别重大灾害指挥部的现场协调保障工作，指导地方及社会应急救援力量建设，组织指导应急管理社会动员工作。

③ 全国各省(区、市)建立的应急救援指挥中心

在本省(区、市)人民政府及领导下负责本地应急管理和事故灾难应急救援协调指挥工作。各省(区、市)根据本地实际情况和应急救援工作的需要，建立相关的应急管理与协调指

挥机构，或依托国务院有关部门设立在本地的区域性专业应急管理与协调指挥机构，负责本地相关行业或领域内的应急管理与协调指挥工作。

全国各市（地）建立的市（地）级应急管理与协调指挥机构在当地政府的领导下负责本地应急救援工作，并与省级专业应急救援指挥机构和区域级专业应急救援指挥机构相协调，组织指挥本地的应急救援工作。

（3）现场应急指挥系统

突发事件现场应急指挥的主要任务是按照一定的组织结构和工作制度，将人员、装备、设施等救援力量集成起来，通过指挥、控制和协调等管理手段，有计划地实施应急行动，使突发事件得到控制、危险被排除或受到限制、受害者得到救助、公众得到安抚等。

3.1.3　我国应急救援体系运行机制

应急救援体系运行机制贯穿于应急准备、初级反应、扩大应急行动范围和应急恢复等活动中，涉及应急救援的运行机制众多，最主要包括统一指挥、分级响应、属地为主和公众动员等机制[4]。

（1）统一指挥

统一指挥是应急活动的最基本原则。应急指挥一般可分为集中指挥与现场指挥，或场外指挥与场内指挥等。无论采用哪一种指挥系统，都必须实行统一指挥的模式，无论应急救援活动涉及单位的行政级别高低和隶属关系有何不同，都必须在应急指挥部的统一组织协调下开展应急救援行动。

（2）分级响应

分级响应是指在初级响应到扩大应急行动范围过程中实行的机制。扩大或提高应急级别主要依据事故危害程度、影响范围和控制事态能力。影响范围和控制事态能力是“升级”的基本条件。扩大应急救援需要启动更高级别的应急预案、提高指挥级别、扩大应急范围等。

（3）属地为主

属地为主强调由事发地政府采取“第一反应”并以现场指挥为主的救援行动开展原则。在整个国家应急救援体系中，地方政府和地方应急力量是开展事故应急救援工作的主力军，地方政府应充分调动地方应急资源和力量开展救援工作。另外，事发第一时间的现场指挥以地方政府为主，并且企业需要充分发挥自救作用，积极配合指挥部门和专家参与。

（4）公众动员

公众动员是应急运行机制的基础，也是整个应急体系的基础，是指在应急体系建立及应急救援过程中充分考虑并依靠民间组织、社会团体以及公民的力量，营造良好的社会氛围，增强公众在救援过程中的参与感，激发人人是救援体系一部分的思想理念。当然，并不是一定要求公众直接承担救援任务，而是希望充分发挥社会力量的基础性作用，建立健全组织和动员人民群众参与应对事故灾难的有效响应机制，增强公众防灾、减灾意识，在条件允许情况下发挥最大的作用。

3.1.4　应急救援法制基础系统和应急保障

3.1.4.1　应急救援法制基础系统

（1）相关法律

针对应急救援，我国出台了多部相关法律，包括《中华人民共和国突发事件应对法》

《中华人民共和国安全生产法》《中华人民共和国职业病防治法》《中华人民共和国消防法》等。

（2）相关法规、条例与标准

应急救援相关的法规和条例也为应急救援的发展提供了一定的法律保证，包括《危险化学品安全管理条例》《特种设备安全监察条例》《使用有毒物品作业场所劳动保护条例》《铁路交通事故应急救援和调查处理条例》《矿山救援规程》《矿山救护队标准化考核规范》等。

3.1.4.2　应急队伍保障

（1）应急救援队伍概况

我国构建的应急救援队伍体系是以国家综合性消防救援队伍为主力、以专业救援队伍为协同、以军队应急力量为突击、以社会力量为辅助的中国特色应急救援力量体系。国家综合性消防救援队伍是应急救援的主力军，以前主要是灭火，现在承担全灾种、大应急的综合救援任务。

（2）专业应急救援力量体系建设成果

《"十四五"应急救援力量建设规划》显示，我国已组建了应急管理部自然灾害工程应急救援中心和救援基地，完善国家级危险化学品、隧道施工应急救援队伍布局，建成地震、矿山、危险化学品、隧道施工、工程抢险、航空救援等国家级应急救援队伍 90 余支共 2 万余人，各地建成抗洪抢险、森林（草原）灭火、地震和地质灾害救援和生产安全事故救援等专业应急救援队伍约 3.4 万支共 130 余万人，形成了灾害事故抢险救援重要力量。

（3）我国应急救援力量体系建设规划

根据《"十四五"应急救援力量建设规划》，我国计划到 2025 年，规模适度、布局科学、结构合理、专长突出的应急救援力量体系基本建成，实现专业应急救援力量各有所长，社会应急力量有效辅助，基层应急救援力量有效覆盖，为人民群众生命财产安全提供坚强保障。

3.1.4.3　应急物资保障

国家建立健全应急物资储备保障制度，完善重要应急物资的监管、生产、储备、调拨和紧急配送体系。设区的市级以上人民政府和突发事件易发、多发地区的县级人民政府应当建立应急救援物资、生活必需品和应急处置装备的储备制度。县级以上地方各级人民政府应当根据本地区的实际情况，与有关企业签订协议，保障应急救援物资、生活必需品和应急处置装备的生产、供给[5]。

3.2　我国矿山应急救援体系

煤矿救护及应急救援是一项庞大、复杂的系统工程，需要建立强有力的全国性管理系统。其主要职责是组织、指导和协调煤矿救护工作，履行煤矿救护及其应急救援行业管理职能。应急管理部负责组织、指导和协调煤矿救护及应急救援工作的组织，委员会主任、副主任由国家局领导同志兼任；委员由国家局有关司、室负责人，国家及省煤矿救援指挥中心负责人，区域煤矿救护队指挥员，煤矿救护专家，国家煤矿救援技术研究、实验、培训中心负责人组成。救援委员会办事机构设在国家煤矿救援指挥中心[6]。煤矿应急救援系统结构框架体系如图3.3所示。

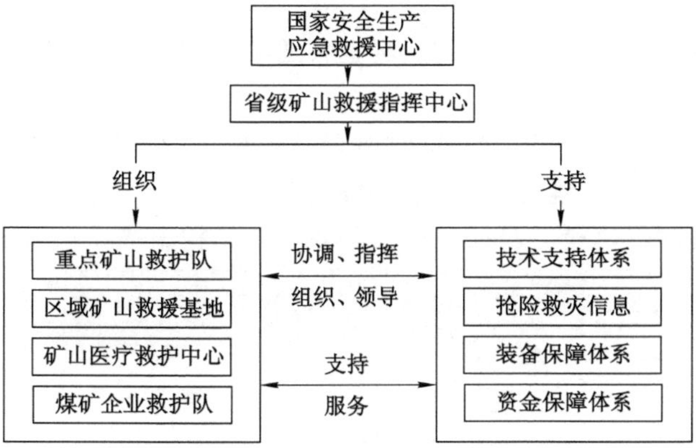

图3.3 煤矿应急救援系统结构框架体系

3.2.1 矿山事故救援管理体系建设

在国家和地方政府的领导下，开展了相应的矿山应急救援管理体系建设，目前已经形成了完整体系的应急管理机构及企业应急管理部门[7]。

(1) 国家安全生产应急救援中心(原国家煤矿救援指挥中心)

国家安全生产应急救援中心由于新的“三定”规定正在按程序修订，故仍然承担原国家煤矿救援指挥中心职责，其是国家煤矿救护及其应急救援委员会的办事机构，负责组织、指导和协调全国煤矿救护及应急救援的工作；组织研究有关煤矿救护的工作条例、技术规程、方针政策；组织开展煤矿救护技术国际交流等。煤矿救援指挥中心配备具有实战经验的指挥员以保障技术支持能力。当煤矿发生重大(复杂)灾变事故需要得到煤矿救援指挥中心技术支持时，可协助制定救灾方案、提出技术意见，同时也能对复杂事故调查分析取证提供足够的技术支持。

(2) 省级矿山安全监察局救援指挥中心

在省级矿山安全监察局设立省级事业单位救援指挥中心，负责组织、指导和协调管辖区域内的煤矿救护及其应急救援工作。省级以上煤矿救援指挥中心业务接受国家矿山安全监察局的领导。

(3) 区域应急救援中心(区域性救护大队)

区域性救护大队包括区域内救灾专家、救护设备和演习训练中心。《煤矿安全规程》第六百九十四条规定，矿山救护大队应当由不少于2个中队组成，矿山救护中队应当由不少于3个救护小队组成，每个救护小队应当由不少于9人组成。区域性救护大队的现有隶属关系不变、资金渠道不变，但国家安全生产应急救援中心要利用技术改造资金对其进行重点装备配置更新，提高技术水平和作战能力。在煤矿重大(复杂)事故应急救援上，接受国家局救援指挥中心的协调和指挥。

区域性救护大队的主要任务：对区域内煤矿复杂灾害事故制定救灾方案，调用大型救灾设备，出动人员实施抢救；培训煤矿救护队指战员；参与煤矿救护队技术装备开发、试验；必要时跨区域应急救援。

(4) 煤矿救护队

根据《煤矿安全规程》的有关规定建设煤矿救护队。煤矿救护队的设置要充分利用现有救护资源,可暂时维持现有管理体制不变、资金渠道不变,但应根据周边煤矿分布特点,扩大服务范围。

近些年,从国家有关部门到地方各级政府以及煤矿企业都在煤矿救援方面的投入不断加大,也使矿山救护队伍基础建设、基本条件得到了逐步改善。此外,面向国际救援需求,我国积极开展国际救援体系建设。目前我国国际救援队结构组成队伍构成如图 3.4 所示。

图 3.4 中国国际救援队结构组成

3.2.2 安全生产事故应急响应机制

矿山安全生产是我国安全生产体系的重要组成部分,矿山应急救援需严格遵守《矿山救援规程》并结合《中华人民共和国突发事件应对法》《中华人民共和国安全生产法》《中华人民共和国矿山安全法》《生产安全事故应急条例》《煤矿安全生产条例》等有关法律法规,以及《煤矿安全规程》《金属非金属矿山安全规程》《尾矿库安全规程》等有关规定。

矿山企业应当建立健全应急值守、信息报告、应急响应、现场处置、应急投入等规章制度,按照国家有关规定编制应急救援预案,组织应急救援演练,储备应急救援装备和物资,其主要负责人对本单位的矿山救援工作全面负责。

生产安全事故后,矿山企业应当立即启动应急救援预案,采取措施组织抢救,全力做好矿山救援及相关工作,并按照国家有关规定及时上报事故情况。

根据事故的可控性、严重程度和影响范围,上报过程应实行分级响应。企业生产事故应急救援响应程序如图 3.5 所示。

3.2.2.1 应急救援与信息报告[8]

重大及以上生产事故发生后,企业应首先组织实施救援,并按照分级响应的原则上报企业上级单位、企业主管部门、当地政府有关部门以及当地安全生产应急救援指挥中心。当地

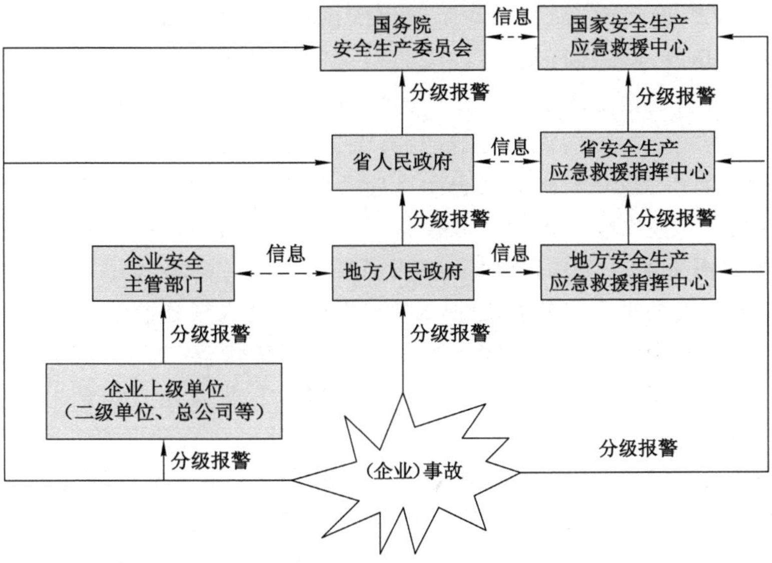

图 3.5　企业生产事故应急救援响应程序

（市、区、县）政府有关部门接到报警后，应立即组织当地应急救援队伍开展事故救援工作，并立即向省级政府部门报告。省级政府部门接到特大生产事故的险情报告后，立即组织救援并上报国务院安全生产委员会办公室。

当地安全生产应急救援指挥中心（应急管理与协调指挥机构）接到报警后，应立即组织应急救援队伍开展事故救援工作，并立即向省级安全生产应急救援指挥中心报告。省级安全生产应急救援指挥中心接到特大生产事故的险情报告后，应立即组织救援并上报国家安全生产应急救援中心和有关国家级专业应急救援指挥中心。国家安全生产应急救援中心和国家级专业应急救援指挥中心接到事故险情报告后，通过智能接警系统立即响应。根据事故的性质、地点和规模，按照相关预案，通知相关的国家级专业应急救援指挥中心、相关专家和区域救援基地进入应急待命状态，构建通信网络系统，随时响应省级安全生产应急救援指挥中心发出的支援请求，建立并开通与事故现场的通信联络与图像实时传送。在报警与接警过程中，各级政府部门与各级安全生产应急救援指挥中心之间要及时进行沟通联系，共同参与事故应急救援活动，确保能够快速、高效、有序地控制事态，减少、避免事故损失。事故险情报告和支援请求原则上按照分级响应原则逐级提交，必要时，在逐级上报的同时可以越级上报。

3.2.2.2　应急救援指挥与协调[9]

生产事故应急救援指挥坚持条块结合、属地为主的原则。根据事故灾难的可控性、严重程度和影响范围，按照预案规定由相应的地方政府组成现场应急救援指挥部，由地方政府负责人担任总指挥，统一指挥应急救援行动。某一地区或某一专业领域可以独立完成的应急救援任务时，由地方或专业应急指挥机构负责组织开展行动；发生专业性较强的事故时，由国家级专业应急救援指挥中心协同地方政府指挥，国家安全生产应急救援中心跟踪事故的发展，协调有关资源配合救援；发生跨地区、跨领域的事故时，国家安全生产应急救援中心负责协调调度相关专业和地方应急管理与协调指挥机构，调集相关专业应急救援队伍增援，而现场救援指挥仍由地方政府负责，有关专业应急救援指挥中心应当全力配合。

各级地方政府安全生产应急管理与协调指挥机构根据抢险救灾需要，有权调动辖区内的各类应急救援队伍参与救援行动，各类应急救援队伍必须服从指挥。需要调动辖区以外的应急救援队伍时，需上报上级安全生产应急管理与协调指挥机构协调。按照分级响应的原则，省级安全生产应急救援指挥中心响应后，调集、指挥辖区内各类相关应急救援队伍和资源开展救援工作，同时建立与国家安全生产应急救援中心的联系并随时报告事态发展情况与救援行动进展；专业安全生产应急救援指挥中心响应后，调集、指挥本专业安全生产应急救援队伍和资源开展救援工作，同时立与国家安全生产应急救援中心的联系并随时报告事态发展情况；国家安全生产应急救援中心接到报告后进入戒备状态，跟踪事态发展，通知其他有关专业、地方安全生产应急救援指挥中心进入戒备状态，随时准备响应。根据应急救援的需要和请求，国家安全生产应急救援中心协调指挥专业或地方安全生产应急救援指挥中心，调集、指挥有关专业和有关地方的安全生产应急救援队伍和资源进行增援。

对涉及范围广、影响特别大的事故灾难应急救援行动，在开展行动前须经国务院授权，并由国家安全生产应急救援中心协调指挥，必要时，由国务院安全生产委员会领导组织协调指挥。需要部队支援时，通过国务院安全生产委员会沟通协调解放军总参作战部和武警总部调集部队参与应急救援。

3.2.3 煤矿应急救援保障支持体系

3.2.3.1 技术支持体系[10]

煤矿应急救援工作具有技术性强、难度大、情况复杂多变和处理困难等特点，一旦发生爆炸或火灾等灾变事故，往往需要动用数支煤矿救护队。因此，为保证煤矿应急救援有效、顺利地进行，需要建立应急救援技术支持体系。国家安全生产应急救援中心的技术支持职能，由各职能处室履行。主要对重大恶性事故、极复杂灾变事故的救护及其应急救援提供技术支持。

区域应急救援中心(区域性救护大队)是区域内煤矿应急救援技术支持的中心。利用国家的重点资金支持，提高其技术水平、装备水平和作战能力，能够对本区域的应急救援提供支持和保障。必要时，在国家安全生产应急救援中心的协调和指导下，可提供跨区域应急救援技术支持和帮助。为促进煤矿救护技术的发展与进步，还将组建国家煤矿救护技术实验中心和国家煤矿救护技术培训中心。

3.2.3.2 煤矿应急救援信息网络体系[11]

在煤矿应急救援信息网络体系中，既包含煤矿应急救援工作信息网络，也包含为煤矿服务的信息系统。信息技术在煤矿应急管理中的应用，能够强化信息交互过程，对于灾区的状况、救助队伍信息，救援专家指令等信息的快速发布共享有着极为重要的作用，能够使得救援资源得到充分的整合利用。

3.2.3.3 煤矿救护及其应急救援装备保障体系

为保证煤矿应急救援及时、有效，具备重大、复杂灾变事故应急处理能力，我国建立起了煤矿救护及应急救援装备保障体系，形成全方位应急救援支持保障。国家安全生产应急救援中心配备先进、具备较高技术含量的救灾技术装备，为重大、复杂事故的抢险救灾提供装备支持。区域性救护大队是我国煤矿应急救援的中坚力量，区域性救护大队除按煤矿救护大队进行装备外，还根据区域内煤矿灾害特点，配备较先进、关键性的救灾技术装备，以防发生较大灾变事故且煤矿救护队的装备不能满足要求时迅速投入使用，对其他煤矿救护队形成装备支持。

煤矿救护队根据有关要求进行装备，建立了应急救援设施、设备、材料储备，如消防系统、消防材料库等。煤矿救护队对煤矿应急救援装备材料的储备、布局和状态实施监督。

3.2.3.4　矿山应急救援资金保障

资金保障是矿山应急救援体系得以运转的重要基础。我国《矿山救援规程》规定，矿山救护资金实行国家、地方、矿山企业共同保障体制，矿山救护队社会化服务实行有偿服务。国家处置矿山事故灾难所需资金按照《财政应急保障预案》的规定解决。

目前，我国矿山救援系统的资金来源渠道有 3 种：一是财政拨款，如拨付给地方建立的矿山救援队的资金；二是企业自筹，一些国有大型煤矿企业的矿山救护队，自筹矿山救援费用或企业内部厂矿缴纳的服务费；三是矿山救援队实行社会化有偿服务后，按比例收取服务费。如企业矿山救护队在区域内向地方煤矿收取的服务费和地方矿山救护队在区域内收取的煤矿施救服务费。

3.2.4　应急救援预案

3.2.4.1　应急预案编制的目的和职责

应急预案应当根据《中华人民共和国突发事件应对法》和其他有关法律、法规的规定，针对突发事件的性质、特点和可能造成的社会危害，具体规定突发事件应急管理工作的组织指挥体系与职责和突发事件的预防与预警机制、处置程序、应急保障措施以及事后恢复与重建措施等内容。我国应急预案结构体如图 3.6 所示。

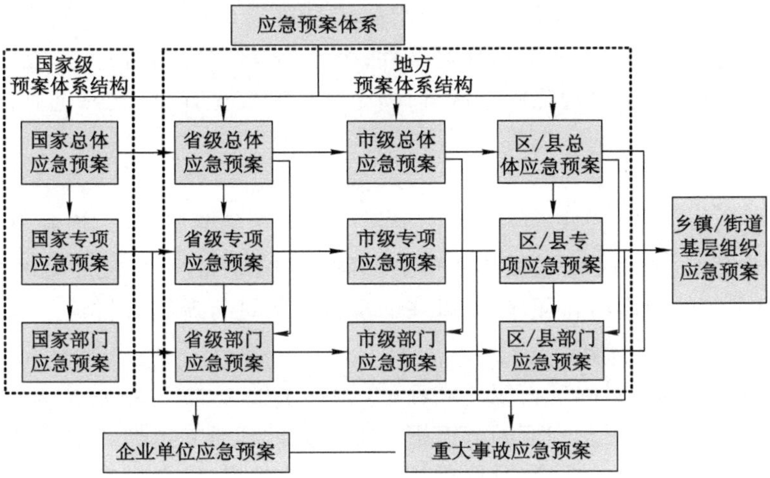

图 3.6　我国急救援体系框架

(1) 目的

应急预案的目的是证明企业应急救援组织具有开展应急救援的基础资源和运作方法，为加强施工生产安全事故的防范意识，及时开展安全事故救援处置工作，最大限度地减少事故损失，保障员工和附近居民的健康与安全。

(2) 职责

制定应急预案及建立和保持应急准备状态的职责属于企业经理。企业经理负责预案的分发，保证每年进行预案和实施程序的审查和修订。安全经理负责应急人员培训的管理以确保企业救援队具有充足的应急反应能力，技术经理负责保证进行充分的预案演习。在实际事故过程中，所有员工都有义务执行应急预案中的对应职责。

3.2.4.2　应急预案的编制步骤

煤矿行业生产条件相对落后，工作场所状态又处于不断变化之中，不安全因素多，易发生事故。因此，需要制定事故发生后所采取的应急防治措施。煤矿事故应急救援预案编制的步骤从搜集资料到预案制订、实施与完善，直至形成一个完整有效的煤矿事故应急救援预案需要经历一个多步骤的工作过程，包括编制准备、预案编制、审定与实施、预案演练、预案修订与完善5大步骤。

(1) 编制准备

① 成立编写组织机构

煤矿事故应急救援预案的编制是一项涉及面广、专业性强的工作，是一项非常复杂的系统工程，需要安全、工程技术、组织管理和医疗急救等方面的知识，其编制人员要由各方面的专业人员组成。因此，需要成立一个由各方面专业人员组成的编写组织机构。

② 制订编制计划

一个完整的煤矿事故应急救援预案体系由总预案、程序、作业指导书和行动记录四级文件体系构成，内容丰富，涉及面广。因此，需要制订一个详细的工作计划，内容包括工作目标、控制进程、人员安排和时间安排等，并突出各阶段的工作重点。

③ 搜集整理信息

搜集和分析现有影响事故预防、事故控制的信息资料，对预案涉及区域进行全面调查。主要收集、调查的资料包括：企业周边环境条件；企业、矿区平面布置；生产工艺流程；生产设备、装置；特种工艺设备；重大危险库存区域；安全评估和安全评价报告；企业、行业及当地政府的应急预案。

④ 初始评估

对煤矿现有的救援系统进行评估，找出现有预案存在的漏洞，从而为制定防范措施和管理决策提供科学依据，为建立新救援体系奠定基础。初始评估一般包括明确适用的法律法规要求，审查现有的救援活动和程序，对以往的重大事故进行调查分析等。

⑤ 危险源辨识与风险评价

危险分析的目的包括明确煤矿应急对象，可能发生的重大事故、性质及影响范围、后果严重程度等，为应急准备、应急响应和减灾措施提供决策和指导依据。危险分析包括危险辨识、脆弱性分析和风险评价。危险分析应按照国家法规要求，结合煤矿的个体情况进行。

⑥ 能力与资源评估

评估煤矿在应急情况下所具有的资源和控制灾害事故的人员，为应急资源的规划和配备，以及预案编制提供依据。

应急资源包括应急人员、应急设施(备)、装备和物资等；应急能力包括人员的技术、经验和接受的培训等。制定应急预案时应当在评价与潜在危险相适应的应急资源和能力的基础上，选择最现实、最有效的应急策略。应急资源与能力评估应包括如下内容：企业内部的应急力量的组成、各自的应急能力及分布情况；各种重要应急设施(备)、物资的准备、布置情况；当地政府救援机构或相邻企业可用的应急资源。

(2) 预案编制

编制预案是一项专业性和系统性很强的工作。预案质量的好坏直接关系到应急行动实施的效果，即事故控制和降低事故损失的程度。编写时应按照煤矿事故应急救援预案的文件体系、应急响应程序、预案内容，以及预案级别（6级）和层次（综合预案、专项预案、现场处置方案）要求进行编写[12]。

（3）审定与实施

完成预案编写后，要进行科学评价和审核、审定。编制的预案是否合理，能否达到预期效果，救援过程中是否产生新危害等都需要经过有关机构和专家进行评定。

（4）预案演练

为全面提高应急能力，对应急人员进行教育、应急训练是一项必不可少的工作步骤。应急演练包括基础培训与训练、专业训练、战术训练及其他训练等。通过演练、评审检验应急预案的完备性，为预案的完善创造条件。

（5）预案修订与完善

预案修订与完善是实现煤矿事故应急救援预案持续改进的重要步骤。应急预案是煤矿事故应急救援工作的指导文件，同时又具备法规的权威性。通过定期预案演练或在应急演习、应急救援后对之进行评审，针对煤矿实际的变化情况以及预案中暴露出的缺陷，不断地更新、完善和改进应急预案，确保预案的有效性。

3.2.4.3 *煤矿事故应急救援预案的编制要求*

（1）煤矿事故救援应在预防为主的前提下，贯彻统一指挥、分级负责、区域为主、煤矿自救与社会救援相结合的原则。预案编制应分类、分级制定预案内容，上一级预案的编制应以下一级预案为基础[13]。

（2）煤矿必须对潜在重大事故建立应急救援预案，主要事故对象包括冒顶、片帮、边坡滑落和地表塌陷事故，重大瓦斯爆炸事故，重大煤尘爆炸事故，冲击地压，重大地质灾害，煤与瓦斯突出事故，重大水灾事故，重大火灾事故，重大机电事故，爆破器材和爆破作业中发生的事故，粉尘、有毒有害气体、放射性物质和其他有害物质引起的急性危害事故，以及其他危害事故。

（3）预案编制应体现科学性、实用性、权威性。所谓科学性，是在全面调查的基础上，实行领导与专家相结合的方式，开展科学分析和论证，制定出严密、统一和完整的煤矿事故应急救援预案；所谓实用性，是煤矿事故应急救援预案应符合企业矿区的客观实际情况且便于操作，起到准确、迅速控制事故的目的；所谓权威性，是预案应明确救援工作的管理体系，救援行动的组织指挥权限和各级救援组织的职责、任务等一系列的行政管理规定，保证救援工作的统一指挥。制定的预案经相应级别的管理部门批准后实施。

（4）预案在编制和实施过程中不能损害相邻企业利益。如有必要可将本矿的预案情况通知相邻地域，以便在发生重大事故时能取得相互支援。预案编制要充分依据煤矿危险源辨识、风险评价、煤矿安全现状评价、应急物资准备与响应能力评估等方面调查、分析的结果。同时对预案本身在实施过程中可能带来的风险造成的负面影响进行评价。

（5）煤矿事故应急救援预案的编制是一项涉及面广、专业性强的工作，需要安全、工程技术、组织管理和医疗急救等方面的知识，其编制人员必须由各方面的专业人员或专家组成。预案要形成一个完整的文件体系，包括总预案、程序、说明书（指导书）和记录（应急行动的记录）的4级文件体系。预案编制完成后要认真履行审核、批准、发布、实施、评审和修改等管理程序。

3.2.4.4 应急救援预案的内容

煤矿事故应急救援预案是针对可能发生重大事故所需的应急准备和响应行动而制定的指导性文件，其重要内容包括方针与原则、应急策划、应急准备、应急响应、现场恢复、预案管理与评审改进和附件7大要素[14]。其编制的主要内容和格式为：

（1）方针与原则

应急救援预案应有明确的方针和原则作为指导应急救援工作的纲领，应体现保护人员安全优先、防止和控制事故蔓延优先、保护环境优先的理念。同时，应体现事故损失控制、预防为主、常备不懈、统一指挥、高效协调以及持续改进的思想。

（2）应急策划

应急策划是煤矿事故应急救援预案编制的基础，是应急准备、响应的前提条件，同时又是一个完整预案文件体系的重要内容。在煤矿事故应急救援预案中，应明确煤矿的基本情况，以及危险分析与风险评价、资源分析、法律法规要求等结果。

① 基本情况。主要包括煤矿地址、地质情况、经济性质、从业人数、隶属关系、主要产品、产量等内容，周边区域的单位、社区、重要基础设施、道路等情况。

② 危险分析、危险源及其危险特性和对周围的影响。危险分析结果应提供：地理、人文、地质、气象等信息；煤矿功能布局及交通情况；重大危险源分布情况；重大事故类别；特定时段、季节影响；可能影响应急救援的不利因素。对于危险目标可选择针对重大危险装置、设施现状安全的评价报告，如健康、安全、环境管理体系文件，职业安全健康管理体系文件，重大危险源辨识、评价结果等材料来确定事故类别，综合分析的危害程度。

③ 资源分析。根据确定的危险目标，明确其危险特性及对周边的影响以及应急救援所需资源；危险目标周围可利用的安全、消防、个体防护设备、器材及其分布情况；上级救援机构或相邻可利用的资源。

④ 法律法规要求。法律法规是开展应急救援工作的重要前提保障。应明确国家、省、市级应急各部门职责要求以及应急预案、应急准备、应急救援有关的法律法规文件，并以此作为编制预案的依据。

（3）应急准备

在煤矿事故应急救援预案中应明确下列内容[15]：

① 应急救援组织机构设置、组成人员和职责划分。依据煤矿重大事故危害程度的级别设置分级应急救援组织机构。组成人员应包括主要负责人及有关管理人员，主要职责为：组织制订煤矿重大事故应急救援预案；负责人员、资源配置、应急队伍调动；确定现场指挥人员；协调事故现场有关工作；批准本预案的启动与终止；事故状态下各级人员的职责；煤矿事故信息的上报工作；接受集团公司的指令和调动；组织应急预案的演练；负责保护事故现场及相关数据。

② 在煤矿事故应急救援预案中应明确预案的资源配备情况，包括应急救援保障、救援需要的技术资料、应急设备和物资等，并确保其有效使用。应急救援保障分为内部和外部保障。依据现有资源评估结果确定内部保障，具体的内容包括：确定应急队伍，包括抢修，现场救护、医疗、治安、消防、交通管理、通信、供应、运输、后勤等人员；消防设施配置图、工艺流程图、现场平面布置图和周围地区图、气象资料、煤矿安全技术说明书、互救信息等资料存放地

点、保管人；应急电源、照明设备定期维护保养；应急救援装备、物资、药品等储备量情况；煤矿运输车辆的安全、消防设备、器材及人员防护装备以及保障制度目录、责任制轮换值班制度和其他有关制度。依据对外部应急救援能力的分析结果，确定外部救援的内容包括：邻近企业间互助，请求政府、集团公司协调应急救援力量，应急救援信息咨询，专家信息。

矿井事故应急救援应提供的必要资料通常包括：矿井平面图、矿井立体图、巷道布置图、采掘工程平面图、井下运输系统图、矿井通风系统图、矿井系统图，以及排水、防尘、防火注浆、压风、充填、抽采瓦斯等管路系统图，井下避灾路线图，安全监测装备布置图，瓦斯、煤尘、顶板、水、通风等数据，程序、作业说明书和联络电话号码和井下通信系统图等。

另外，预案应确定所需的应急设备，并保证应急能源充足提供。定期对这些应急设备进行测试、维护，以保证其在事发救援过程中能够有效使用。应急设备一般包括：报警通信系统，井下应急照明和动力，自救器、呼吸器，安全避难场所，紧急隔离栅、开关和切断阀，消防设施，急救设施和通信设备。

③ 教育、训练与演练。煤矿事故应急救援预案中应确定应急培训计划，演练计划，教育、训练、演练的实施与效果评估等内容。应急培训计划的内容包括：应急救援人员的培训、员工应急响应的培训、社区或周边人员应急响应知识的宣传。演练计划的内容包括：演练准备、演练范围与频次和演练组织。实施与效果评估的内容为：实施的方式、效果评估方式、效果评估人员、预案完善。

④ 互助协议。当有关的应急力量与资源相对薄弱时，应事先寻求与外部救援力量建立正式互助关系，做好相应安排，签订互助协议，做出互救规定。

(4) 应急响应

当矿井事故发生后，如何在最短时间内启动报警设备，高效启动最优的应急预案，最大限度地控制事故灾害发展、扼制二次诱发灾害或连续事故，有效保障、降低事故损失，即是应急响应阶段所要研究解决的问题[16-17]。

① 报警、接警、通知与通讯联络方式。依据现有资源的评估结果，确定 24 h 有效的报警装置，24 h 有效的内部、外部通讯联络手段，事故通报程序。

② 预案分级响应条件。依据煤矿事故的类别、危害程序和级别，以及从业人员的评估结果，依据可能发生的事故现场情况分析灾害结果，设定预案分级响应的启动条件。

③ 指挥与控制。建立分级响应、统一指挥、协调和决策的程序。

④ 事故发生后应采取的应急救援措施。根据煤矿安全技术要求，确定采取的紧急处理措施、应急方案；确认危险物料的使用或存放地点，以及应急处理措施、方案；重要记录资料和重要设备的保护；根据其他有关信息确定采取的现场应急处理措施。

⑤ 警戒与治安。预案中应规定警戒区域划分、交通管制、维护现场治安秩序的相应手段及程序。

⑥ 人员紧急疏散和安置。依据可能发生煤矿事故场所、设施及周围情况的分析结果，确定事故现场人员聚集点以便清点，具体的撤离方式、方法；非事故现场人员紧急疏散的方式、方法；抢救人员在撤离前、撤离后的报告；周边区域的单位、社区人员疏散的方式、方法。

⑦ 危险区的隔离。依据可能发生的煤矿事故危害类别、危害程度级别，确定危险区的划分；事故现场隔离区的划定方式、方法；事故现场隔离方法；现场周边区域的道路隔离或交通疏导办法。

⑧ 检测、抢险、救援、消防、泄漏物控制及事故措施。依据有关国家标准和现有资源的评估结果，确定检测方式、方法及检测人员防护、监护措施；抢险、救援方式、方法及人员的防护、监护措施；现场实时监测及异常情况下抢险人员的撤离条件、方法；应急救援队伍的调度；控制事故发展的措施；事故可能扩大后的应急措施。

⑨ 受伤人员现场救护、救治与医院重症治疗。依据事故分类、分级，附近疾病控制与医疗救治机构的设置和处理能力，制订具有可操作性的处置方案，内容包括为：接触人群检伤分类方案及执行人员；依据检伤结果对患者进行分类，制定现场紧急抢救方案；若是检伤结果发现“在灾害影响下的患者伴有严重传染性、后遗症或并发症”，则需针对病患及接触者采取医学观察方案；患者转运及转运中的救治方案；入院前和医院救治机构确定及医患安置方案；信息、药物、器材储备信息。

⑩ 公共关系。依据事故信息、影响、救援情况等信息发布要求，明确事故信息发布批准程序；媒体、公众信息发布程序；公众咨询、接待、安抚受害人员家属的规定。

⑪ 应急人员安全。预案中应明确应急人员安全防护措施、个体防护等级、现场安全监测的规定；应急人员进出现场的程序；应急人员紧急撤离的条件和程序。

(5) 现场恢复

事故救援结束，应立即着手现场的恢复工作，恢复必要设施设备，其余设施可考虑短期恢复或长期恢复。煤矿事故应急救援预案中应明确：现场保护与现场清理；事故现场的保护措施；明确事故现场处理工作的负责人和专业队伍；事故应急救援终止程序；确定事故应急救援工作结束的程序；通知本单位相关部门、周边社区及人员事故危险已解除的程序；恢复正常状态程序；现场清理和受影响区域连续监测程序；事故调查与后果评价程序。

(6) 预案管理与评审改进

应急预案是应急救援工作的指导文件，具有一定的法规性，所以煤矿事故应急救援预案应在定期演练或应急救援后进行评审，对预案的制定、修改、更新、批准和发布做出明确的管理规定，并保证定期或在应急演习、应急救援后对应急预案进行评审，针对实际情况以及预案中所暴露出的缺陷，安排相关人员进行修订，完善预案。

3.2.5 我国安全生产应急救援队伍概况

我国安全生产应急救援队伍主要分布在矿山、危化、隧道、油气、专业支撑保障等领域。安全生产应急救援队伍是国家综合性常备应急骨干力量的重要组成部分，全国现有安全生产应急救援队伍 1 193 支 6.87 万余人，包括矿山救援队 378 支、危险化学品救援队 560 支、隧道救援队 13 支、油气救援队 66 支、水上救援队 24 支、其他专业救援队（城市燃气、地铁、金属冶炼、电力抢修等）152 支，我国国家综合性消防救援队伍力量总规模增至 22 万人，消防救援站增加到 9 657 个。对标应急救援主力军和国家队职能定位，着眼“全灾种”“大应急”任务需要，着力从救援理念、职能、能力、装备、方式、机制等 6 个方面推动消防队伍转型升级[18]；国家安监总局矿山医疗救护中心成立后，按照各省矿山分布、矿难发生频率和安全生产特点，在全国设立了 18 个矿山医疗救护基地和 24 支矿山救护骨干队伍，恢复医疗救护三级急救网，将矿山医疗救护网络延伸到每个矿山的井口与巷道。医疗救护基地和医疗骨干力量、23 个国家级矿山救援基地、100 个矿山救援骨干队伍、11 个国家级矿山排水基地共同形成了健全的矿山应急救援体系[19-20]，其中包括山东、河南、新疆、内蒙古、山西、黑龙江、安徽、辽宁、贵州、甘肃、云南、宁夏、吉林、江西、青海、湖南、河北、四川等。为提高矿山应急救援水平，加强矿山应急救援能力，依托大中院校和科研院所、我国现有国家矿山救援应急专家组、4 个国家矿山救援技术研究中心[煤炭科学研究总院、中国矿业大学（北京）、西安科技大学、中钢集团武汉安全环保研究院]和 2 个国家矿山应急救援技术培训中心[华北科技学院、平顶山煤业（集团）安全技术培训中心]等科研集团支撑体系，为矿山应急救援提供技术和培训服务。同时，山东、内蒙古、河南、河北、新疆初步建立了覆盖全省区的区域救护网，救援网络一体化格局逐步形成。各级各类应急救援队伍承担所属企业以及有关管理部门划定区域内的安全生产事故灾难应急救援工作，并接受当地政府和上级安全生产应急管理与协调指挥机构的协调指挥。

3.3　矿井热动力灾害救援技术

3.3.1　灾区状态分析技术

3.3.1.1　*矿井热动力灾害事故对风流流动状态的影响*

1）瓦斯（煤尘）爆炸对通风系统的破坏[21]

正常生产矿井的通风方式通常难以改变，但通风网络随着生产进程的不断调整而变化。矿井热动力灾害的发生，极易造成通风网络特性参数的改变和通风设施的破坏，从而导致主要井巷风向、风量无法实现按需分配，使灾害波及范围或严重程度进一步增大。爆炸事故的冲击波作用，可能给通风系统造成如下破坏：

① 摧毁一定范围内的通风设施，造成风流短路。

② 造成主要通风机不同程度上的损坏，导致主要通风机风量的变化，无法满足风量需求。

③ 造成巷道塌冒，堵塞巷道，导致被堵塞的巷道无风或风量减少。

2）火灾时期自然风压和火风压对通风系统的影响[22-23]

矿井火灾时期，风流流动状态受到机械风压、自然风压和火风压的综合影响。矿井风流中，因热能和机械能的相互转换推动风流流动而做功的能量称为矿井通风能量。单位体积的风流所具有的自然通风能量称为自然风压。它与矿井通风机提供的机械风压联合作用提供通风动力，克服风流流经矿井和扩散器的阻力，包括流经相应管段的沿程阻力，以及扩散器出口的动力损失。风流流动过程中热能和机械能的转换是产生自然风压的实质，而风流密度和温度变化则是热交换过程的结果。因此，常常根据热交换引起的风流密度变化来计算自然风压。火灾发生时，因火风压的作用，会造成受灾巷道的风量减少或增加，甚至造成受灾巷道或相邻并联巷道的风流逆转。考察矿井火灾对通风系统的影响时，可将其视为数量等于全矿井风网独立回路数中受烟流高温影响下的回路数，风压等于相应独立回路火风压的多台辅助通风机对通风系统的影响。由于火灾时期自然风压和火风压对通风系统的影响，尤其是风流紊乱带来的火烟四溢，一旦高温烟流侵袭井下一些难以预料的地区，容易引起人们惊慌失措而造成事故扩大。为此，简要介绍火灾时期风流的紊乱现象、原因及应急处置技术要点。

（1）旁侧支路风流的逆转

在风流紊乱中，旁侧支路风流逆转是最常见的一种形式。图 3.7 所示为简化矿井风网，3 个工作面（采区）Ⅰ、Ⅱ、Ⅲ分别布置在风网的 2-4、3-4、3-5 三条支路中。设若Ⅰ号工作面内发生了火灾，正常情况下火烟将随风流侵袭Ⅰ号工作面，并通过 4-5、5-6 回风支路排出地面。为了讨论问题方便起见，以火源所在的风路 1-2-⊕-4-5-6 为主干风路，而其余支路如 2-3、3-4、3-5 称之为旁侧支路。旁侧支路只要保持原有的风向不变，就不会受到火烟的侵袭，Ⅲ号工作面也将处于安全之中。可是现实并非如此简单，矿井发生火灾时，往往会从主支风路的排风区段分出一股烟流，沿着旁侧支路全断面地逆着原来的风向，朝着最近的节点流去，而造成风流的逆转[图 3.7(b)、(c)]。由于旁侧支路(3-4)风流的逆转，火烟意外侵入Ⅱ、Ⅲ号工作面，扩大了事故的范围、增大了事故危害性。旁侧支路(3-5)风流的逆转，火烟将波及全矿井，危害更为严重，这种风流紊乱的现象在上行风流中发生火灾且火势未能及时控制时最易发生。

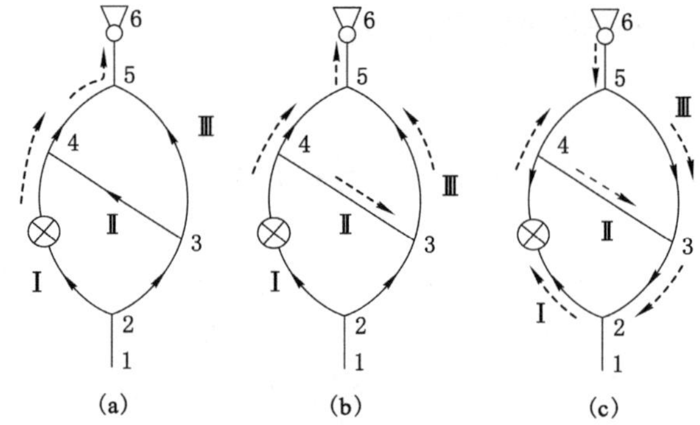

图 3.7　旁侧支路风流的逆转图

波兰学者布德雷克(W. Budryk)教授于 20 世纪 50 年代就对旁侧支路风流逆转的原因进行了研究分析[24]，图 3.8 所示为一简化的风网，火灾发生在Ⅰ号采区上山内(即上行风路内)，局部火风压的作用方向与烟流同向，主干风路 1-2-3-⊕-4-5-6 的风向一般是不变的，而旁侧支路(3-Ⅱ-4)、(2-Ⅲ-5)的风流则有可能发生逆转。

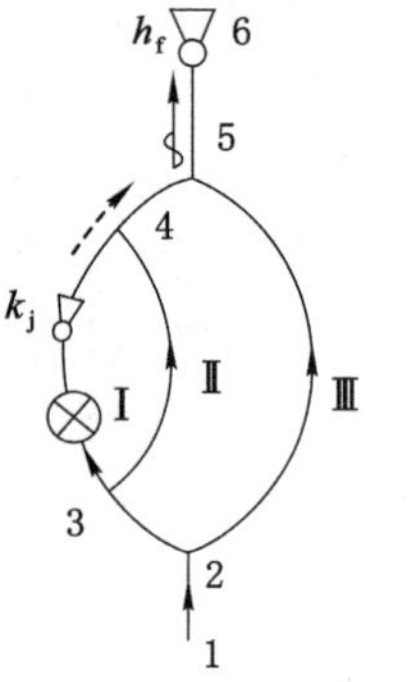

图 3.8　火灾发生在上行风流的简化风网

① 旁侧支路风向不变

$$\frac{h_i}{h_f} < \frac{R_a}{R_c} \tag{3.1}$$

② 旁侧支路风流停滞

$$\frac{h_i}{h_f} = \frac{R_a}{R_c} \tag{3.2}$$

③ 旁侧支路风流逆转

$$\frac{h_i}{h_f} > \frac{R_a}{R_c} \tag{3.3}$$

式中 h_i——局部火风压值，Pa；

h_f——主要通风机风压值，Pa；

R_a——火源所在支路（3-⊕-4）风阻值，N・s²/m⁸；

R_c——除火区（3-⊕-4）和要判别风向的旁侧支路的其余各支路风阻的总和，N・s²/m⁸。

因此，在这样一个简单的风网中发生火灾时，旁侧支路风流逆转的原因及其防治措施如下：

① 局部火风压（h_i）愈大，式（3.3）愈易得到满足。旁侧支路风流逆转而使风网发生风流紊乱，防治措施关键在于控制火势的发展，减少烟量，降低烟温，从而使火风压保持最小值。控制火势，应采取积极的直接灭火措施；减少烟量，可在火源上风侧张挂风帘或构筑临时防火墙以减少向火区供风；降低烟温，需要启动设置于排烟道路上的水幕。

② 主要通风机风压（h_f）愈低，式（3.3）愈易得到满足，旁侧支路风流逆转而风网发生风流紊乱。防治的措施则是保障主要通风机保持正常运转，切勿降压运行，更不允许随意停止通风机运作。

③ 火区进风侧的风阻（R_a）应尽可能大，使式（3.1）得到实现，旁侧支路风向不变而通风机风流保持正常，因此防止风流紊乱的措施是火源前张挂风帘或构筑临时防火墙，这与减少局部火风压的措施是一致的。但是在高瓦斯火区，火区内部的排烟道路上有遇难人员尚未救出时，这项措施要慎重采用，因为张挂风帘限制向火区供风后，容易造成瓦斯超限聚积和排烟路线上的氧浓度急剧降低。这对于防止瓦斯爆炸和救助遇难人员都是不利的。

④ R_c应尽可能小，使式（3.1）得到满足，实现旁侧支路风向不变而风网风流保持正常。当 3-5 支路内有调节风窗时，对于防止风流紊乱，防止旁侧支路（3-Ⅱ-4）的风流逆转是极其不利的。因此，为了防止火灾时期发生风流紊乱，一般要求矿井回风系统保持畅通，位于排烟路线上的调节风门开启，并要防止冒顶堵塞排烟通道。

（2）主干风路烟流的逆退

如图 3.9 所示，上行风流通风的采区Ⅰ发生火灾时，一般是沿着主干风路的回风段（⊕-4-5-6）向地面排烟，同时烟气会充满巷道全断面，逆着主干风路进风方向朝着最近的进风节点 2 逆流而退。这种风流的紊乱现象可能发生在上行风流中，但更多是发生在下行风流中。主干风路中烟气的逆退不仅扩大了烟气侵入地区，更会给直接灭火带来困难，甚至阻碍行动进行[25]。

布德雷克教授根据井下发火时人们经常观察到“排烟量往往大大超过风量”的现象，提出了过量烟气生成的上行风流的简化风网理论，并指出了过量烟气生成的原因：

① 火源燃烧，温度上升，风流体积膨胀。

② 火源邻近地区煤炭干馏，产生大量可燃性气体，以及瓦斯涌出，烟量增加。

③ 直接用水灭火时，水分蒸发产生大量的水蒸气。

保守地估计，烟流体积至少超过供风体积 70％以上。将这部分烟流体积的增量在网络中看成一股通往主干风路火源点的外来风流（图 3.10），其流量为 Q，并推导出主干风路 2-p

段风向变换的条件公式如下：

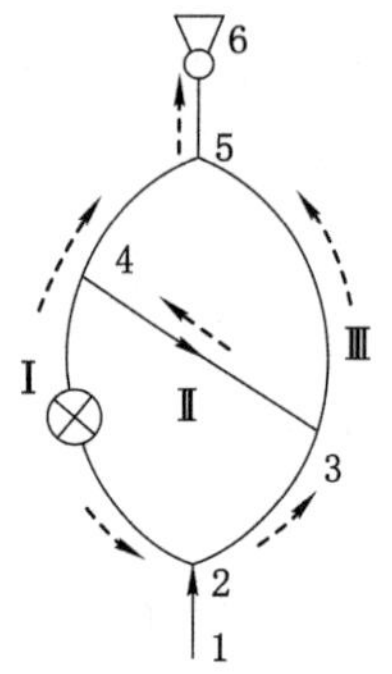

图 3.9　主干风路烟流的逆退

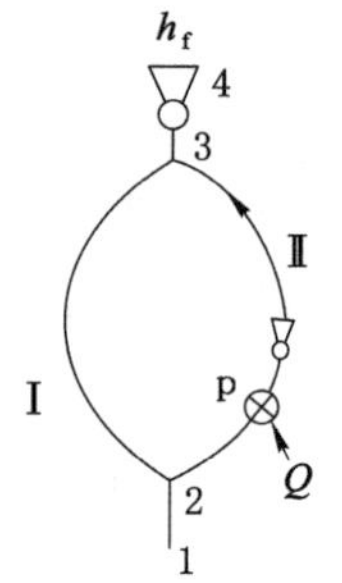

图 3.10　过量烟气造成的烟流逆退

1-2-p 段风流方向正常：

$$Q^2 < \frac{h_{2\text{-p-}3}}{R_{\text{p-}3}} \tag{3.4}$$

2-2-p 段风流停滞：

$$Q^2 = \frac{h_{2\text{-p-}3}}{R_{\text{p-}3}} \tag{3.5}$$

3-2-p 段风流反向，主干风路发生烟流逆退：

$$Q^2 > \frac{h_{2\text{-p-}3}}{R_{\text{p-}3}} \tag{3.6}$$

式中　Q——烟气增量，m^3/s；

$R_{\text{p-}3}$——主干风路(p-3)段巷道风阻，$N \cdot s^2/m^8$；

$h_{2\text{-p-}3}$——主要通风机作用于(2-p-3)支路的风压，Pa。

从以上条件公式中，可以分析出主干风路 2-1 段烟流逆退的原因及防治措施如下：

① 烟气的增量 Q 愈大，式(3.6)愈易得到满足，主干风路愈容易发生烟流的逆退。因此，在控制烟气的生成过程中，一要控制火势，二要注意用水灭火时，水流不要射向火源中心，以免产生过量的水蒸气。

② 主要通风机风压愈低，作用于排烟区段(2-p-3)的风压($h_{2\text{-p-}3}$)愈小，式(3.6)愈易得到满足，主干风路容易发生烟流逆退。因此，处理这类风流紊乱现象时，一是不要轻易采取停止通风机运转或降压运转的措施；二是最好适当控制旁侧支路以增加主要通风机对主干风路的作用。

③ 主干风路排烟区段的风阻($R_{\text{p-}3}$)应保持最小，此时式(3.4)最易得到满足，而主干风路风向正常，不易发生烟流逆退。为此，风网回风系统的巷道平时要维护良好，断面要足够大；防止回风巷道局部堵塞和局部冒顶事故的发生；位于排烟通道上的调节风门要及时开启。

④ 如果主干风路烟流逆转不可避免时，最好能在火源的上风侧找一条短路，使逆退的烟流尽快排往回风系统。前文介绍的各类风流紊乱现象可以单独发生，也可能同时发生，因此，探明它们发生的原因及防治措施是必要的。所有风流紊乱条件式的推导仅能作为处理问题的分析依据，因为，没有任何条件相同的一场火灾，所以上述原则与措施的应用都必须

结合现场实际条件才能奏效。

3.3.1.2　*矿井通风系统被破坏的判断技术*

对矿井通风系统被破坏程度的判断，是灾区状态分析工作必不可少的首要步骤。判断准确与否在一定程度上决定救灾工作的成败。为了准确判断通风系统的变化情况（被破坏的程度），首先应该掌握正常通风状况下或灾害发生前的通风系统运作状况（包括主要通风机工作参数、井下风量、风压分布情况），并以此为依据与事故后测到的灾区风流网络参数相比较来推断通风系统受损状态[26]。做出判断前必须保持事故后的通风状态，不可盲目调控。

由于热动力灾害发生后，救灾人员难以了解井下通风状况，判断矿井通风系统是否被破坏，最直接的方法是从地面主要通风机的运转状况来判断。

（1）主要通风机及其附属装置的检验

① 观察主要通风机是否正常运转。正常运转的主要通风机风量风压稳定，振动和噪声较小。异常时，可能出现以下两种情况：

a）主要通风机受到冲击性损坏：扇叶变形、折断或整流器、前导器损坏时，可能引起运转时的振动和噪声加大，风量、风压有较大变化，造成主要通风机突然损坏的原因通常是发生了爆炸灾害。

b）轴流式主要通风机工况点进入“驼峰区”：引起风量风压不稳定，伴随噪声有明显变化，造成的原因可能是热动力灾害引起的主要通风巷道堵塞或火灾引起的反向火风压所致。

② 防爆盖是否开启。正常状态下，防爆盖与井塔接触严密不漏风，如果因井下发生爆炸而开启后，会发生严重变形，造成封闭不严、漏风量大。

a）主要通风机运行参数的测定分析：主要通风机运行参数包括风量、风压、功率等。灾变时对主要通风机参数的观测一般首选风压，其次是风量。因为对主要通风机风压的连续测量容易实现，有条件的企业使用数字仪观测更为直接。主要通风机风量一般是指扩散器出口风量，主要通风机风压一般是指主要通风机近井侧的相对静压。通过两项参数的测定结果与性能曲线比较，可对主要通风机是否正常作出判断。矿井热动力灾害发生后，因巷道封堵、塌冒或反向火风压的作用，会造成风量减少、风压升高；破坏通风设施或正向火风压的作用，会使风量增大、风压降低；同一风路正向火风压与反向火风压同时存在的情况下，则不会造成主要通风机参数的变化；不同风路正向火风压与反向火风压同时存在时，则可能造成风流逆转使得主要通风机参数受影响程度变小；同样，一条风路堵塞，另一条风路通风设施受损的风流网络结构也会导致主要通风机参数受影响程度变小。

b）依据主要通风机参数变化分析灾害性质：根据主要通风机的参数变化，有时不能确定灾害性质，因为不同的灾害后果造成主要通风机的变化可能是相同的，因此，必须采取正向单一分析与反向综合判断的方法[27]。在区分“巷道堵塞或反向火风压”“破坏通风设施或正向火风压”时，可以辅以其他手段，如观察回风井是否有烟雾，或在井下不同地点安装风速、一氧化碳、烟雾、温度等各种传感器。当不能根据主要通风机的参数变化来判断灾害性质时，还可以设法接近灾区，通过分析局部通风系统的工作状态变化情况，实现对灾区状态的正确判断。

（2）瓦斯爆炸对矿井通风系统的影响

瓦斯爆炸对矿井通风系统的影响，主要表现在以下几个方面：

① 冲毁通风设施，巷道坍塌，造成通风系统混乱。风流短路，使局部区域处于无风状况。不仅是事故区域，其他区域也可能因风量减少或无风，致使高浓度的爆炸气体和瓦斯不能及时排出而滞留灾区，形成有毒、有害的非呼吸性气体和爆炸性气体，给救援工作带来困难。这种情况下，系统故障的判断必须从主要通风机及主要进风大巷开始逐渐接近灾区，对通风系统的状况和存在的危险作出分析判断。同时注意相关巷道的通风参数与事故前的参数情况比较，逐步确定灾后巷道和通风设施的实际情况。

② 如爆炸范围较大，甚至冲击了主要通风机设施(如吹开防爆井盖时)，此时要特别注意结合可能爆炸的事故区域至回风井之间的通风系统变化情况。首要的前提是保持事故原系统的通风状况以便判断分析，并以此制定应急对策，切不可盲目恢复主要通风机设施，以免带来新的问题。

③ 观测爆炸后可能发生的火灾情况，辅之以有害气体分析判断，尤其是倾斜井巷爆炸事故引起的火灾，形成火风压造成风流紊乱会对原有的通风系统带来不利的影响，甚至扩大事故范围。

3.3.1.3 灾区状态取样分析判断技术

(1) 主要通风机扩散器总回风取样分析

当矿井发生重大灾害事故，灾区回风流的气体监测分析是一项非常重要的工作。在抢救指挥部制定救灾方案时，也需要这些数据支撑。为了尽快获得有效数据支撑，对主要通风机扩散器总回风气体进行取样分析，是较为快捷、方便、有效的方法。在进行这个取样工作时，为提高所取气样的真实性和指导作用，应注意以下几个问题：

① 了解主要通风机的工作方式和工作方法，确定取样位置的风流是包括了灾区气体的回风流。

② 合理选择取样地点，克服外来空气对真实值的影响。

③ 如果主要通风机排出的风量比事故发生前正常工作时的风量大很多时，可以通过全矿井的通风网络分析，结合矿井的静压值，假设风流短路的地点，通过计算消除短路风流对气体浓度的影响。

(2) 灾区区域附近监测系统、束管系统分析技术

事故发生后，准确判断灾情是制定有效措施、保障安全施救的必要条件。通过对主要通风机扩散器处的风流取样分析所得到的数据，只能推断灾区的基本情况。要想了解到灾区的真实情况，根据目前的技术水平和技术手段，最直接的方法是派救护小队前往灾区内侦察，但应采取措施保证侦察救护小队的安全。在这种情况下，救护小队进入灾区侦察时，可以利用灾变区域附近未被摧毁的监测系统或束管系统提供的气体参数进行判断分析[28]。为此应注意以下几个问题：

① 首先了解监测系统的设置情况，确定监测传感器的分布，判断正常工作的传感器的数量和位置，提取与灾区相关传感器的数据，实施连续监测。为了充分利用监测系统进行远程连续监测，救护小队在保证安全的情况下可从外围接近灾区，恢复较为重要地点的监测传感器，并在确保自身安全的前提下对传感器加以保护。

② 对安装有束管系统的矿井，可以了解束管系统的设置情况，确定束管终端的分布点位，判断正常工作的束管终端的数量和位置，确保提取的灾区束管终端数据具有一定的可靠性。如果无法判断定束管是否完好，可派救护小队在保证安全的情况下从外围接近灾区，检

查束管的完好情况，必要时恢复较为重要地点的束管，并确定束管终端的位置。当监测系统或束管系统完好并正常工作时，所采集的数据就可以作为判断灾区气体是否具有爆炸性的依据。当监测传感器或束管终端的位置不能直接测到灾区内的气体时，那么这些数据将作为判断灾区状态变化发展的依据，并通过标志性气体的选择和校正来判断灾区是否存在火源。

(3) 灾变区域取样分析结果的校正

灾变区域取样分析结果的校正指的是对灾变区域取样气体分析，在特定条件下对取样分析结果进行校正[29]。

① 由于条件所限，在很大程度上监测传感器、束管终端和人工取样的位置不能直接测到真正灾区内的气体。此时，需要根据通风网路分析判断其他巷道的涌入风量对真正灾区内气体成分的影响。在实际操作时，可由救护队员到指定地点测定风量和气体浓度，然后通过计算进行数据校正。实际救灾工作中，往往很难确定所有与灾区并联的巷道，有时这些与灾区并联的巷道以多条不可见的漏风通道的形式存在，这就需要通过网路分析、地质构造和现场巷道的被破坏情况，合理选择测风地点，用进回风风量差值法测定混入的风量，然后通过计算进行校正。

② 在条件允许的情况下，派遣救护队直接进入灾区收集气样。为了保证所取气样的可靠性，便于利用气样分析结果来判断灾区状态，必须保证在固定地点、固定位置、固定时间取样。当现场情况变化较大时，要在取气样的同时详细记录现场的情况，包括风量、风向、温度、湿度、烟雾的变化、声响及巷道顶板等情况，以便气样分析结果校正和进行可靠性判断。

③ 在使用便携式检测仪器测定灾区气体时，应特别注意环境氧气浓度。因为，氧气浓度太低时可能会导致仪器读数误差。表3.2所示为在一次矿井火灾中，使用光学瓦斯检定器的读数与取样色谱化验检测到的气体浓度数据，从这一组数据中，可以发现两种检测数据相差很大。在标准状态下光学瓦斯检定器受氧气浓度影响情况为：空气中的氧气浓度每降低1%，瓦斯浓度测定结果便存在约0.2%的读数偏差。

表3.2　火灾气体色谱检测与光学瓦斯检定器结果对照表

采样时温度/℃	采样时氧气浓度/%	甲烷浓度/%		二氧化碳浓度/%		大气压力/Pa
		检定器	色谱	检定器	色谱	
55	15.27	2.3	1.25	9.0	4.06	105 500
50	11.10	4.0	2.12	8.4	6.46	106 500
54	15.40	2.8	1.80	9.0	2.16	106 000
62	10.40	3.2	1.23	7.0	6.85	102 500

目前常用的便携式检测仪器有催化燃烧式、热传导式、电化学、红外线等传感方式的电子检测仪器。这些仪器检测的数据精确度都在不同程度受到空气温度、湿度、压力和氧气含量等环境因素的影响。

(4) 利用多种气体变化趋势图分析灾区状态

事故发生后，灾区状态处于一个不断变化和发展的动态过程中。利用多种气体变化曲线图监测灾区气体的组分，分析各种组分间的相互关系，准确地掌握灾区的变化和发展趋势综合判断灾区的状态，是较为实用和科学的技术手段。

3.3.2 矿井火灾救灾技术

矿井火灾发展初期，灾面波及范围不大，火势尚未蔓延扩展，一般煤体还没有充分燃烧，燃烧产生热量不大，特别是空气温度也不高。此时，若现场人员能镇定地采取一切可行的灭火措施，那么扑灭火灾的概率还是非常大的；一旦火势蔓延开来，再想处理就显得尤为困难，甚至会酿成重大伤亡事故[30]。

3.3.2.1 矿井火灾的扑救技术

火灾的扑救过程就是破坏或消除燃烧的3个条件共存的过程。灭火原理主要体现在稀释、冷却、隔离窒息、中断链式反应等方面。在实际灭火作业过程中，则是以上几种原理的综合应用。灭火就其方法而言，可分为直接灭火法、隔绝灭火法和综合灭火法三大类[31]。

1）直接灭火法

直接灭火法是针对刚发生或火势不大的火灾时，可采用水、砂子（岩粉）、化学灭火器和挖出火源的办法等直接将火扑灭。

（1）水冷灭火

水冷灭火即利用从水枪射出的强力水流扑灭燃烧的火源，其作用主要是：水具有的吸热能力较强，因此冷却作用大，实现快速降温；水与火接触后能产生大量水蒸气（1 kg 水能生成 1 700 L 的水蒸气），达到稀释空气中的氧浓度，并使燃烧物与空气隔绝，阻止其继续燃烧的目的。另外，强水流射向火源时，能压灭燃烧物的火焰[32]。所以对于火势不大、范围较小的火灾，用水扑灭是简单易行、经济有效的方法。但应注意以下问题：

① 应有足够的水源和喷水量。少量的水在高温下可以分解成具有爆炸性的氢气和助燃的氧气。灭火人员一定要站在火源的上风侧，并应保持正常通风、回风畅通，以便将火烟和水蒸气引入回风道中排出。

② 应从火焰四周开始灭火，逐步移向火源中心，避免直接将水喷在火源中心，防止大量水蒸气或炽热煤块飞溅伤人，也应避免高温火源使水分分解成氢气和氧气助长火势或引发剧烈爆炸。

③ 随时检查火区附近的气体浓度。《煤矿安全规程》规定，在抢救人员和灭火工作时，必须指定专人检查瓦斯、一氧化碳、煤尘及其他有害气体浓度和风流的变化情况，同时采取防止瓦斯爆炸和人员中毒的安全措施。

④ 电气设备着火以后，首先应切断电源。在电源未切断以前，只能使用不导电的灭火器材，如用砂子（岩粉）和四氯化碳灭火器进行灭火；由于水能导电，如果未切断电源而直接用水灭火，可能导致火势进一步扩大并危及救火队员的安全。另外，水不能用来扑灭油料火灾。因为油比水轻，而且不易与水混合，可能会导致着火的油料随水流动而扩大火灾面积。

（2）用沙子（岩粉）灭火

用砂子（岩粉）灭火，就是把砂子（岩粉）直接撒在燃烧物体上覆盖火源，将燃烧物与空气隔绝。此外，砂子或岩粉本身不导电的同时能够吸收液体物质，因此可用来扑灭油类或电气火灾。砂子成本低廉，灭火时操作简便。因此，可以在机电硐室、材料仓库、炸药库等地方设置防火砂箱。

（3）挖除火源

在火势不大、范围小、人员能够接近的火区，可以用锹镐配合，用水降温后将燃烧物挖除，消灭着火源。在瓦斯矿井挖除火源是比较危险的，必须检查瓦斯浓度和温度，采取必要的安全措施来保障火源的挖除作业。

（4）化学灭火器灭火

目前煤矿上使用的化学灭火器有两类：一类是泡沫灭火器；另一类是干粉灭火器。

① 泡沫灭火器。使用时将灭火器倒置，使内外瓶中的酸性溶液和碱性溶液互相混合发生化学反应，生成大量二氧化碳气泡充满灭火器内胆而后喷向火源，覆盖在燃烧物体上的二氧化碳气泡能够隔绝空气。但是需要特别注意，在扑灭电气火灾时应注意首先应切断电源。

② 干粉灭火器。目前矿用干粉灭火器的内置材料以磷酸铵粉末为主药剂。磷酸铵粉末能够在高温作用下进行一系列分解吸热反应，吸收火源温度。磷酸铵粉末的灭火机理是：切断火焰连锁反应；分解吸热使燃烧物降温冷却；分解出氨气和水蒸气，冲淡空气中氧的浓度，使燃烧物缺氧熄灭；分解出糨糊状的五氧化二磷，覆盖在燃烧物表面上，使燃烧物与空气隔绝而熄灭。常见的干粉灭火器有灭火手雷和喷粉灭火器，它对矿井各类外因火灾的初期均有良好的灭火效果。

2）隔绝灭火法

隔绝灭火法是在直接灭火法无效时采用的灭火方法，它是在通往火区的所有巷道中构筑防火密闭墙，阻止空气进入火区，从而使火源逐渐熄灭。隔绝灭火法是处理大面积火灾，特别是控制火势发展的有效方法。灭火的效果取决于防火密闭墙的气密性和密闭空间的大小。根据防火墙所起的作用不同，可分为临时防火密闭墙、永久防火密闭墙及耐爆防火密闭墙等。

（1）临时性防火密闭墙

临时性防火密闭墙的作用是暂时切断风流阻止火势发展。在构筑临时密闭墙时，应该简便迅速。常用的临时防火密闭有木板防火密闭墙（图 3.11）、混凝土块防火密闭墙[33]。此外，还有一种轻便、快速、气密性良好的泡沫塑料防火密闭墙，建造时在密闭地点挂上草帘、麻布等透气织物作为底衬，然后将硬泡沫塑料溶液用高压喷枪喷射到密闭底衬上，几秒钟后即可发泡成型，形成气密性良好的密闭墙，能在 120 ℃下连续 2 h 不变形。在构筑临时密闭过程中，供给火区的风量逐渐减少，瓦斯浓度则逐渐增大。需要注意的是在密闭墙快要筑成时，发生瓦斯爆炸的可能性最大。因此，在瓦斯矿井构筑临时密闭过程中，必须留有通风孔，以供给火区一定风量稀释瓦斯。例如构筑木板防火密闭墙时，在密闭墙上留个便于人员出入的孔并保持通风，直至钉完木板且在两面用水泥砂浆将通风孔迅速封闭抹严，一旦构筑完毕立即撤走全部工作人员。待 24 h 后未发生瓦斯爆炸时，再选择合适的位置砌筑永久性防火密闭墙。

（2）永久性防火密闭墙

永久性防火密闭墙常用于长期切断风流以封闭火区。因此，对密闭墙的要求是既坚固又不漏风，并且具有较强的耐压性。这类防火墙的主体根据用料不同有木段、砖、混凝土等多种形式[34-35]。为提高防火密闭墙的可缩性，砌筑红砖、水泥大块、料石防火墙时，可在两帮或封顶时加 1～2 层木段。图 3.12 所示为木段加黄土防火密闭墙，图 3.13 所示为砖与木垛混合防火密闭墙。为提高密闭的严密性，砌筑时要在巷道周壁挖深 0.5～1.0 m 的槽，并在墙的外面和槽的四周涂抹一层黏土、水泥砂浆或水玻璃、橡胶乳液等材料。为了方便采取气样、检查温度、注泥砂和放出积水，在密闭的上、中、下 3 个部分应插入直径 40～100 m 的

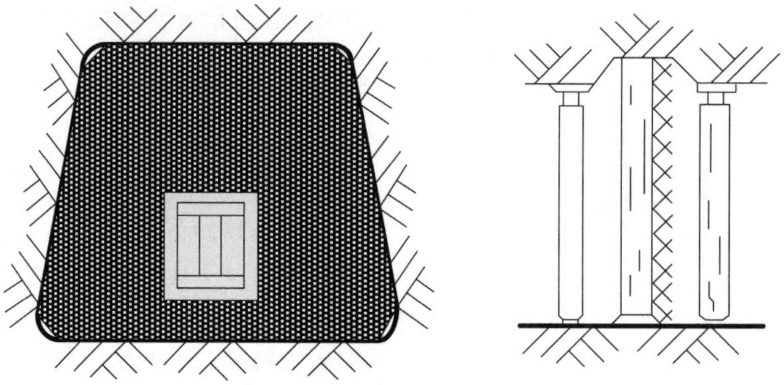

图 3.11　临时性模板防火墙

铁管，平时在铁管的外口用锥形木楔或阀门严密堵塞以防漏风。防火密闭墙筑成后还需在墙外抹一层白灰。

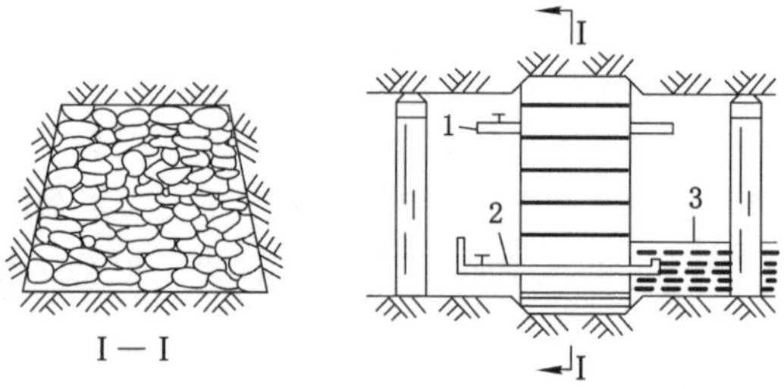

1—观测孔；2—防水管；3—水。

图 3.12　木段加黄土防火密闭墙

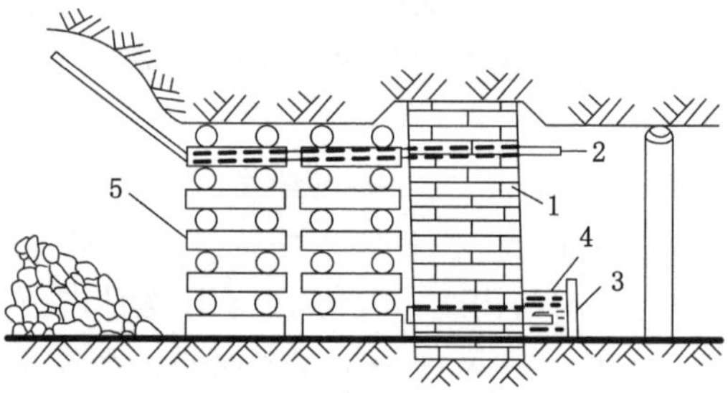

1—砖墙；2—观测孔；3—返水池；4—放水管；5—木垛。

图 3.13　砖与木垛混合防火密闭墙

(3) 耐爆防火密闭墙

在瓦斯矿井封闭火区，可能由于瓦斯积聚而发生瓦斯爆炸，因此应使防火密闭墙具有耐爆性和较强的冲击抵抗力[36]。而耐爆防火密闭墙可用砂袋、砂带和石膏等材料筑成。图 3.14 所示为砂袋或土袋(土石块直径不超过 5 mm)堆砌而成，堆砌砂袋长度不小于 4～5 m，然后在其保护下砌筑永久性耐爆防火密闭墙。在有水砂充填系统的矿井也可充填砂带构成耐爆防火密闭墙，如图 3.15 所示，但其厚度至少要保持 5～10 m。

应该指出，防火密闭墙位置的选择必须遵循封闭范围尽可能小、构筑防火密闭墙的数目

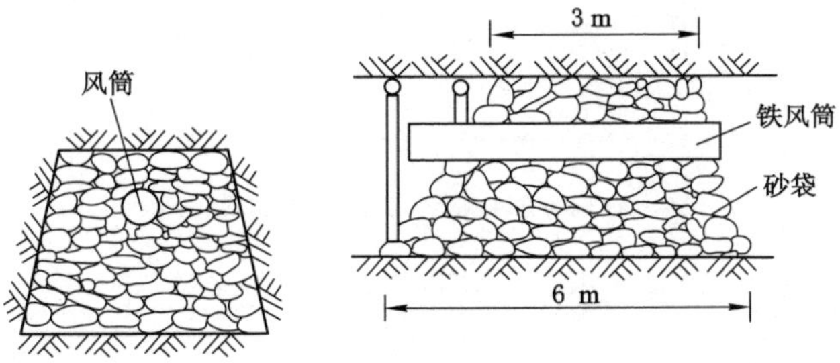

图 3.14　砂袋、土袋耐爆型密闭墙

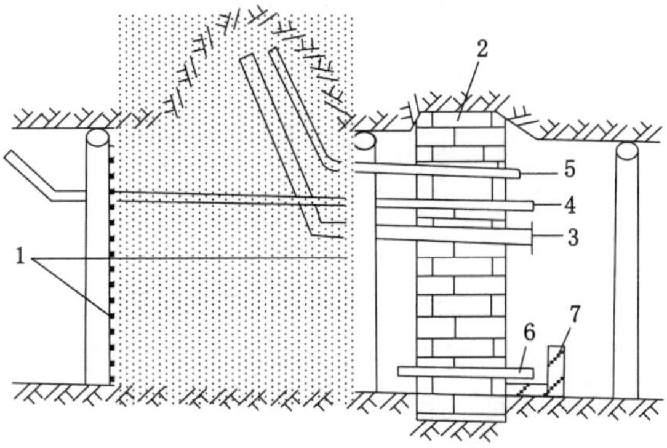

1—秫秸帘子；2—砖墙；3—充填管；4—观测孔；5—注浆管；6—放水管；7—返水池。

图 3.15　水砂充填耐爆防火密闭墙

尽可能少和有利于快速施工的原则。其目的在于使封闭区系统整体结构简单便于控制。密闭墙越多，控制范围越大，则漏风的可能就越大，不利于灭火。应尽可能选择围岩坚固、无裂缝的地点砌筑防火密闭墙，以保证其严密不漏风。火区进风侧防火密闭墙的位置要选在距火源较近的地段，目的是压缩密闭墙与火源之间的空间，从而降低瓦斯超限积聚的可能性，避免引发瓦斯爆炸事故。在进风侧防火墙与火源之间切忌存在有连通火源前后的巷道，如图 3.16(a)所示，这样的巷道最容易造成火烟的循环而导致火灾气体爆炸。一般防火墙距巷道三岔 15～10 m 为宜，如过远则形成一段独头巷道，检查人员无法入内，容易积存瓦斯。由于特殊原因，当防火墙距三岔口较远，靠扩散通风不能稀释瓦斯时，则应建立如图 3.16(b)所示的导风设施。

3) 综合灭火法

综合灭火法就是先用防火密闭墙将火区封闭，然后再采取其他灭火手段，如灌浆、调节风压和充入惰性气体等加速火区熄灭[37]。

3.3.2.2　*矿井火灾时期的控风技术*

火灾时期的通风控制是一个动态过程，但一方面由于矿井火风压随时间变化的过程很难用准确的数学方程描述，另一方面在目前技术条件下，也不可能使控制设施进行动态自动调整。因此通过建立通风控制数学模型求解通风控制方案的方法，仅仅是一种模型辅助决策，救灾决策在很大程度上仍需要指挥人员的智慧和经验。

(1) 矿井火灾时期风流控制的一般原则

风流控制的目的是控制火势，防止灾变引起风流逆转。根据风网结构和风网中风流的

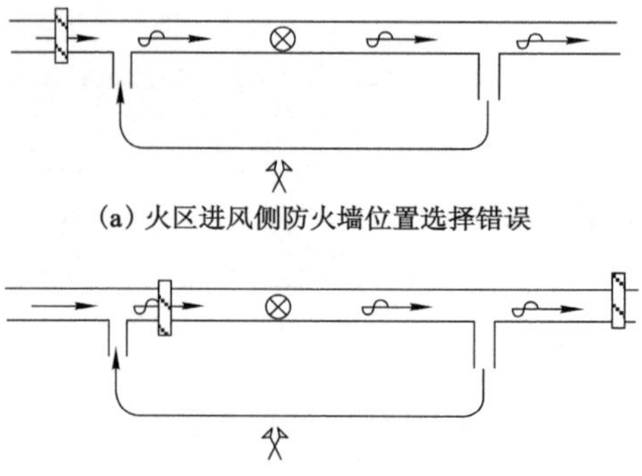

(a) 火区进风侧防火墙位置选择错误

(b) 火区进风侧防火墙位置选择正确

图 3.16　防火墙位置选择示例

流动规律，结合风向判别式，可以得出风流控制的一般原则[38]：

① 为保证井下工人的安全撤退，应控制烟流使其不蔓延至工作地点，将其尽早地导入回风流中排离灾面。

② 如果火灾发生在工作点的上风侧，则会引起工作点分支的风流反向，那么原来流向工作点的一侧分支可为排烟区，另一侧为工人撤退区。

③ 分支的风流方向与其自身的风阻大小无关。

④ 如果要使风网中某一分支风流反向，则沿该分支新方向的通路上只能减阻，不能增阻；而在沿该分支原方向的通路上只能增阻，不能减阻。

⑤ 为了控制火势的发展，一般应在火源巷道增加风阻，减少火区的进风量；对高瓦斯矿井，为防止火源巷道瓦斯积聚而引起瓦斯爆炸，风阻增值量不宜过大。

⑥ 所采取的风流控制措施，必须有利于抢险救灾人员的抢险救护作业和自身安全，必须有利于迅速抢救遇险和遇难人员。

对于简单通风网络，运用人工分析的方法即可确定控风方案；对于复杂的通风网络，特别是当风网中有多条分支的风量或风向需加以控制时，它们的控制点可能各不相同，甚至可能彼此矛盾时，这就导致人工分析非常困难，并且在火灾时期风流状态变化很大，风流方向随时可能改变，定性分析结果并不可靠；单凭定性分析，不能准确地预测控风方案的效果，对不同的控风方案也难以进行优选；为防止瓦斯和可燃性气体发生爆炸，对某些地点的风量大小还需要限制。显然，定量计算火灾时期的风流控制方案十分必要。

(2) 矿井火灾时期的通风要求

矿井火灾时期，为了达到风流控制的目的，应根据火源的位置、火灾波及的范围、工作人员所在地点等因素，对井巷的风向或风量提出具体的要求[39]：

① 如果火灾发生在地面进风井口、井筒、井底车场和主要进风大巷，为防止火灾产生的烟雾和有毒有害气体蔓延毒害井下作业人员，应立即采取反风或风流短路的通风方式。

② 若火源位于下行通风的巷道时，应迅速采取措施防止火风压的作用造成风流逆退和紊乱。此时，应在火源点的上风侧加阻，在火源点的下风侧降阻。在处理火灾过程中，需要改变通风方式时，必须能有效地控制火风压的生成和扩大。

③ 当火灾发生在瓦斯涌出量较大的巷道或工作面时，灭火工作应保持在正常通风条件下，或增大风量的情况下进行作业。在抢救遇险人员时，为了防止烟雾向遇难人员所在的地

点蔓延，必须确保空气中瓦斯浓度未达到爆炸下限，在该条件下才可以采取风流短路、局部反风或调节风流等措施。

④ 当与火源点相连接或邻近的巷道或采空区积存有大量的瓦斯时，应采取措施将其封闭，或采取风流短路等措施，阻止高浓度的瓦斯涌向火区。为了定量求解风流控制方案，需要将这些要求量化到数学模型中。对分支风向的要求有两种量化处理方法：一是对分支的风量给定一个合适的风量上下限，如为了使某分支风量反向，可设定该分支风量上限为 0，下限为负数；二是将风向要求转化为一个确定的风量要求，如为使某分支反向，可设其风量为一个合适的负值。对某些分支风量的定量要求，可直接给出这些分支的固定风量值。

(3) 矿井火灾时期风流控制方案的可行性

火灾时期的通风控制，除了打开原有风门和必要时开关通风机外，一般只能采用增阻(如临时风门、密闭等)措施。矿井发生火灾前已有的通风控制设施，如果火灾时仍在使用，其通风风阻应包括在该分支的风阻中。对于不可安设控制设施的分支，可通过给出可控制性说明，或将控制上、下限都简化计算为零，对于原有的风门、风窗的分支，如果火灾时期人员可以进入，在求解最优控制方案时允许减阻(即打开风门或风窗)，此时先减小风门或风窗的风阻，然后将该分支设为可控分支。如果计算后仍需加阻控制，则保留风门或风窗。通过对分支的可控制性和控制量的上下限的设置，以保证控制方案的安全可行性[40]。

(4) 矿井火灾通风控制方案的优选

由通风网络理论可知，满足某种通风要求的风流控制方案一般不止一种。比较各方案的优劣需要有一定的指标，这个指标的数学描述就是“目标函数”。在正常通风时期，一般将“安全、经济、可行”作为目标，安全性和可行性一般可以在需风量、风量与控制量的上下限以及分支的可控制性中得到反映[41]。因此，优化调节问题的目标函数一般都要考虑措施实施的经济性，也就是最小的通风费用。矿井火灾时期，控制的经济性较为次要，而安设控制设施的难易性变得较为重要。火灾时期风流控制方案的优化，主要应使控制设施的数目尽可能少，控制量尽可能低，这样便于采取临时控制措施。由于控制设施数只能计算出控制量不为零的分支数，因此形成了一个包含整数规划、不易求解的目标优化问题[42]。为了使求解简化，尽量将控制量和控制设施数统一在一个目标函数中，使得最优方案是它们之间的某种组合。但是要找到一个理想的目标函数，并不是一件易事。在目前的优化模型中，采用最多的是控制量与风量乘积的绝对值之和。

3.3.2.3　矿井火灾救灾过程中瓦斯爆炸的防治

在火区进行救灾和封闭作业时，防治火区瓦斯爆炸是一个十分复杂的问题。一般来讲，必须了解火源及邻近区域状况，才能做出瓦斯是否爆炸的判断。然而火源区域往往无法接触，致使对火源附近的状况了解不清。

一般认为分析判断火区爆炸性是一个灰盒问题，无法了解火区系统内部的具体情况，应该根据输入和输出该系统的条件来判断该系统的状况。在火区直接灭火和火区封闭时期防止瓦斯爆炸，应注意进入火区和火区流出矿井气体组分(氧气、瓦斯等)、温度、风量等参数的监测和控制[43]。由于火区火源确切位置、火源附近风流状态温度、各种气体浓度、氧含量不清，决策者只能试图根据火源附近的状况来分析火区爆炸的可能，或试图根据火源附近瓦斯涌出量来确定进入火区的适当风量往往是不现实的。因此，宜根据以下思路来进行初步分析：在进行火区直接灭火和火区封闭时并未发生爆炸，则当火区未通风时意味着火区氧气含量低或瓦斯浓度超过爆炸上限;在火区保持通风时意味着瓦斯浓度低于爆炸下限。此时,火区保持着一种动态平衡以维持火区的安全性[44]。既然火区当前未发生爆炸,那么救援关键是尽力维持这种动态平衡以保证灾情不至于进一步发展,在未达到通风条件下作业绝不能恢复通风,在通风条件下必须尽可能保持进入火区风量不变,在火区封闭时随着密闭墙的构筑增加风阻,那么风量必然减少,因此应适当增加风压,保持进入火区的风量不变,并随时监测进出火区的风量、风向、气体组分、浓度和温度等参数的变化。

防火墙构筑时期,正在构筑防火墙和监测回风的人员应密切注意风流流动状态,分析风流数据是呈稳定流动还是出现了风压(风量)脉动现象[45]。频繁出现风压(风量)脉动预示爆炸危险的可能,尽管巷道垮塌也会引起风压(风量)波动,但除非清楚地听到垮塌声,否则都应视为爆炸发生前的预警,示意作业人员及时撤退。

3.3.3 矿井瓦斯爆炸救灾技术

3.3.3.1 瓦斯爆炸事故救灾的基本原则与处理程序

矿井一旦发生瓦斯爆炸事故,井下人员及财产便处于一种极度危险的境地,必须尽快组织抢救。但救灾抢险必须遵守一定的原则和程序,避免盲目指挥、愚昧蛮干而造成不必要的损失和人员伤亡。救灾的基本原则是:"沉着指挥,科学决策,协调行动,安全快速。"具体的处理程序是:首先应设法撤离灾区人员,抢救遇难人员;视情况立即切断通往事故地点的一切电源;通知救护队;迅速成立救灾指挥部,严格按照灾害预防和处理计划的要求,设立若干抢救组,各行其责;尽快恢复通风系统,排除爆炸产生的有毒有害气体,寻找遇难人员,同时设法扑灭各种明火和残留火,以防再次引起爆炸[46]。所有生存人员在事故发生后,应统一、镇定地撤离危险区。遇有一氧化碳中毒者,应及时将其转移到通风良好的安全地区。如发现遇险人员心跳、呼吸停止,立即在安全处进行人工心肺复苏,不要延误抢救时机。

3.3.3.2 瓦斯爆炸事故救灾面临的技术难题及处理建议

1) 技术难题

在处理瓦斯爆炸事故的过程中,经常会遇到以下几方面的技术难题,需及时果断地做出判断:

(1) 难点1:事故发生后是否应该切断灾区电源?切断电源可能产生电火花,难免引起再次爆炸;如不切断电源,由于灾区供电遭到损坏,则随时有触电的威胁,也有产生火花的可能。

(2) 难点2:如何正确调度通风系统,尽快排除灾区内的有害气体,控制事故范围。这是处理瓦斯爆炸事故的关键。由于事故发生的地点、条件和严重程度(爆炸后是否引起了燃烧或火灾?)不同,决定了通风系统的具体调度方式(反风、短路、加强通风等)。

(3) 难点3:如何安全快速地恢复掘进巷道或无风区域的通风,避免再次爆炸。因此,如果爆炸发生在掘进巷道内,其内积存有大量的瓦斯和有害气体,又可能存在火源,如遇难者损坏的矿灯放电等,一旦恢复通风致使氧含量上升达到爆炸条件就极易引发二次爆炸。

2) 处理建议

要解决上面几个难题,必须在事故发生的第一时间内尽可能多地了解和掌握事故的情况及发展状况,对事故的相关情况、原因以及应采取的主要措施做出初步判断,并迅速制定救灾的技术方案。

(1) 了解内容

了解(询问)的主要内容如下：

① 爆炸地点及其波及范围。

② 人员分布及其伤亡情况。

③ 通风情况(风量大小、风流方向、风门等通风构筑物的损坏情况)。

④ 灾区瓦斯情况(瓦斯浓度、烟雾大小、一氧化碳浓度及它们的流向)。

⑤ 是否发生了火灾?

⑥ 主要通风机工作情况(是否正常运转、防爆门是否被吹开? 风机房水柱计读数是否有变化?)。

(2) 分析判断

分析判断的主要内容如下：

① 通风系统破坏程度。可据灾区通风情况和风机房水柱计读值变化情况作出判断。风机房水柱计读数比正常通风时数值增大,说明灾区内巷道冒顶垮落,通风系统被堵塞。风机房水柱计读数比正常通风时数值减少,说明灾区风流短路。其产生原因可能是:风门被摧毁;人员撤退时未关闭风门;回风井口防爆门(盖)被冲击波冲开;反风进风闸门被冲击波冲击落下堵塞了风硐,风流从反风进风口进入风硐,然后由风机排出。也可能是爆炸后引起了明火火灾,高温烟气在上行风流中产生火风压,使主要通风机风压降低。

② 是否会产生连续爆炸。若爆炸后产生冒顶,风道被堵塞,风量减少,继续有瓦斯涌出,并存在高温热源,则能产生连续爆炸。

③ 能否诱发火灾。

④ 可能的影响范围。

(3) 做出决策

通过以上了解、分析,做出下列决定,并下达相应命令如下：

① 切断灾区电源。

② 撤出灾区和可能影响区的人员。

③ 向集团公司汇报并召请救护队。

④ 成立抢救指挥部,制定救灾方案。

⑤ 保证主要通风机和空气压缩机正常运转。

⑥ 保证升降人员的井筒正常提升。

⑦ 清点井下人员、控制入井人员。

⑧ 矿山救护队到矿后,按照救灾方案部署救护队抢救遇险人员,火灾,恢复通风系统,防止再次爆炸。

⑨ 命令有关单位准备救灾物资,医院准备抢救伤员。

3.3.3.3　瓦斯爆炸事故救灾实施方案

处理瓦斯爆炸事故是一项十分艰巨而复杂的工作,要做到安全、迅速地完成抢救遇险人员的工作,除了明确救护队员的任务,发挥每个指战员的智慧和勇敢精神外,还要有一套比较完整的方法和措施。

(1) 选择最短的路线,以最快的速度到达遇险人员最多的地点进行侦察、抢救。其方法:一是沿回风方向进入灾区;二是沿进风方向进入灾区。选择哪条路线进入灾区,要根据实际情况判断确定。一般来说,救护力量少时,要沿进风方向进入灾区,因为在空气新鲜的巷道中行进，对保持救护队的战斗力，减少队员消耗有利。如果爆炸后，进风巷道垮塌、冒顶和堵塞，一时难以清理、维修，也可沿回风方向进入灾区。但在回风中行进，有烟雾和有毒气体的威胁，救护队员的行进速度较慢，可是，这一带往往也是遇险人员较集中的地点。救护力量多时，可以进、回风侧同时派人进入。

(2) 迅速恢复灾区通风。采取一切可能采取的措施，迅速恢复灾区的通风。排除爆炸产生的烟雾和有毒气体，让新鲜空气不断供给灾区是抢救遇险人员的必要方法，但在恢复通风前，必须查明有无火源存在，避免再次引起爆炸。

(3) 反风。在紧急抢救遇险人员的特殊情况下，爆炸产生的大量有毒有害气体，严重威胁回风方向的工作人员时，在保证进风方向的人员已安全撤退的情况下，可考虑采用反风。但该方案的启用必须十分慎重。若不经过周密分析盲目行动，往往会造成事故扩大、加重灾情。

(4) 清除灾区巷道的堵塞物。瓦斯爆炸后产生冒顶，造成巷道堵塞，影响救护队员进行侦察抢救时，应考虑清理堵塞物的时间，酌情清理障碍物开辟救助通道。若巷道堵塞严重，救护队员在短时间内不能清除时，应考虑其他能尽快恢复通风救人的可行办法，同时要恢复堵塞区外的风流供给，让未佩戴呼吸器的人员能够参与救援工作。在此情况下，救护队员应在旁进行监护并做好准备，一旦通路打开，立即进入灾区抢救遇险人员。

(5) 扑灭爆炸引起的火灾。为了抢救遇险人员，防止事故蔓延和扩大，在灾区内发现火灾或残留火源应立即扑灭。当火势很大一时难以扑灭时，应防止火焰向遇险人员所在地点蔓延，特别是在火源地点附近有瓦斯聚积的盲硐，必须防止火焰蔓延到盲硐附近引起瓦斯爆炸。待遇险人员全部救出后再进行灭火工作。火区内有遇险人员时，应全力灭火。当火势特大，并有引起二次瓦斯爆炸的危险时，不可采用直接灭火法扑灭火灾，直到确认火区内遇险人员均已牺牲或无法救出活人时，才可考虑封闭火区控制火势，而后采用综合灭火法灭火。待火灾熄灭后，再寻找遇难人员的遗体。

(6) 发生连续爆炸时，为了抢救遇险人员或封闭灾区，救护队指战员在紧急情况下，也可利用两次爆炸的间隔时间进行快速搜救。但应严密监视通风和瓦斯情况，并认真掌握连续爆炸中时间间隔的规律结合现场情况合理预测，考虑在灾区内的停留时间。当间隔时间不允许时，不能进入灾区；否则，难以保证救护人员的自身安全。在抢救事故中，要防止扩大事故、增加伤亡。

(7) 最先到达事故矿井的小队担负抢救遇险人员和灾区的侦察任务。在煤尘大、烟雾浓的情况下进行侦察时，救护队员应沿巷道排成斜线分段式前进。发现还有可能救活的遇险人员，应迅速救出灾区。发现已遇难的人员，应标明位置，继续向前侦察。侦察时，除抢救遇险人员外，还应特别侦察火源、瓦斯以及爆炸点的情况，顶板冒落范围，支架，水管，风管，电气设备，局部通风机，通风构筑物的位置、倒向，爆炸生成物的流动方向及其蔓延情况，灾区风量、风流方向，灾区气体成分等，并做好记录供救灾指挥部研究全面抢救方案。

(8) 第二个到达事故矿井的小队应配合第一小队完成抢救人员和侦察灾区的任务，或是根据指挥部的命令担负待机任务。待机地点应选在距灾区最近、有新鲜空气的地点，待机任务主要是做好紧急救人的准备工作。

(9) 恢复通风设施时，首先选择主要通风设施中能够在短时间内修复的风机。当现场通风设备损坏严重时，一时难以恢复的通风设施可用临时设施代替。恢复独头通风时，除了将局部通风机安在新鲜空气处外，应按排放瓦斯的要求进行通风设备恢复工作。

参考文献

[1] 钟开斌. 国家应急管理体系：框架构建、演进历程与完善策略[J]. 改革，2020(6)：5-18.

[2] 郭太生. 灾难性事故与事件应急处置研究[M]. 北京：中国人民公安大学出版社，2006：1-27.

[3] 杜文. 巨灾型突发事件应急救援体系研究[D]. 焦作：河南理工大学，2012：17-26.

[4] 贺明. 突发事件消防应急救援力量体系研究：以陕西省山阳县"8·12"事件为例[D]. 西安：西北大学，2018：17-29.

[5] 中华人民共和国应急管理部. 中华人民共和国突发事件应对法[EB/OL]. (2007-8-40)[2021-2-4]. https://www. mem. gov. cn/fw/flfgbz/fl/200709/t20070924 _ 232540.shtml.

[6] 解学才，宫伟东，林辰，等. 我国煤矿应急救援现状分析研究[J]. 煤矿安全，2017，48(11)：229-232.

[7] 张洋洋. 我国矿山应急救援队伍监管体制完善研究[D]. 廊坊：华北科技学院，2018：32-38.

[8] 郑万波，吴燕清，李先明，等. 基于应急管理机制的矿山应急救援指挥信息传递模型探讨[J]. 中国安全生产科学技术，2014，10(增刊 1)：293-299.

[9] 赵金龙，黄弘，朱红青，等. 我国城市群突发事件应急协同机制研究[J]. 灾害学，2019，34(2)：178-181.

[10] 傅永帅. 矿井应急救援适用性技术体系研究[J]. 煤炭技术，2018，37(3)：325-327.

[11] 郑万波. 矿山应急救援一体化指挥决策信息平台研究[J]. 工矿自动化，2017，43(12)：70-75.

[12] 张倩煜. 煤矿应急救援技术研究和配套装备[J]. 科技资讯，2018，16(34)：100.

[13] 王苏. 煤矿瓦斯应急预案评估研究及在常村煤矿中的应用[D]. 阜新：辽宁工程技术大学，2017：16-43.

[14] 张政，徐荣. 生产矿井如何编制重特大事故应急救援预案[J]. 煤炭科技，2007(2)：78-79.

[15] 祁迪. 煤炭企业应急能力评价研究[D]. 西安：西安科技大学，2010：14-26.

[16] HÄMÄLÄINEN R P，LINDSTEDT M R，SINKKO K. Multiattribute risk analysis in nuclear emergency management[J]. Risk analysis，2000，20(4)：455-467.

[17] 陈孝国，母丽华，杜红，等. 煤矿突发事件应急救援的群决策方法[J]. 灾害学，2015，30(1)：167-170.

[18] 邓军，李贝，李海涛，等. 中国矿山应急救援体系建设现状及发展刍议[J]. 煤矿开采，2013，18(6)：5-9.

[19] 王梓又. 关于应急救援体系建设的几点建议[J]. 低碳世界，2020，10(2)：82-83.

[20] 王明晓. 我国煤矿矿山医疗救护体系建设的思考[J]. 中国安全生产科学技术，2008，4(5)：108-110.

[21] 李坤.煤矿动态通风网络分析系统及继发性灾害发生规律[D].北京:清华大学,2010:21-30.

[22] 谭波.基于物理场模型的矿井火灾动态仿真技术研究[D].北京:中国矿业大学(北京),2010:28-68.

[23] 乔晨露.煤矿火区封闭对火区内气体运移规律影响研究[D].湘潭:湖南科技大学,2014:31-45.

[24] 维·布德雷克.矿井通风学[M].王省身,译.北京:中国工业出版社,1964.

[25] 贾静,郭立稳,朱令起,等.矿井巷道火灾烟流逆退数值模拟及临界风速研究[J].中国安全生产科学技术,2020,16(4):94-100.

[26] 胡青伟.大平煤矿通风系统异常诊断研究[D].徐州:中国矿业大学,2019:22-34.

[27] FERNÁNDEZ-ALAIZ F,CASTAÑÓN A M,GÓMEZ-FERNÁNDEZ F,et al. Mine fire behavior under different ventilation conditions:real-scale tests and CFD modeling [J]. Applied sciences,2020,10(10):3380.

[28] 张军杰.煤矿束管监测系统的现状与发展趋势[J].煤矿安全,2019,50(12):89-92.

[29] 何敏.煤矿井下封闭火区的燃烧状态与气体分析研究[D].北京:中国矿业大学(北京),2013:29-55.

[30] 朱红青,胡超,张永斌,等.我国矿井内因火灾防治技术研究现状[J].煤矿安全,2020,51(3):88-92.

[31] 孙海河,张利海,王玉怀.矿井外因火灾灭火方法选择的探讨[J].华北科技学院学报,2002(1):14-15.

[32] 刘俊.煤矿井下消防、洒水设计探讨[J].煤炭工程,2009,41(7):28-30.

[33] 宋先明.矿山救护用快速密闭技术的研究与应用[D].西安:西安科技大学,2013:16-46.

[34] 于绍洋.矿山救援队隔绝火区建造砖密闭墙问题研究[J].内蒙古煤炭经济,2019(2):105-106.

[35] 蒋耀锋.充填式永久密闭墙快速构筑技术研究[J].煤矿现代化,2019(2):35-36.

[36] 刘凤翔.煤矿密闭墙抗暴冲击压力的数值模拟及实验分析[J].煤矿安全,2019,50(10):18-21.

[37] 贾荣彬,李健.底分层工作面回撤期间综合防灭火措施[J].煤矿开采,2018,23(增刊1):77-79.

[38] 焦健.复杂地质构造松软煤层高瓦斯长巷掘进通风技术实践研究[D].西安:西安科技大学,2005:38-42.

[39] 王德明,王省身,郭晋云.矿井火灾救灾决策支持系统研究[J].煤炭学报,1996,21(6):624-629.

[40] 王洪德.基于网络流理论的火灾时期风流控制系统研究[J].大连铁道学院学报,2005,26(3):59-63.

[41] 王洪德.基于粗集-神经网络的矿井通风系统可靠性理论与方法研究[D].阜新:辽宁工程技术大学,2004:27-60.

[42] 赵伏军,谢世勇,杨磊,等.基于层次分析法-模糊综合评价(AHP-FCE)模型优化矿井

通风系统的研究[J]. 中国安全科学学报,2006,16(4):91-96.
[43] 周福宝,夏同强,史波波. 瓦斯与煤自燃共存研究(Ⅱ):防治新技术[J]. 煤炭学报,2013,38(3):353-360.
[44] AZATYAN V V,PROKOPENKO V M,TIMERBULATOV T R. Controlling the combustion,exploding,and detonation of gases by means of chemical kinetics[J]. Russian journal of physical chemistry A,2020,94(1):41-47.
[45] 周西华,孟乐,史美静,等. 高瓦斯矿发火区封闭时对瓦斯爆炸界限因素的影响[J]. 爆炸与冲击,2013,33(4):351-356.
[46] 卢平,张士环,朱贵旺,等. 高瓦斯煤层综放开采瓦斯与煤自燃综合治理研究[J]. 中国安全科学学报,2004,14(4):68-74.

第4章 继发性瓦斯爆炸成灾机制及判定

矿井热动力灾害成因复杂、影响因素多，其热效应和动力效应会引发多种继发灾害。在众多继发灾害中，瓦斯爆炸是对救援人员威胁最大的灾害类型。本章将研究发生此类热动力继发灾害的判定方法，用以判定灾害发生的时间、概率和位置三个关键指标。依据所提出的判定方法，分析煤矿井下不同位置发生瓦斯爆炸的规律和特点，为救援安全性评价指标和模型的建立奠定基础。

4.1 继发灾害类型

煤矿井下发生热动力灾害后，可能会引发多种继发灾害，如火灾、冒顶、瓦斯二次（连续）爆炸、有毒有害气体、高温、风流紊乱、通风系统破坏、瓦斯异常涌出等[1]。对于进入灾区救援的救护队员来说，各种灾害的危险性不尽相同，需要区分对待：

(1) 矿井火灾。热动力灾害发生后，可能会引燃灾区的可燃物（如木支护、浮煤、电线电缆、风筒布等），进而引发火灾事故阻碍救援部队通行，给救援工作制造困难、威胁救护队员生命安全。

(2) 巷道坍塌冒顶。热动力灾害产生的冲击波和高温火焰可能会摧毁巷道支护设施或引燃木支护，导致巷道冒顶。当救护队员通过顶板不稳定区域时，有可能瞬间发生冒顶造成人员伤亡甚至救援通道彻底堵塞。除此之外，巷道冒顶还会造成通风阻力增大，导致相关区域的通风量减少，造成瓦斯积聚，进而引发瓦斯爆炸的危险。

(3) 有毒有害气体。热动力灾害会产生 CO 等有毒有害气体，并且因为可燃气体的存在，还会增大混合气体爆炸极限的范围，灾区混合气体爆炸的可能性增大便会威胁到对进入灾区的救援的人员。

(4) 高温热害。对于救护队员来说，高温是最大的威胁之一。因为救护队员进入灾区救灾时，高温可能会引起救护队员高温中暑导致热衰竭，煤矿安全规程对救护队员在不同温度下滞留灾区的时间有明确的规定。而且，高温还可能会引起井下巷道通风紊乱，造成井下灾区某些区域风量减少或停风，进而引发瓦斯积聚爆炸严重威胁进入灾区救灾的人员安全。

(5) 风流紊乱。热动力灾害的火风压效应，可能会引起灾区通风紊乱导致灾区通风不足，致使无法正常稀释和排出瓦斯，或者将瓦斯气体带入火区进而发生爆炸。

(6) 通风系统破坏。热动力灾害产生的高温和超压冲击波可能会破坏井下通风构筑物、风机、风筒等，造成通风系统瘫痪无法正常通风，进而引发瓦斯积聚导致瓦斯爆炸概率增大。

(7) 瓦斯异常涌出。热动力灾害的发生，可能会破坏煤岩体的稳定性，严重的可能会造成瓦斯突出，或者破坏封闭火区、高冒区封堵设施，造成此类高瓦斯区域的瓦斯异常涌出会增大瓦斯爆炸的可能性。

(8) 瓦斯爆炸。由于救灾现场条件的限制，救护队员几乎无法准确掌握灾区气体情况和火源情况，不能准确判定是否会发生瓦斯爆炸。因此，在救援过程中，瓦斯爆炸具有很大的模糊性和不可预测性。尤其是救护队员进入灾区后，一旦发生瓦斯爆炸，会严重威胁救护队员的生命安全。

4.2 继发性热动力灾害危险性

矿井发生热动力灾害后极易引发多种继发灾害。对于进入灾区救援的人员来说，各种继发性灾害对其威胁程度和影响方式不尽相同。但是，有两种致灾形式是最致命的，即阻断出入灾区的通道和瓦斯爆炸，这两类事故会极大地阻碍救援工作的开展，严重威胁救援人员的生命安全。

(1) 高温明火阻断出入灾区的路线。热动力灾害发生后，由于火焰、爆炸冲击波的作用，可能会导致巷道支护设备被破坏，造成巷道冒顶堵塞巷道[2]。在一些煤层薄、条件简陋的煤矿，往往采用木棚作为巷道支护，而顶板则采用竹笆进行铺设。在高温明火的作用下，各类材料极易发生燃烧，引发高温明火的同时导致巷道冒顶阻断救援人员出入灾区的路线。救援人员的个体防护装备通常只能保护救护队员免受有毒有害气体的威胁，对高温明火的防护作用有限[3]。因此，面对温度极高的明火，如果救援人员强行突围灾区则会导致人员因高温炙烤而中暑引起热痉挛，进而诱发热衰竭症状，严重者更会直接致人死亡。例如，2011年7月6日，山东省枣庄防备煤矿发生重大火灾事故，造成28名矿工遇难。在事故救援过程中灾情恶化迅速，阻断了救护队员撤出灾区的路线，最终造成3名救护队员因高温中暑引起热痉挛而殉职。2014年12月12日，陕西渭南澄城县鑫合煤业公司发生火灾事故，当时造成4名工人被困井下。在救援过程中，由于火势发展较快，引起巷道垮塌冒顶，同时，大火破坏了井下巷道通风系统、造成通风不畅，导致井下巷道烟雾较大、能见度低，救援人员无法进入灾区搜救被困人员。

(2) 瓦斯爆炸威胁救援人员安全。矿井热动力灾害具有动力效应和热效应。热动力灾害的动力效应可能会摧毁矿井的通风系统，如通风机、风桥、风筒、风门等设备设施，并且破坏巷道支护引发巷道冒顶坍塌。有时，井下流体动力效应会导致煤层中的瓦斯异常涌出，或者破坏封闭火区、采空区、盲巷等高浓度“瓦斯库”区域的封堵设置，造成灾区瓦斯大量积聚而达到爆炸极限范围[4]。同时，热动力灾害的热效应可能会导致井下通风系统紊乱，如风流逆转、烟流滚退、烟流逆退，使得井下某些巷道风流减少或停风，造成瓦斯积聚[5]。也有可能将爆炸性气体混入新鲜风流后再次卷入火源点引发爆炸。除此之外，热动力灾害的热力效应还可能引燃井下可燃物，如浮煤、风筒布、电缆等，孕育出继发性瓦斯爆炸的点火源。在正常生产情况下，井下各区域内的瓦斯赋存状态大体上呈稳定态，正常的通风条件也可以将各区域的瓦斯稀释和排出，避免造成瓦斯积聚。但是热动力灾害发生后，受灾害的热力效应影响，井下灾区气流状态将呈非稳态致使通风系统紊乱。另外，矿井热动力灾害往往会造成井下基础设施毁坏，其中就包括安全监测监控设备失效，这意味着火灾、冒顶等继发灾害无法预测,并且救援人员无法在进入灾区时获得全面可靠的灾情信息[6]。这些因素都将使得灾情变得更加复杂,大大增加了灾情的模糊性和不可预测性。一旦救灾指挥决策者对灾情判断模糊导致决策失误,极有可能导致搜救的救援人员伤亡情况。

总的来说,在矿井热动力灾害可能引发的所有类型的继发灾害中,瓦斯爆炸对救援人员的危害最大,严重威胁救援人员的生命安全。因此,本章重点研究热动力灾变后瓦斯爆炸发生的机理、特点和瓦斯爆炸的判定方法,为矿井热动力灾害救援的指挥决策提供指导和参考。

4.3 不同致因条件下瓦斯爆炸规律

4.3.1 矿井火灾诱发瓦斯爆炸的一般性规律

4.3.1.1 按照爆炸时间分类

(1) 火灾初期未封闭火区时发生的瓦斯爆炸

这类事故多为火灾发生不久后的短暂时间段内,这时有关人员正在寻找火源、侦察火情、直接灭火或者由于情况突然而未来得及封闭火区时突然发生的瓦斯爆炸。其特点是,由于没封闭火区,或是直接灭火时打乱了原通风系统的风流网络结构,故火区供氧量充足,爆炸冲击波及火焰传播速度快。该类事故大多数为连续爆炸,且爆炸发生突然、人员伤亡大[7]。

(2) 封闭火区过程中发生的瓦斯爆炸

火灾发展到一定程度后,在直接灭火无效或有危险的情况下,一般是采取封闭的方法处理火区。封闭过程会导致火区内气体浓度和压力突变,在封闭过程中发生的瓦斯爆炸事故时有发生,并且多发生在密闭施工后期,有时甚至是砌最后一块砖或刚完成密闭就发生了瓦斯爆炸事故[8]。

(3) 火区封闭后发生的瓦斯爆炸

矿井火区封闭后,一般情况下火区内会出现瓦斯浓度激增的现象,如果火区内尚有明火,并且氧浓度还未消耗至抑爆浓度时也可能发生瓦斯爆炸[9]。一般来说处理这类事故采取封闭的范围越大,发生爆炸的可能性就越大。

4.3.1.2 按照爆炸地点分类

(1) 采煤工作面发生的瓦斯爆炸

瓦斯矿井采煤工作面瓦斯涌出量大,个别地点容易积聚瓦斯,火灾一旦发生,极易引起瓦斯爆炸[10]。这类事故发生率相对较高,并且多为大型爆炸事故,其波及范围广、破坏性大,人员伤亡较多,特别容易造成群死群伤的事故结果。

(2) 掘进工作面发生的瓦斯爆炸

掘进工作面是瓦斯爆炸事故的多发地点,该处瓦斯涌出量大,地质条件变化及瓦斯动力现象较多,易出现瓦斯涌出异常现象,并且掘进工作面局部通风设施及管理易出现问题,容易造成瓦斯积聚,导致此类地点发生的瓦斯爆炸事故具有较大的破坏性[11]。

(3) 采空区发生的瓦斯爆炸

采空区瓦斯一般来源于煤层,由顶底板、上下煤体、遗煤等涌入采空区,其中一部分随采场漏风流排出,另一部分滞留于采空区内形成积聚[12]。采空区内发生的瓦斯爆炸多为采空区遗煤自燃引起，也有由于顶板冒落时岩石碰撞产生火花或大面积顶板拦压时压缩空气引爆积聚瓦斯引发事故。采空区瓦斯爆炸的破坏性相对较小，但容易引起工作面火灾和瓦斯、煤尘爆炸。

(4) 巷道等其他地点发生的瓦斯爆炸

一些有瓦斯涌出或流经的巷道、有瓦斯积存的盲巷等地，发生火灾后由于存在高浓度瓦斯也会发生瓦斯爆炸[13]。这类事故发生率相对较小，人员伤亡不大，但易引起其他地点的火灾及瓦斯爆炸。

4.3.2　矿井火区发生瓦斯爆炸的一般性规律

在处理瓦斯矿井火灾时，首要问题就是防止火区内可燃气体爆炸。火区内存在的高温点极有可能是高温煤体，因此火区内高温热源的条件较易满足，根据煤矿现场实测数据，火区封闭后如果不采取任何降温措施，煤体温度的自然下降速度非常缓慢[14]。由此可知，只要煤温尚未降到引起瓦斯爆炸的最低温度以下，就相当于发火区内始终存在火源点。一般煤温在 70～180 ℃之间时，氧浓度高于 10％即可维持煤温不下降[15]。因此火区封闭后，如果氧浓度仍在爆炸危险浓度之上，那便意味着采空区内一直存在火源，即火区温度就无法得到充分降低。所以根据爆炸三要素分析可知，封闭发火区后，发生爆炸与否取决于混合气体中的瓦斯和氧气浓度及其变化趋势。

4.3.2.1　风流逆转型

在通风系统正常情况下，火区内有一定的风量经过，风向稳定。此时，火源上风侧难以维持积聚瓦斯的条件，而下风侧煤岩层涌出的瓦斯或火灾的高温使燃料分解出的大量挥发性可燃物则与风流混合一起顺着下风侧风流方向排走，如图 4.1(a)所示。因此，不论下风侧有无瓦斯气体存在，或下风侧巷道内有无高温火源存在，瓦斯爆炸发生的可能都几乎为零。但是，当原有通风系统状态受到破坏，如局部通风机停风、高温烟流的火风压作用下的风流紊乱时，就可能会使某些巷道分支的风流逆转，如图 4.1(b)所示，当风流反向或反复逆转就会使下风侧达到爆炸界限的爆炸性气体逆向进入着火带，从而增大爆炸危险性。此种情况在下山火灾时更容易发生，因此，进行调风时要综合考虑可能的危险再行决定。

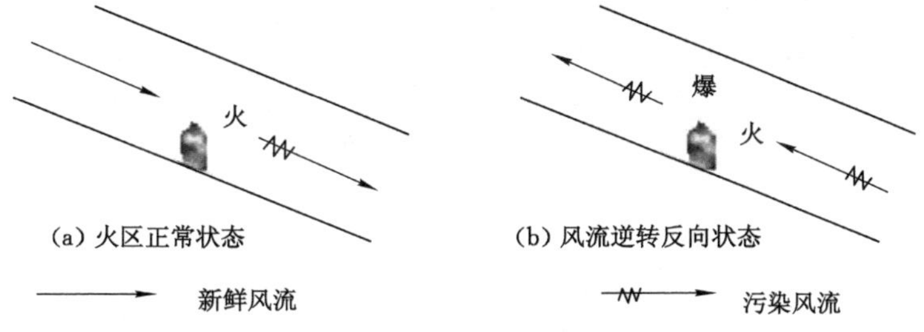

图 4.1　风流逆转型[16]

4.3.2.2　火区封闭型

正常通风状态下，CH_4 等可燃气体经过风流携带被稀释，混合气体不具备爆炸条件，如图 4.2(a)所示。但火区封闭后，火区两端压差大大降低，火风压的影响容易超过机械风压，引起封闭火区内风向逆转，如图 4.2(b)所示，同时，由于煤层中瓦斯不断涌出，瓦斯浓度继续增加，如在氧气浓度没有降至 12％以下之前，瓦斯浓度就已上升至爆炸界限进而发生爆炸[17-18]。当火区构筑防火墙开始脱离全矿风压的影响时，尤其当火区封闭后内部风流方向完全为由热力分布影响而产生的热风压所左右时，完全有可能导致瓦斯或火灾气体的循环流动，进而流向火源引发爆炸事故。

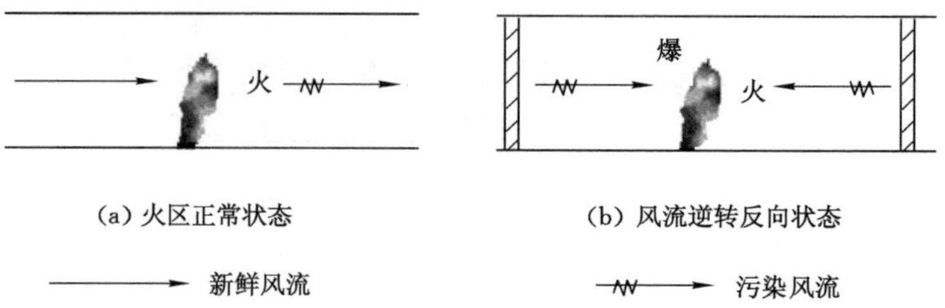

图 4.2　火区封闭型

如果对火区进行封闭，如图 4.3(a)所示，当其火源没有得到彻底控制时，封闭起到了隔绝供氧的作用。火区燃烧能逐渐减弱的条件是火区大气中氧气体积浓度低于 5%，燃烧完全终止的氧气范围为火区大气中氧气体积浓度低于 1%[19]。但是需要注意的是，即使在火区大气内氧气体积浓度为零，但由于煤具有吸附氧气的能力，此时火区极大概率处于一种缺氧、阴燃状态，并且着火带可燃煤体所吸附的氧气仍可使其阴燃持续相当长的一段时间[20]。如果由于人为调风或构筑设施设备无意改变了通风系统原有的状态，使得火区获得携带有充足新鲜氧气的风流[图 4.3(b)]，则会使得火区燃烧速度得以加快，同时如果有风流携带达到爆炸极限的瓦斯气体经过火源时，火区内就会发生爆炸事故。对于火区启封来说，当启封时火区尚未完全达到《煤矿安全规程》规定的熄灭条件时，一旦汇入新鲜风流，极大概率会发生爆炸事故。

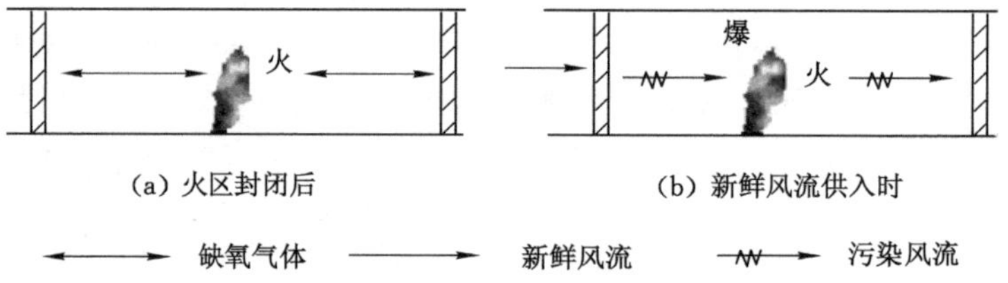

图 4.3　风流供氧型

4.3.2.3　可燃气体供入型

如图 4.4 所示，即使火区内存在有少量风流流动的多条漏风通道时，但火区大气内无瓦斯或仅有很小量浓度的瓦斯气体，那便不会发生瓦斯爆炸；但是，当煤层涌出瓦斯掺入火区大气中或者外部瓦斯通过与火区相通的风流通道进入火区后，就有可能引发瓦斯爆炸事故。在出现富燃料类火灾情况下，火源生成的可燃性挥发物在火风压造成的风流紊乱作用下，可能重新进入火源引发爆炸，这便是低瓦斯火区发生爆炸的主要原因。

另外，火区内参与爆炸的可燃气体除了从煤层中自然涌出的瓦斯外，还有煤炭、坑木等可燃物在燃烧过程中产生的 CO、CH_4 及 C_xH_y 等易燃易爆气体，一旦积聚并达到爆炸浓度就具有可爆性。大部分火灾气体的爆炸界限范围宽，多发生在矿井井下因自然发火所引起的爆炸中，且在比较狭窄的空间里爆炸气体更容易达到爆炸界限[21]。

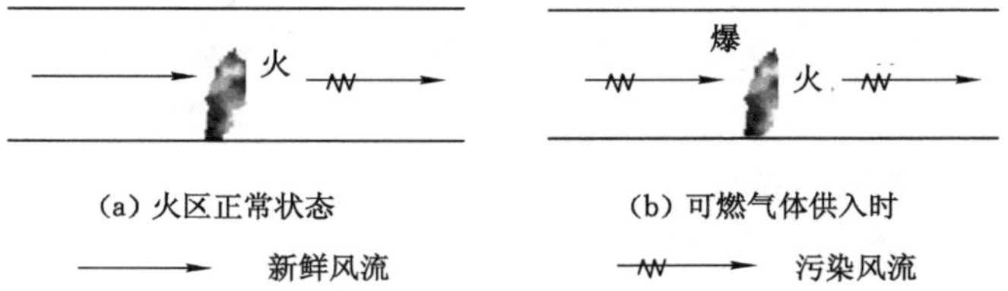

图 4.4　可燃气体供入型

上述分析表明，火区可能发生爆炸的基本条件如下：通风系统状态发生改变（通风系统不稳定或人为调整诱发）时；火区通风网路复杂时；火区漏风严重时；火区封闭顺序不合理时等。但是，对比引发火区爆炸的不同原因，由于封闭区类型复杂难以获取灾面内的气体进行分析，导致火区内瓦斯积聚和运移情况难以掌握，加上火区内火源产生的热烟流引起的火风压有可能引发风流紊乱，易造成积聚瓦斯与空气混合流向火源，引起瓦斯爆炸。因此，处理这类可能引发爆炸事故的火灾时，管理决策更为困难。

4.3.3　煤与瓦斯突出致继发性灾害发生规律

根据我国实际情况，矿井含瓦斯煤岩动力灾害分为煤的突然倾出、煤的突然压出、煤与瓦斯突出、岩石与瓦斯突出、瓦斯突然喷出五类，其中前四类统称为煤（岩）与瓦斯突出。煤与瓦斯突出及瓦斯突然突出主要是指赋存在煤层裂隙中的高压瓦斯气体突然向巷道内喷射的过程，主要发生在掘进面[22]。由于喷出的瓦斯气体压力极高，不但会直接破坏巷道内的通风设施，引起整个通风系统风流紊乱，而且由于瓦斯具有易燃易爆性，在突出过程中也具有引发瓦斯爆炸继发性灾害的可能性。

4.4　继发性瓦斯爆炸判定

4.4.1　继发性瓦斯爆炸判定方法的提出

当井下发生热动力灾害后，假若通风系统受损，则瓦斯涌出后会大量积聚，而且灾区往往存在火源。因此，瓦斯爆炸条件一旦形成，极易引发瓦斯爆炸。尤其是热动力灾害产生的大量可燃气体的混入，使混合气体爆炸极限范围变大，大大提高了继发性瓦斯爆炸的可能性。除此之外，灾区存在灾害产生的热力效应，可能会造成通风系统紊乱，使得瓦斯爆炸这一灾害形式变得更加模糊和不可预测，极大地增加了救援决策的难度。若决策失误，当救援人员进入灾区后发生了瓦斯爆炸，就会造成救援人员伤亡，导致事故的扩大，甚至堵塞通道严重阻碍救援行动的开展。因此，瓦斯爆炸发生的时间、概率和位置将是判定瓦斯爆炸和避免救援人员遭受瓦斯爆炸伤害的三个关键指标。准确地判断出这三个指标确值，将会对热动力灾害的救援指挥决策具有较好的指导和参考价值。

根据瓦斯爆炸形成的条件，瓦斯爆炸的发生必须要有适宜的瓦斯浓度和氧气浓度，而且达到爆炸条件的混合气体要与火源相遇[23]。因此，瓦斯爆炸的判定思路如下：

(1) 可以通过计算热动力灾害发生后灾区气体中瓦斯浓度和氧气浓度同时达到瓦斯爆炸极限的时间，以及这种混合气体与火源相遇所需要的时间，来计算瓦斯爆炸的时间。

(2) 可以通过灾区气体浓度达到爆炸极限的概率、达到爆炸极限的气体与火源相遇的概率以及可以点燃混合气体的火源存在的概率来计算瓦斯爆炸概率。

(3) 可以通过判断灾后井下可能存在火源的位置,来判定救援过程中发生瓦斯爆炸的区域和范围。

4.4.2 继发性瓦斯爆炸判定指标

4.4.2.1 瓦斯爆炸时间

瓦斯爆炸发生条件的本质是含有适当浓度的瓦斯和氧气的预混气体,在时间和空间上相遇而引起的。由于灾区中的气体浓度并不是均匀的,在火源所处位置的大气环境并不一定达到了瓦斯爆炸的极限条件。因此,形成爆炸性混合气体并不意味着立即发生爆炸。爆炸性气体还会因风流逆转,由上风侧再次进入火源或沿下风侧进入再生火源,且其浓度在流动过程中未被稀释低于爆炸下限时才会发生爆炸[24]。因此,当热动力灾害发生后,瓦斯爆炸的时间就是混合气体达到爆炸极限所需的时间与该气体遇到火源时间之和。距离再次发生瓦斯爆炸的时间,可用下式表示:

$$t = t_1 + t_2 \tag{4.1}$$

式中 t——距离下次发生瓦斯爆炸的时间,min;

t_1——灾区气体再次达到爆炸极限所需的时间,min;

t_2——达到爆炸极限的混合气体遇到火源的时间,min。

在实际的灾害救援工作中,由于热动力灾害的复杂性和模糊性,火源位置往往难以准确判定,而且灾区气体流动状态也极为复杂,在救灾过程中对 t_2 很难判定。因此,基于最大安全性考虑,可认为距离下次发生瓦斯爆炸的时间等于灾区气体再次达到爆炸极限所需的时间,即 $t = t_1$。

1) 爆炸时间计算

(1) 灾区气体来源:矿井热动力灾区内气体,主要可以分为原有气体、火灾产生气体、煤层及围岩等涌出气体、通过密闭墙等流入灾区的气体等[25]。

① 原有气体。在热动力灾害发生前,煤矿井下的原有气体与地面大气的组分基本相同,主要包括 N_2、O_2、CO_2 以及少量的惰性气体。当然,由于煤矿的特殊性能够吸附少量瓦斯气体,煤矿原有气体组分里也不可避免地存在瓦斯气体。

② 热动力灾害产生的气体。可燃物是发生矿井火灾的最基本的要素。煤矿井下所存在的煤炭、瓦斯气体、木料、油料、电线电缆、输送机胶带等都是可燃物,尤其是煤炭的数量非常庞大,一旦发生煤炭燃烧,后果十分严重。当这些可燃物处于燃烧状态时,会产生大量的可燃性气体,常见的有 CO、H_2 等,其产生机理如下:

$$C + O_2 \longrightarrow CO_2;\ 2CO + O_2 \longrightarrow CO_2;$$

$$C + CO_2 \longrightarrow CO;\ 2C + O_2 \longrightarrow 2CO;$$

$$C + H_2O \longrightarrow H_2 + CO;\ CO_2 + H_2 \longrightarrow H_2O + CO;$$

$$CH_4 + 2O_2 \longrightarrow 2H_2O + CO$$

另外,在热动力灾害的高温加热作用下,烷烃类化合物会发生热分解而失去氢原子,生成烯烃类化合物,如 C_2H_6 加热生成 C_2H_4,C_3H_8 加热生成 C_3H_6。

$$C_2H_6 \xrightarrow{\Delta} C_2H_4 + H_2;\ C_3H_8 \xrightarrow{\Delta} C_3H_6 + H_2$$

矿井发生火灾后,若火区得到持续供风供氧,在可燃物和氧气充足的情况下,会产生高温，从而产生乙炔气体。产生机理如下：

$$CaC_2 + 2H_2O \longrightarrow Ca(OH)_2 + C_2H_2;4CH_4 + O_2 \longrightarrow C_2H_2 + 2CO + 7H_2$$

③ 涌出的气体。煤层中赋存的气体主要是瓦斯气体，其赋存量与煤炭的赋存条件和现场环境条件相关。灾区瓦斯涌出形式主要包括采空区的瓦斯涌出、工作面采落煤体的瓦斯涌出、工作面煤壁瓦斯涌出、采空区遗煤瓦斯涌出、上下分层瓦斯涌出等。灾区的瓦斯涌出量也与灾区的封闭时间、灾区体积、煤岩体瓦斯涌出量等因素有关。

④ 流入气体。热动力灾害发生后，可能导致井下盲巷或老空区等高浓度瓦斯库的密闭墙被破坏，造成瓦斯气体的异常涌出。因此，流入灾区的气体主要分为新鲜风流和高浓度瓦斯风流，前者可以稀释灾区瓦斯浓度并提供氧气，后者会增大灾区的瓦斯浓度，致使灾区瓦斯浓度升高而达到爆炸极限[26]。一般地，当热动力灾害发生后，为控制灾情会采取封闭灾区的措施。因此，流入灾区的气体可以看作是经由密闭墙漏入的气体。漏入的气体量和速度由密闭墙的密封质量及密闭墙两侧的气压差决定。密封效果越好，压差越小，漏风越小。

(2) 某一组分浓度与时间的数学关系：将灾区视为一个大的控制体，则在灾害发生后 t 时间控制体内某种气体组分的量可以用下式表示：

$$Q = Q_{剩余} + Q_{补充} - Q_{流出} - Q_{消耗} \tag{4.2}$$

式中　Q——t 时间灾区内某种气体的量，m^3；

$Q_{剩余}$——灾后某种气体的初始量，m^3；

$Q_{补充}$——t 时间内进入灾区的某种气体的量，m^3；

$Q_{流出}$——t 时间内流出灾区的某种气体的量，m^3；

$Q_{消耗}$——t 时间内灾区内某种气体的消耗量，如燃烧、吸附等，m^3。

则 t 时刻，该种气体组分在控制体内的体积浓度可用下式表示：

$$C = \frac{Q}{V} \tag{4.3}$$

式中　C——t 时刻灾区某种气体的体积浓度，%；

V——控制体的体积，m^3。

为了便于模型的计算，可做如下假设：

① 灾区内的气体是不可压缩的气体；

② 忽略灾区内气体混合时间，即认为流入控制体的各种组分的气体可以在极短的时间内充分混合；

③ 忽略煤体等物体对氧气的吸附、解析等物理变化。

则根据质量守恒定律，可以得出灾区内某种气体组分浓度的变化，如下式所示：

$$V\mathrm{d}C = (q_1C_1 - q_2C)\mathrm{d}t \tag{4.4}$$

式中　C——灾区某种气体组分的体积浓度，%；

q_1——流入灾区的气体的量，m^3/min；

C_1——流入灾区的气体中含有该组分气体的浓度，当该组分为 CH_4 时，$C_1=100\%$；

q_2——流出灾区的气体的量，包括随气体运移扩散和燃烧减少的量，m^3/min。

设初始条件为 $t=0$ 时，某种气体的组分浓度为 $C=C_0$。代入式(4.4)，求解微分方程，可得

$$C = \frac{q_1C_1}{q_2} - \left(\frac{q_1C_1}{q_2} - C_0\right)\mathrm{e}^{(-t\frac{q_2}{V})} \tag{4.5}$$

则，当灾区内某种气体组分的浓度从 C_0 变成 C，所需要经历的时间可表示为：

$$t = \frac{V}{q_2}\ln\frac{q_1C_1 - q_2C_0}{q_1C_1 - q_2C} \tag{4.6}$$

因此，瓦斯爆炸发生后，灾区瓦斯浓度达到爆炸下限 5%，所经历的时间为：

$$t_{下限} = \frac{V}{q_2}\ln\frac{q_1C_1 - q_2C_0}{q_1C_1 - q_2 \times 5\%} \tag{4.7}$$

灾区瓦斯浓度达到爆炸上限 16%，所经历的时间为：

$$t_{上限} = \frac{V}{q_2}\ln\frac{q_1C_1 - q_2C_0}{q_1C_1 - q_2 \times 16\%} \tag{4.8}$$

灾区氧气浓度变成 12%，所经历的时间为：

$$t_{氧气} = \frac{V}{q_2}\ln\frac{q_1C_1 - q_2C_0}{q_1C_1 - q_2 \times 12\%} \tag{4.9}$$

特殊地，当火区存在较大规模的火灾时，计算氧气量时，q_2 可表示为

$$q_2 = q_{2流出} + q_{火} \tag{4.10}$$

式中　$q_{2流出}$ ——灾区流出气体的量；

　　$q_{火}$ ——燃烧消耗氧气的量。

煤与氧的化学反应是一个复杂的多级反应。但是，在特定的温度阶段，只有一种简单反应占主要作用。因此，为了方便计算，假设灾区内的燃烧化学反应是一种简单的气固两相反应。故依据化学反应动力学的相关理论，化学反应速率与氧气浓度成正比，关系式可表示为：

$$\frac{d_{q_{火}}}{Vd_{\tau}} = -kC_{\tau} \tag{4.11}$$

式中　$d_{q_{火}}$——燃烧消耗的氧气量，m^3/min；

　　k——燃烧反应的速率常数，1；

　　C_{τ}——τ 时刻灾区内氧气体积浓度，%。

由式(4.11)可计算出灾区存在火灾时的氧浓度。

2）爆炸时间范围划定

当煤矿井下发生热动力灾害后，不同区域位置灾害的特点并不一致。由于灾害的特殊性，往往无法获得灾后的第一手资料，灾区气体组分浓度的确切值不得而知。根据热动力灾变发生后，灾区瓦斯和氧气浓度升高速度等特点，通常将瓦斯爆炸分为高浓度瓦斯爆炸和低浓度瓦斯爆炸两种情况：

(1) 高浓度瓦斯爆炸。高浓度瓦斯爆炸，通常指的是高浓度的瓦斯被新鲜风稀释到爆炸极限范围以内而发生的瓦斯爆炸。主要特点是热动力灾害发生后，灾区的氧浓度小于12%，瓦斯浓度小于 5%，但瓦斯气体向灾区补充的速度比空气(氧气)的速度要快。煤与瓦斯突出后发生的瓦斯爆炸就属于高浓度瓦斯爆炸，由于在发生第一次爆炸之后，灾区内仍然存在大量的瓦斯，一旦有新鲜风流供入，与高浓度瓦斯气体混合后，遇到火源就会再次发生爆炸[27-28]。高浓度瓦斯爆炸后，灾区气体达到爆炸极限的气体浓度变化趋势，可用图 4.5 表示。

根据图 4.5 以及瓦斯爆炸的气体组分条件，则气体浓度达到瓦斯爆炸条件的可能情况及时间范围如表 4.1 所示。

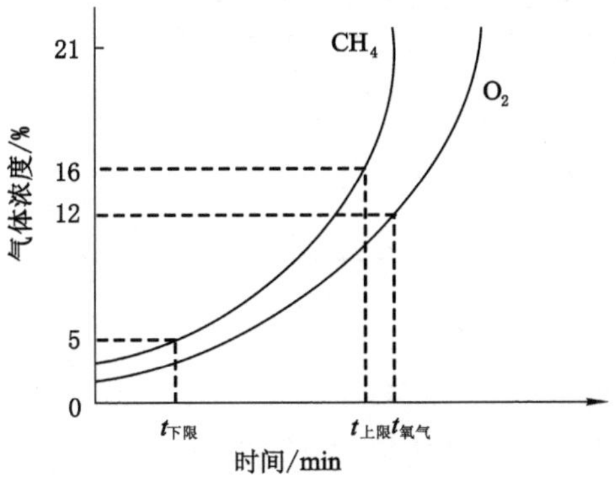

图 4.5　高浓度瓦斯爆炸后气体变化示意图

表 4.1　高浓度瓦斯爆炸时间范围划分

判定内容	情况分类					
	Ⅰ	Ⅱ	Ⅲ	Ⅳ	Ⅴ	Ⅵ
条件	$t_{氧气} \to \infty$	$t_{下限} \to \infty$	$t_{上限} \to \infty$	$t_{氧气} > t_{上限}$	$t_{下限} < t_{氧气} < t_{上限}$	$t_{氧气} < t_{下限}$
爆炸时间范围	不爆炸	不爆炸	$[t_{氧气},\infty)$	不爆炸	$[t_{氧气},t_{上限}]$	$[t_{下限},t_{上限}]$

(2) 低浓度瓦斯爆炸。低浓度瓦斯爆炸，通常是指在正常的瓦斯涌出情况下，由于风流减少或停风引起的瓦斯积聚而达到爆炸极限范围内，遇到火源发生的瓦斯爆炸。主要特点是在热动力灾害发生后，灾区的氧浓度大于 12%，瓦斯浓度小于 5%，随着瓦斯的不断涌入，瓦斯浓度不断升高，氧气浓度不断降低。此类瓦斯爆炸发生后，通常瓦斯涌出量较小，瓦斯再次积聚需要一定的时间，因此灾区再次发生瓦斯爆炸需要一定的时间。这一时间间隔的长度取决于灾区的通风情况和瓦斯涌出情况。低浓度瓦斯爆炸后，灾区气体达到爆炸极限的气体浓度变化趋势，可用图 4.6 表示。

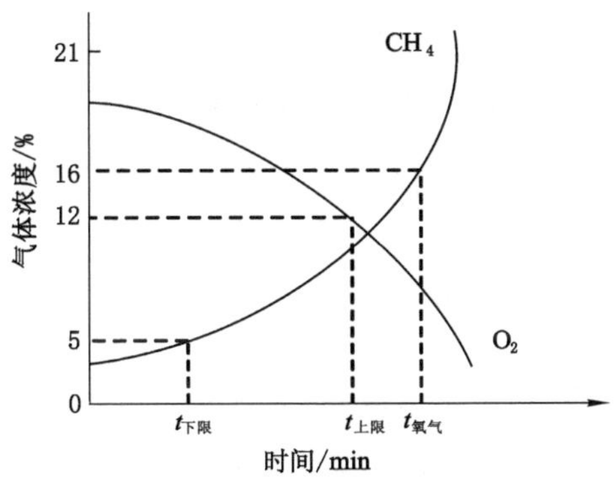

图 4.6　低浓度瓦斯爆炸后气体变化示意图

则，气体浓度达到瓦斯爆炸条件的可能情况及时间范围如表 4.2 所示。

表 4.2 低浓度瓦斯爆炸时间范围划分

判定内容	情况分类					
	Ⅰ	Ⅱ	Ⅲ	Ⅳ	Ⅴ	Ⅵ
条件	$t_{氧气} \to \infty$	$t_{下限} \to \infty$	$t_{上限} \to \infty$	$t_{氧气} > t_{上限}$	$t_{下限} < t_{氧气} < t_{上限}$	$t_{氧气} < t_{下限}$
爆炸时间范围	$[t_{下限}, t_{上限}]$	不爆炸	$[t_{下限}, t_{氧气}]$	$[t_{下限}, t_{上限}]$	$[t_{下限}, t_{氧气}]$	不爆炸

4.4.2.2 瓦斯爆炸概率

1）瓦斯爆炸事故树分析

事故树分析法(FTA)可以用来描述事故的因果关系，具有直观清楚、逻辑性强、思路清晰等特点，是安全系统辨识的一种重要的分析手段和方法，主要被用来辨识和评价系统内的危险源[29]。该方法不仅可以用来分析事故的直接原因，还可以用来深入地分析事故的间接原因。

瓦斯爆炸事故的发生必须同时具备三个条件：适宜的瓦斯浓度、适宜的氧气含量、引爆火源。当以上三个条件同时具备时才会引起瓦斯爆炸事故。因此，瓦斯爆炸事故的事故树大体结构通常如图 4.7 所示。

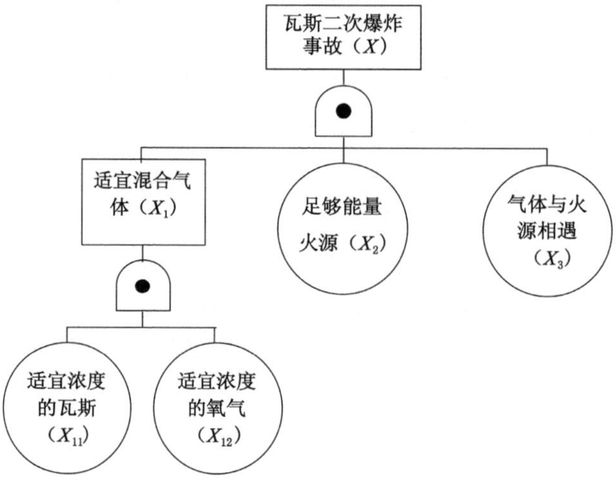

图 4.7 瓦斯爆炸事故树结构

因此，顶上事件 X 发生的条件，可表示为：

$$X = X_1 \cdot X_2 \cdot X_3 = (X_{11} \cdot X_{12}) \cdot X_2 \cdot X_3 \tag{4.12}$$

通过上述瓦斯爆炸事故树分析，可以得到瓦斯爆炸发生的概率由以下 3 个概率共同决定，即：灾区气体浓度达到爆炸极限的概率；达到瓦斯爆炸条件气体与火源相遇的概率；存在可以点燃瓦斯混合气体的火源的概率。这三者与瓦斯爆炸事故发生的概率的关系，可用下式表示：

$$P = P_1 \times P_2 \times P_3 \tag{4.13}$$

式中 P——发生瓦斯爆炸的概率；

P_1——灾区气体浓度达到爆炸极限的概率；

P_2——灾区存在可能引起瓦斯爆炸火源的概率；

P_3——灾区达到爆炸极限的气体与火源相遇的概率。

2）爆炸概率计算

爆炸概率的计算，首先要分别计算 P_1、P_2、P_3 的值，然后计算它们的乘积。

（1）P_1 的确定。灾区气体达到爆炸极限后发生爆炸的概率如表 4.3 所示。

表 4.3　灾区气体达到爆炸极限后发生爆炸的概率

判定内容	情况分类			
	Ⅰ	Ⅱ	Ⅲ	Ⅳ
瓦斯浓度	[5%～16%]	[5%～16%]	>16%	<5%
氧气浓度	>12%	<12%	<12%	任意值
概率	P_{11}	P_{12}	P_{13}	P_{14}

从安全的角度考虑，根据科瓦德爆炸三角形，确定了以上四种情况，并给出了相应的概率值，即 $P_{11}=1>P_{13}>P_{12}>P_{14}=0$

（2）P_2 的确定。能够引发瓦斯爆炸的火源有很多种，可以根据其存续时间的长短，将火源分为持续性火源和瞬时性火源。

持续性火源是指第一次引发热动力灾害后，长时间存在的，并且可以引发瓦斯爆炸所需能量的火源，例如煤炭自燃、炽热的金属表面、明火火灾等。由该类火源引起的矿井火灾或瓦斯爆炸的特点是，在灾害发生后，火源依然存在，且具有引起瓦斯爆炸灾害的能力。故由这种火源引起的灾害，可认为二次火源存在的概率为 P_{21}，且 $P_{21}=1$。

瞬时性火源是指第一次引发热动力灾害后瞬间消失的火源，如电火花、电弧、撞击火花、矿灯等。由该类火源引起的矿井火灾或瓦斯爆炸的特点是，当灾害发生后，原始火源往往会消失，不会成为二次火源。但是，需要注意的是，该类火源引起的火灾或瓦斯爆炸可能会引起爆源附近可燃物燃烧，而成为后来瓦斯爆炸的火源。因此，该类火源引发灾害救援过程中瓦斯爆炸的概率，需要专家对灾害进行综合判定，给出概率值 P_{22}。P_{22} 的取值范围是 $0\leqslant P_{22}\leqslant 1$。

（3）P_3 的确定。P_3 是达到爆炸极限的气体与火源相遇的概率。由于热动力灾害的复杂性和模糊性，救援人员往往无法准确掌握真实的灾情信息。因此，无法判断可爆炸的混合气体与火源接触的概率有多大。在实际救援工作中，从最大安全性考虑，我们认为其必然发生，即概率 $P_3=1$。

出于对现场救护队员生命安全考虑，为了防止事故的进一步扩大，在救援时，我们一般认为只要灾区气体达到爆炸极限，就一定会发生瓦斯爆炸，即 $P=P_1$。

3）瓦斯爆炸位置

当煤矿井下发生热动力灾害后，由于火灾的热力作用或通风系统的破坏，在井下灾区或与灾区相连的通风网络中，某些地方可能会因风量不足而聚集大量的瓦斯达到爆炸极限范围。但是，瓦斯爆炸的发生必须要有符合条件的点火源的存在。因此，救援过程中可能发生瓦斯爆炸的位置，可以根据火源的位置来确定。归纳起来，主要有以下几个地点：

（1）前一次发生热动力灾害的位置或附近 80 m 范围内。如果引起前一次热动力灾害的火源是持续火源，那火源肯定存在，且能量足够引发瓦斯爆炸；若引起前一次热动力灾害的是瞬时火源，那前次的灾害有可能会引燃灾区一定范围内（一般为 80 m）的可燃物，形成二次瓦斯爆炸的火源。

（2）高温烟流可波及的瓦斯库附近。若在灾区或与灾区相连的通风网络中，存在高浓度瓦斯库（如巷道高冒区、盲巷、封闭火区等），当灾区高温烟流蔓延到此类区域时仍然具有足够的温度，加之高温烟流可能混合新鲜空气，会导致此类区域的瓦斯、氧浓度和火源都达到瓦斯爆炸条件，进而发生瓦斯爆炸。

（3）异常涌出瓦斯波及的区域，存在带电设备的附近。在救援过程中，有时灾情可能较轻，灾区没有高温、明火、高浓度瓦斯等高危险因素。但若灾区有异常的瓦斯涌出，例如瞬间涌出大量瓦斯，则会导致灾区气体达到爆炸极限。若这些区域存在带电设备时，就有可能因电气火花而引发瓦斯爆炸。这种瓦斯爆炸具有极强的不确定性和不可预测性，严重威胁着进入灾区的救护队员的生命安全。

4.5 井下不同区域发生继发性瓦斯爆炸的规律

煤矿井下不同位置发生的热动力灾害的特点有所不同，其中最主要的原因是瓦斯爆炸的发生规律“因地”不同。根据发生热动力灾害区域封闭的特点，可将井下的区域大体上分为封闭区域和巷道两种。一般地，封闭区域属于高浓度瓦斯爆炸区域，巷道属于低浓度瓦斯爆炸区域。

矿井瓦斯的主要成分为甲烷，其完全燃烧氧化的反应方程如下式所示：

$$CH_4+2O_2=CO_2+2H_2O+886.20\ \mathrm{kJ/mol} \tag{4.14}$$

根据此式，瓦斯在大气环境中完全反应的理论当量体积分数为 9.5%，此时爆炸剧烈程度最大。然而实验测试分析表明，大气条件下的瓦斯爆炸当量体积分数约为 10%，稍高于理论值。低温（900 K）、高温（2 000 K）下瓦斯氧化反应的基元反应进程如表 4.4 及表 4.5 所示[30]。

表 4.4　低温下甲烷氧化基元反应

序号	反应方程式	说明
1	$CH_4+O_2\longrightarrow \dot{C}H_3+H\dot{O}_2$	链起始
2	$\dot{C}H_3+O_2\longrightarrow CH_2O+\dot{O}H$	链传递
3	$\dot{O}H+CH_4\longrightarrow H_2O+\dot{C}H_3$	
4	$\dot{O}H+CH_2O\longrightarrow H_2O+H\dot{C}O$	
5	$CH_2O+O_2\longrightarrow H\dot{O}_2+HCO$	链分支
6	$H\dot{C}O+O_2\longrightarrow CO+HO_2$	链传递
7	$H\dot{O}_2+CH_4\longrightarrow H_2O_2+\dot{C}H_3$	
8	$H\dot{O}_2+CH_2O\longrightarrow H_2O_2+H\dot{C}O$	
9	$\dot{O}H\longrightarrow$ 器壁	链终止
10	$CH_2O\longrightarrow$ 器壁	

表 4.5　高温下甲烷氧化基元反应与速率常数

序号	反应方程式	速率常数 k_i
1	$CH_4+M \longrightarrow CH_3+H+M$	$1.5\times10^{19}\exp[-100\ 600/(RT)]$
2	$CH_4+O_2 \longrightarrow CH_3+HO_2$	$1.0\times10^{14}\exp[-45\ 400/(RT)]$
3	$O_2+M \longrightarrow 2O+M$	$3.6\times10^{18}T^{-1.0}\exp[-118\ 800/(RT)]$
4	$CH_4+O \longrightarrow CH_3+OH$	$1.7\times10^{13}\exp[-8\ 760/(RT)]$
5	$CH_4+H \longrightarrow CH_3+H_2$	$6.3\times10^{13}\exp[-12\ 700/(RT)]$
6	$CH_4+OH \longrightarrow CH_3+H_2O$	$2.8\times10^{13}\exp[-5\ 000/(RT)]$
7	$CH_3+O \longrightarrow H_2CO+H$	$10^{13}\sim10^{15}$
8	$CH_3+O_2 \longrightarrow H_2CO+OH$	$10^{11}\sim10^{14}$
9	$H_2CO+OH \longrightarrow HCO+H_2O$	$10^{13}\sim10^{15}$
10	$HCO+OH \longrightarrow CO+H_2O$	$10^{12}\sim10^{15}$
11	$CO+OH \longrightarrow CO_2+H$	$3.1\times10^{11}\exp[-600/(RT)]$
12	$H+O_2 \longrightarrow OH+O$	$2.2\times10^{14}\exp[-16,600/(RT)]$
13	$O+H_2 \longrightarrow OH+H$	$4.0\times10^{14}\exp[-9\ 460/(RT)]$
14	$O+H_2O \longrightarrow 2OH$	$8.4\times10^{14}\exp[-18,240/(RT)]$
15	$H+H_2O \longrightarrow H_2+OH$	$1.0\times10^{14}\exp[-20,400/(RT)]$
16	$H+OH+M \longrightarrow H_2O+M$	$2.0\times10^{1}T^{-1.0}$
17	$CH_3+O_2 \longrightarrow HCO+H_2O$	$10^{11}\sim10^{12}$
18	$HCO+M \longrightarrow H+CO+M$	$2.0\times10^{13}T^{1/2}\exp[-28\ 800/(RT)]$

注：T 为热力学温度；R 为摩尔气体常数。

矿井瓦斯爆炸受多种因素的综合作用，是一个较为复杂的物理化学过程，其主要特点有：

(1) 由于煤体自身的赋存特性，煤层瓦斯气体的主要组成成分为 CH_4，另有少量 C_nH_m、H_2、CO、SO_2、H_2S 等气体。

(2) 据统计，煤矿瓦斯爆炸事故发生地点主要集中在采煤工作面区域与掘进巷道，这两种类型的事故发生地点占事故总体的 90%以上，主要原因是井巷构造、机电设备布局以及通风状态等因素易造成瓦斯气体积聚爆炸。

(3) 对于矿井瓦斯爆炸影响较大的因素有：煤尘，包括遗落在井巷地面的煤尘与回风巷道中风流裹挟的煤尘，爆炸发生后前驱冲击波极易扬起井下散落各处的煤尘，导致甲烷-煤尘混合爆炸，爆炸剧烈程度增强的同时造成更为严重的损失；巷道支护物、通风构筑物与机电设备，这些设备一般布置于井巷中，对矿井的正常生产起着至关重要的作用，然而不良的布局结构在瓦斯爆炸灾变发生后会对爆炸的传播起到湍流诱导作用，以障碍物的形式促进了爆炸在井巷中的传播；巷道截面尺寸、巷道转向的角度以及分叉巷道等布置形式也对井下瓦斯爆炸的传播有着重要的影响，如瓦斯爆炸冲击波自断面较大的巷道传至断面较小巷道中时，因传播断面骤减，极易导致前驱冲击波湍流程度增大，进而诱导其爆炸传播速度、爆炸超压等特征参数急剧升高，增强爆炸猛烈程度[31-32]。

4.5.1 封闭区域瓦斯爆炸

井下相对封闭的区域主要包括采空区和封闭火区。此类区域往往由于较为封闭使得瓦斯易于积聚，尤其是在热动力灾害发生后，氧气被大量消耗，无法得到新鲜风流的及时补充。此类区域灾后的瓦斯浓度仍然较高，或在短时间内便能达到爆炸极限，甚至超过瓦斯爆炸上限。因此，封闭区域内的瓦斯爆炸类型一般都属于高浓度瓦斯爆炸。刘贞堂等[33]利用 20 L 的球形爆炸实验系统开展了不同瓦斯浓度的爆炸实验，测试了主要产物成分的浓度，具体的气体组分测试结果如表 4.6 所示。

表 4.6　瓦斯爆炸后气体成分分析表

瓦斯浓度/%	爆炸后的气体组分/%				
	CO	CO_2	H_2	O_2	N_2
6	0.001	6.8	0.035	13.0	78.8
7	0.003	7.7	0.034	12.3	78.3
8	0.008	8.7	0.029	6.9	82.3
9	0.02	9.6	0.027	5.8	79.6
9.5	0.10	10.3	0.24	2.9	81.5
11	3.20	8.0	0.28	2.5	80.6
12	5.40	6.3	0.21	2.3	81.1
13	6.10	5.0	1.838	1.8	78.7
14	7.30	3.5	4.90	1.9	76.5
15	8.80	3.4	5.80	1.5	77.6

由于采空区深部瓦斯浓度较大，且采空区遗煤、围岩等瓦斯源较多，因此采空区内的瓦斯补充速度一般比氧气更快。若灾区与其他临近采空区连通，则由于火灾或瓦斯爆炸的作用(如火风压、爆炸超压等)，气体运动会更加紊乱致使瓦斯的补充速度加快。若灾区再有新鲜风流涌入，则积聚的瓦斯极易达到爆炸极限。若灾区与地表连通，相应的氧气供给速度也会加快，此时特别容易引发连续瓦斯爆炸，且单次爆炸强度较大。

4.5.1.1 瓦斯积聚特征

(1) 采空区。采空区瓦斯来源可分为四部分，即采空区遗煤涌出的瓦斯、未采分层涌出的瓦斯、邻近层涌出的瓦斯和采空区围岩涌出的瓦斯。则单位时间内瓦斯涌出量可表示为：

$$Q_{涌出} = q_{采空区} \times t \tag{4.15}$$

$$q_{采空区} = q_{围岩} + q_{未采分层} + q_{遗煤} + q_{邻近层} \tag{4.16}$$

式中　$q_{围岩}$——单位时间内采空区围岩向灾区涌出的瓦斯量，m^3/min；

$q_{未采分层}$——单位时间内未采分层向灾区涌出的瓦斯量，m^3/min；

$q_{遗煤}$——单位时间内采空区遗煤向灾区涌出的瓦斯量，m^3/min；

$q_{邻近层}$——单位时间内邻近层向灾区涌出的瓦斯量，m^3/min；

t——瓦斯涌出时间。

(2) 封闭火区。一般情况下，当采煤工作面或采空区发生煤自燃事故，且直接灭火措施无效导致灾情对工人产生较大威胁时，应考虑在工作面进、回风巷道处施工密闭墙进行火区封闭。封闭火区的瓦斯来源主要包括采空区瓦斯、工作面煤壁释放的瓦斯、工作面落煤释放的瓦斯、工作面顶底板瓦斯涌出。

则单位时间内瓦斯涌出量可表示为：

$$Q_{涌出} = q_{火区} \times t \tag{4.17}$$

$$q_{火区} = q_{采空区} + q_{煤壁} + q_{落煤} + q_{顶底板} \tag{4.18}$$

式中　$q_{采空区}$ ——单位时间内采空区向灾区涌出的瓦斯量，m^3/min；

$q_{煤壁}$ ——单位时间内工作面煤壁向灾区涌出的瓦斯量，m^3/min；

$q_{落煤}$ ——单位时间内工作面落煤向灾区涌出的瓦斯量，m^3/min；

$q_{顶底板}$ ——单位时间内工作面顶底板向灾区涌出的瓦斯量，m^3/min；

t ——瓦斯涌出时间。

4.5.1.2　继发灾害的致灾规律

(1) 爆炸时间范围：此类区域发生瓦斯爆炸后，灾区内的瓦斯和氧气会被大量消耗至低浓度的状态[34]。由于该类区域相对封闭，虽然瓦斯涌出量较大致使瓦斯积聚浓度会很快达到爆炸极限，但若无法得到新鲜风流及时补充，将会导致氧气浓度达到爆炸下限的时间较长，故该区域的瓦斯爆炸时间范围为$[t_{下限}, t_{上限}]$。在实际情况下，若时间大于 $t_{下限}$，则只要有新鲜风大量涌入，就有很大概率会发生瓦斯爆炸。

(2) 爆炸概率：根据瓦斯爆炸概率模型，采空区瓦斯爆炸概率可表示为：

$$P = P_1 \times P_2 \times 100\% \tag{4.19}$$

式中　P——发生瓦斯爆炸的概率；

P_1 ——灾区气体浓度达到爆炸极限而发生爆炸的概率；

P_2 ——灾区存在可以引起瓦斯爆炸火源的概率。

根据封闭区域瓦斯涌出特点可以看出，该区域的瓦斯比较容易积聚达到爆炸极限，甚至超过爆炸上限[35]。因此，若密闭墙本身质量较差，或因首次爆炸而被破坏，导致密闭墙的漏风较大，那么 P_1 的值相对大于其他区域。采空区发生热动力灾害的火源几乎全是煤自燃，因此可认为瓦斯爆炸的火源持续存在，故 $P_2 = 1$。

(3) 瓦斯爆炸位置：由于该类区域的火源较为固定，因此发生瓦斯爆炸的位置也相对固定，不会有太大的变化，即在采空区或封闭火区内部。

4.5.2　巷道区域瓦斯爆炸

煤矿井下易发生热动力灾害的巷道可分为独头巷道(如采掘迎头和盲巷)和两端开口巷道(如矿井/工作面的进回风巷道、联络巷等)。此类区域发生火灾或瓦斯爆炸后，可能有部分矿井通风系统未被完全摧毁，所以灾区内仍会存在一定量的通风量，因此瓦斯不易聚集，使得发生瓦斯爆炸的概率较低[36]。巷道内的瓦斯爆炸一般都属于低浓度瓦斯爆炸。

4.5.2.1　瓦斯积聚特征

(1) 独头巷道。井下的独头巷道主要是指采掘迎头。该类区域是瓦斯爆炸的易发区域，该类区域的瓦斯来源主要是巷道独头煤壁和巷道顶底板的瓦斯涌出。独头巷道的通风方式一般主要是靠局部通风机供风并稀释瓦斯。正常生产过程中，局部通风机的风量可以将聚集的瓦斯排出，使得瓦斯浓度保持在安全范围内[37]。但是当掘进巷道发生爆炸或火灾时，局部通风机和风筒容易被冲坏或烧断，导致局部通风机的风量减小或停风造成瓦斯积聚。

(2) 两端开放巷道。此类区域主要包括回采工作面及其进回风巷道，其瓦斯来源主要包括采掘区域煤岩体释放的瓦斯、采落煤体释放的瓦斯及未采分层释放的瓦斯。随着回采工作的不断进行，这些瓦斯源不断地释放瓦斯与巷道风流混合，形成较均匀的瓦斯-空气混合气体[38-39]。在正常通风情况下，涌出的瓦斯会及时被稀释和排出，无法积聚达到爆炸极限。但是，当热动力灾害发生后，爆炸冲击波可能会损坏通风机，引发巷道冒顶，破坏通风构筑物，造成通风巷道风量降低甚至无风，从而积聚大量瓦斯达到爆炸极限。

4.5.2.2　继发灾害的致灾规律

(1) 爆炸时间范围：此类区域在发生第一次瓦斯爆炸或火灾后，由于灾区比较开放，氧气浓度会以一个较快速度达到 12% 以上，然后随着瓦斯的不断涌出，瓦斯浓度逐渐升高。若通风机损坏不严重，或巷道冒顶程度较小，则瓦斯会被风流稀释至瓦斯爆炸极限以下。但是，当遇到瓦斯异常涌出或突出，又或者火势较大、风流发生逆转等异常情况发生时，则发生瓦斯爆炸的概率会大大增加。当 $t_{氧气} > t_{上限}$ 时，瓦斯爆炸的时间范围为 $[t_{下限}, t_{上限}]$；当 $t_{下限} < t_{氧气} < t_{上限}$ 时，则爆炸时间范围为 $[t_{下限}, t_{氧气}]$。

(2) 爆炸概率：根据瓦斯爆炸概率模型，采空区瓦斯爆炸概率可表示为：

$$P = P_1 \times P_2 \times 1 \tag{4.20}$$

根据巷道区域瓦斯涌出特点可以看出，当热动力灾害发生后，瓦斯再次积聚到瓦斯爆炸极限需要一定的时间[40]。此类区域的瓦斯爆炸主要取决于瓦斯涌出量和火源。巷道区域内诱发热动力灾害的火源种类比较多，有高冒区煤自燃、电器火灾、电弧、工人抽烟、矿灯火花等，但大多数属于瞬时火源，因此通常 $P_2 < 1$。但在现场救灾过程中，应根据实际情况进行认真分析。

(3) 瓦斯爆炸位置：巷道发生瓦斯爆炸后，可能会引发爆炸点附近的可燃物燃烧，因此瓦斯爆炸的位置通常在前次爆炸地点附近。当巷道发生火灾后，由于火灾蔓延的主要特点是逆风蔓延，且风量越大，蔓延速度越快。而且当火势足够大时，高温烟气流可能会沿巷道逆向蔓延。因此，在有火灾发生的情况下，发生瓦斯爆炸的位置并不固定[41]。一般来说，瓦斯爆炸发生的位置通常在火源处，或是在高温烟气流可能波及的瓦斯库。

参考文献

[1] 郭军. 矿井热动力灾害救援安全性评价与动态预测[D]. 西安：西安科技大学，2016：16-29.

[2] 程方明，邓军，蔡周全，等. 瓦斯积聚范围对独头巷道瓦斯爆炸冲击波破坏特征与传播规律的影响[J]. 矿业安全与环保，2016，43(4)：1-5，9.

[3] 范维唐，卢鉴章，申宝宏. 煤矿灾害防治的技术与对策[M]. 徐州：中国矿业大学出版社，2007：19-24.

[4] 景国勋，段振伟，程磊，等. 瓦斯煤尘爆炸特性及传播规律研究进展[J]. 中国安全科学学报，2009，19(4)：67-72.

[5] 史果. 直线巷道内煤尘爆炸火焰波的传播规律研究[D]. 焦作：河南理工大学，2009：12-21.

[6] 李润求，施式亮，念其锋，等. 近 10 年我国煤矿瓦斯灾害事故规律研究[J]. 中国安全科

学学报，2011，21(9)：143-151.
[7] 焦宇，周心权，段玉龙，等. 瓦斯爆炸烟流浓度和温度的扩散规律[J]. 煤炭学报，2011，36(2)：293-297.
[8] 何学秋，杨艺，王恩元，等. 障碍物对瓦斯爆炸火焰结构及火焰传播影响的研究[J]. 煤炭学报，2004，29(2)：186-189.
[9] 翟小伟，来兴平. 瓦斯矿井工作面火区封闭后爆炸危险性快速预测方法[J]. 煤炭学报，2016，41(9)：2251-2255.
[10] 王伟东. 高瓦斯矿井采空区瓦斯与遗煤自燃耦合灾害防控研究[J]. 煤矿安全，2020，51(2)：178-182.
[11] 罗振敏，康晓锋，王涛，等. 掘进工作面不同瓦斯源爆炸过程的数值模拟[J]. 煤矿安全，2020，51(1)：166-170.
[12] 贾宝山，肖明慧，尹彬，等. 采空区遗煤氧化标志性伴生气体对瓦斯爆炸的影响[J]. 煤炭科学技术，2017，45(4)：56-61.
[13] 宋晓婷，徐景德，李晖. 巷道内不同形状障碍物对瓦斯爆炸传播影响的数值模拟研究[J]. 华北科技学院学报，2017，14(3)：20-26.
[14] PROUST C. Dust explosions in pipes：a review[J]. Journal of loss prevention in the process industries，1996，9(4)：267-277.
[15] 冯永安，胡双启，胡立双，等. 基于 20L 球形爆炸装置的甲烷煤尘混合爆炸实验[J]. 中国安全生产科学技术，2012，8(7)：16-19.
[16] 索在斌. 工作面进风巷下行风流火灾数值模拟及风流控制研究[D]. 太原：太原理工大学，2019：17-18.
[17] 乔晨露. 煤矿火区封闭对火区内气体运移规律影响研究[D]. 湘潭：湖南科技大学，2014：60-62.
[18] 张晓梅. 工作面火区封闭过程瓦斯爆炸危险性分析[D]. 西安：西安科技大学，2012：12-16.
[19] 刘铁康，牛会永，鲁义，等. 防火墙漏风对矿井封闭火区气体运移的影响[J]. 化工矿物与加工，2020，49(10)：46-49.
[20] 王海燕，冯超，王忠文，等. 封闭火区注惰危险性和临界注惰参数[J]. 煤炭学报，2014，39(增刊 1)：117-122.
[21] 罗振敏，王子瑾，苏彬，等. 多元可燃气体对 CH_4 爆炸及其自由基发射光谱影响试验[J]. 中国安全科学学报，2020，30(4)：1-7.
[22] 李宗翔. 高瓦斯易自燃采空区瓦斯与自燃耦合研究[D]. 阜新：辽宁工程技术大学，2007：39-41.
[23] NIAN Q F，SHI S L，LI R Q. Research and application of safety assessment method of gas explosion accident in coal mine based on GRA-ANP-FCE [J]. Procedia engineering，2012，45：106-111.
[24] 牛会永，邓军，周心权，等. 煤矿火区封闭过程中瓦斯积聚规律研究及危险性分析[J]. 中南大学学报(自然科学版)，2013，44(9)：3918-3924.
[25] 周福宝. 瓦斯与煤自燃共存研究(Ⅰ)：致灾机理[J]. 煤炭学报，2012，37(5)：843-849.

[26] 罗振敏,林京京,郭正超,等.煤矿其他可燃气体对空气中甲烷爆炸极限的影响[J].中国安全科学学报,2015,25(1):91-97.

[27] POTTY G R,MILLER J H,LYNCH J F,et al. Tomographic inversion for sediment parameters in shallow water[J]. The journal of the Acoustical Society of America,2000,108(3):973-986.

[28] HOLLAND C W,OSLER J. High-resolution geoacoustic inversion in shallow water:a joint time-and frequency-domain technique[J]. The journal of the Acoustical Society of America,2000,107(3):1263-1279.

[29] 董杰,李希建,李国祯.基于 FTA 方法的矿井瓦斯爆炸安全评价[J].矿山机械,2011,39(12):109-112.

[30] 李润之,司荣军.点火能量对瓦斯爆炸压力影响的实验研究[J].矿业安全与环保,2010,37(2):14-16,19.

[31] 秦波涛,张雷林,王德明,等.采空区煤自燃引爆瓦斯的机理及控制技术[J].煤炭学报,2009,34(12):1655-1659.

[32] DENG J,CHENG F M,SONG Y,et al. Experimental and simulation studies on the influence of carbon monoxide on explosion characteristics of methane[J]. Journal of loss prevention in the process industries,2015,36:45-53.

[33] 刘贞堂,张松山,李忠辉,等.基于 20L 球形爆炸装置的煤尘爆炸残留物研究[J].中国矿业大学学报,2015,44(5):823-828.

[34] 曹树刚,王艳平,刘延保,等.基于危险源理论的煤矿瓦斯爆炸风险评价模型[J].煤炭学报,2006,31(4):470-474.

[35] 李祥春,聂百胜,杨春丽,等.封闭空间内瓦斯浓度对瓦斯爆炸反应动力学特性的影响[J].高压物理学报,2017,31(2):135-147.

[36] ECKHOFF R K. Influence of initial and explosion-induced turbulence on dust explosions in closed and vented vessels research at CMI[J]. Powder technology,1992,71(2):181-187.

[37] 杨春丽,刘琦,杨春燕.独头巷道内瓦斯运移规律数值模拟[J].西安科技大学学报,2011,31(6):728-730,744.

[38] 江丙友,林柏泉,朱传杰,等.瓦斯爆炸冲击波在并联巷道中传播特性的数值模拟[J].燃烧科学与技术,2011,17(3):250-254.

[39] 任韶然,李海奎,李磊兵,等.惰性及特种可燃气体对甲烷爆炸特性的影响实验及分析[J].天然气工业,2013,33(10):110-115.

[40] LIU Q M,ZHANG Y M,NIU F,et al. Study on the flame propagation and gas explosion in propane/air mixtures[J]. Fuel,2015,140:677-684.

[41] 吴红波.甲烷火焰及其诱导的煤尘燃烧爆炸机理的实验研究[D].淮南:安徽理工大学,2002.

第 5 章　矿井热动力灾害救援安全评价指标研究

矿井热动力灾害救援安全性(即灾害危险性)是灾害救援指挥决策所参考的重要依据。本章将在煤矿安全事故致因理论的基础上,研究热动力灾害评价指标的处理方法,优选出矿井热动力灾害救援安全性的评价指标,为灾害救援安全性评价和预测模型的建立奠定基础。

5.1 概　　述

指标是揭露、指出复杂事件或系统的信号,是一组反映系统特性或显示发生何种事情、事件的信息,是从数量方面反映现象的某种属性或特征,它的"语言"是数字[1]。指标体系是指由若干个相互联系的统计指标所组成的指标集。指标体系的建立是进行评价和预警的基础,它是将抽象的研究对象按照其本质属性和特征的某一方面的标识分解成为具有行为化、可操作化结构的过程[2]。

经过数十年的发展,安全评价技术在理论深度及方法手段方面都得到了迅速发展,评价指标体系的构建方法也更加完善和科学。但在发展过程中也存在一些不足,尤其是对于矿山这种庞大复杂的生产系统,不确定因素太多。有关矿山安全方面的评价指标体系主要存在以下问题[3-4]:

(1) 应用性有待提高。矿山风险评价技术的目的在于识别和预估现在或将来某一时期内系统运行过程中的风险程度是否在可接受范围内,而不应片面追求评价方法的更新。目前的一些评价方法,如:数值模拟、人工智能、BP 网络等,对矿山行业来说是有效的安全评判手段,但由于其考虑因素过多,导致其操作复杂,不利于实际应用,在安全评价的原理上未实现本质突破。因此,在对矿山进行分级评价时,应简单且便于操作,使企业的管理者能够及时掌握安全信息、适当改进。

(2) 评价对象不全,未能从整体上把握评价的主体方向。安全评价的主要对象应当是企业的基层,但目前安全评价研究对象主要是矿井之间的横向评价,系统中某一子系统的评价等。而面向企业自身现状的安全评价不足,由此建立的评价指标体系难以针对具体的生产系统做出系统的、合理的评价,使企业管理者难以依靠评价结果准确把握自身管理存在的不足。

(3) 评价指标存在不全、过多或者主次不分。现有安全评价指标体系在设置评价指标时评价跨度较大、模糊性过强,过去还采用一些不合理的指标:如百万吨死亡率等。每个评价方法都有其适用性,指标设置的合理、全面与否直接影响评价结果的有效性。还有些评价方法设置评价指标的时候存在主次不分的情况，只是大致列出在统计范畴内的有效指标，未针对具体情况确定不同影响程度，以及针对各指标间层次不清，相互影响等因素也未进行着重考虑。

综上所述，矿山安全方面，尤其是矿井热动力灾害事故评价指标体系构建过程中，不仅要明确指标体系的构成要素，还要明确指标间的层级关系。建立科学规范的热动力灾害评价指标体系，可以更有效地指导数据和信息的搜集过程，帮助决策者从诸多繁杂的灾变信息中提炼出关键信息，并通过指标体系构成的定量式大纲，依据各指标的层次、作用、贡献等，分析、判断、评价系统的状态和发展趋势，还可以模拟、预测系统未来的演化过程[5]，以帮助救援人员制定科学合理的救援决策方案。

5.2 安全评价指标选取的基础理论

事故隐患逐渐演变最终发展成为事故，经历了从渐变到突变的发展过程。安全评价的根本目的就是在事故隐患演变成事故之前，消除系统的隐患或改善其不安全状态，保障企业安全生产[6]。只有掌握事故发生的规律，才能保证生产系统长期处于安全状态。事故致因理论是通过分析大量典型事故的本质原因所提炼出的事故机理和事故模型。这些机理和模型反映了事故发生的规律性，能够为事故的定性定量分析、事故的预测预防以及改进安全管理工作提供理论指导[7]。

随着科学技术的发展，事故发生的本质规律不断清晰，人们对事故原因的认识也在不断深入，先后发展了十几种事故致因理论。其中，具有代表性的事故致因理论有：事故因果连锁理论、事故频发倾向理论、能量意外释放理论、瑟利事故模型、动态变化理论以及轨迹交叉理论等。

5.2.1 事故因果连锁理论

事故现象的发生与其原因存在着必然的因果关系。“因”与“果”有继承性，前段的结果往往是下一段的原因。因果是多层次相继发生的，一次原因是二次原因的结果，二次原因又是三次原因的结果，如此类推，一般的事故发生层次顺序如图 5.1 所示。

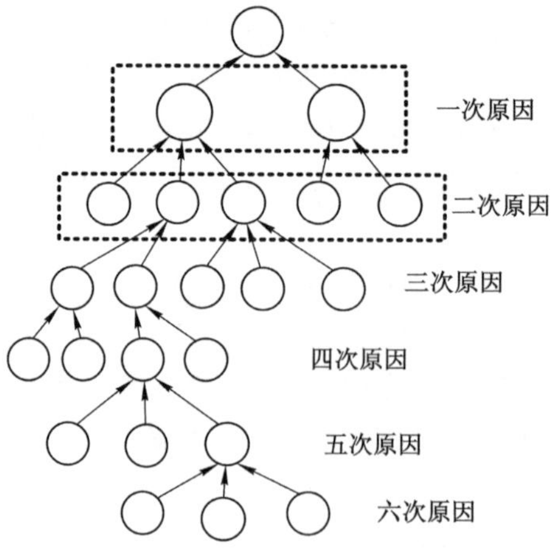

图 5.1 事故发生的层次顺序

一般而言，事故原因常分为直接原因和间接原因。直接原因也称一次原因，是在时间上最接近事故发生的原因。直接原因通常又进一步分为两类：物的原因和人的原因。物的原因是设备、物料、环境（又称环境物）等的不安全状态，人的原因是指人的不安全行为[8]。间接原因是二次、三次以至多层次继发的基础原因。间接原因大致分为 6 类：

（1）技术的原因：主要是机械设备的设计、安装、保养等技术方面不完善，工艺过程和防护设备存在技术缺陷等。

（2）教育的原因：对职工的安全知识教育不足，培训不够，职工缺乏安全意识等。

（3）身体的原因：指操作者身体有缺陷，如视力或听力有障碍以及睡眠不足等。

（4）精神的原因：指焦躁、紧张、恐惧、心不在焉等精神状态以及心理障碍，或智力缺陷等。

（5）管理的原因：企业领导安全责任心不强，规程标准及检查制度不完善，决策失误等；

（6）社会及历史原因：涉及体制、政策、条块关系，地方保护主义，机构、体制和产业发展历史过程等。

在 1～6 项的间接原因中，1～4 为二次原因，5～6 为基础原因。发生事故的原因与结果之间的关系错综复杂，因与果的关系类型又可分为集中型、连锁型、复合型。

几个原因各自独立共同导致其一事故发生，即多种原因在同一时序共同造成一个事故后果的，称为集中型，如图 5.2 所示。而某一原因要素促成下一个要素发生，下一个要素再促进更下一个要素发生，因果相继连锁发生的事故，称为连锁型，如图 5.3 所示。

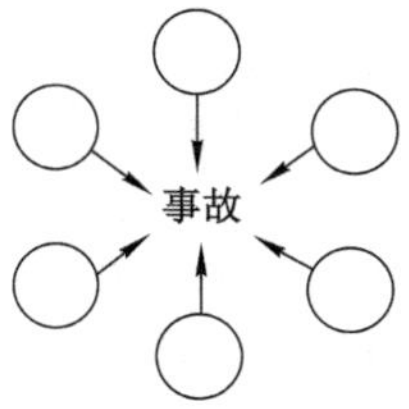

图 5.2 多因至果集中型

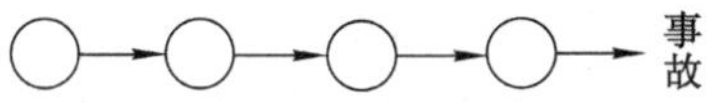

图 5.3 因果连锁型

某些因果连锁的同时，导致一系列原因集中、复合组成伤亡事故后果，称为复合型，如图 5.4 所示。

图 5.4 集中连锁复合型

5.2.1.1 海因里希事故因果连锁理论

1）海因里希事故因果连锁理论的提出

20 世纪二三十年代，美国的海因里希（W. H. Heinrich）对当时的美国工业安全实际经验进行了总结和概括，将内容提炼上升为事故因果连锁理论（Accident Causation Sequence Theory），用以阐明导致伤亡事故的各种原因因素之间以及这些因素与事故、伤害之间的关系[9]。该理论的核心思想是：伤亡事故的发生不是一个孤立的事件，而是一系列原因事件相互作用依次发生的结果，即伤害与各原因相互之间具有连锁关系。

海因里希把工业事故的发生、发展过程描述为具有如下因果关系的事件连锁：

(1) 人员伤亡的发生是事故的结果；

(2) 事故的发生是由于人的不安全行为或（和）物的不安全状态所导致的；

(3) 人的不安全行为、物的不安全状态是由于人的缺点造成的；

(4) 人的缺点是由于不良环境诱发的，或者是由于先天的遗传因素造成的。

2) 海因里希事故因果连锁理论的原理

根据工业事故发展机理，海因里希提出的事故因果连锁过程包括以下 5 种因素：

第一，遗传及社会环境。遗传因素及社会环境是造成人的缺点的原因。遗传因素可能使人具有鲁莽、固执、粗心等不良性格；社会环境可能妨碍人的安全素质培养，助长不良性格的发展，这种因素是因果链上最基本的因素。

第二，人的缺点。即由于遗传因素和社会环境因素所造成的人的不良行为。人的缺点是使人产生不安全行为或造成物的不安全状态的原因。这些缺点既包括诸如鲁莽、固执、过激、神经质、轻率等性格上的先天缺陷，也包括诸如缺乏安全生产知识和技能等的后天缺陷。

第三，人的不安全行为或物的不安全状态。所谓人的不安全行为或物的不安全状态，是指那些曾经引起过事故或可能引起事故的人的行为及机械、物质的状态，它们是造成事故的直接原因。海因里希认为，人的不安全行为是由于人缺点而产生的，是造成事故的主要原因。

第四，事故。事故是由于物体、物质、人或放射线等因素的作用或反作用，使人员受到或可能受到伤害的、出乎意料的、失去控制的事件。

第五，损害或伤害。即直接由事故产生的财物损坏或人身伤害。

上述事故因果连锁关系，可以用多米诺骨牌来形象地加以描述，如图 5.5 所示。如果第一块骨牌倒下（即第一个原因出现），则发生连锁反应，后面的骨牌相继被碰倒（相继发生），最后一块骨牌即为伤害。因此，海因里希连锁理论又被称为多米诺骨牌理论（Domino Theory）。

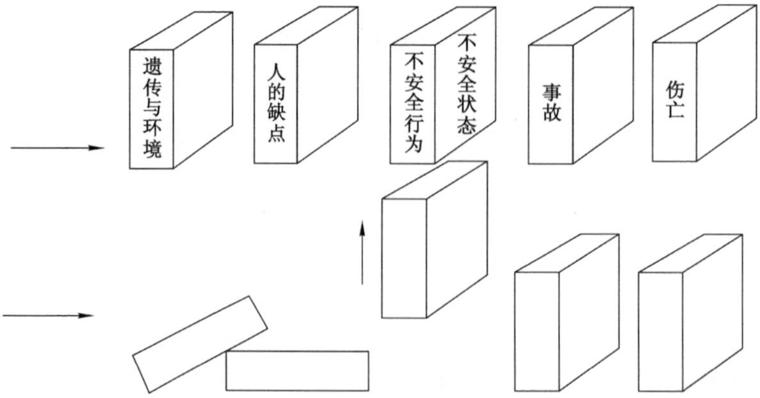

图 5.5　多米诺骨牌事故连锁[10]

海因里希曾经调查了 75 000 件工伤事故，发现其中 88%是由于人的不安全行为造成的，10%是由于物的不安全状态造成的，还有 2%是由于不可控因素造成的。同时，他认为即使有些事故是由于物的不安全状态引起的，但物的不安全状态的产生也是由于工人的错误所致。因此，海因里希强调企业安全管理工作的中心就是要移去事故连锁中的一块骨牌——防止人的不安全行为或消除物的不安全状态，从而中断事故连锁的进程，避免伤亡事故的发生。海因里希的事故因果连锁理论建立了事故致因的事件链这一重要的概念，促进了事故致因理论的发展，成为事故研究科学化的先导，具有重要的历史地位。

美国联邦采矿安全与保健局（MSHA）经过对煤矿事故的原因进行调查发现，85%的煤矿事故是由于煤矿职工的“不安全行为”所致。我国安全生产相关统计数据显示[11]，煤矿事故中的 70%～80%也是由于人的不安全行为（违章指挥、违章作业、违反劳动纪律）所造成的。海因里希事故理论所提出的一个法则就是 300∶29∶1 法则，这个法则意为：当一个企业有 300 起隐患或违章发生，那么相对的极大概率会发生 29 起轻伤或故障，另外还有 1 起重伤或死亡事故，如图 5.6 所示。

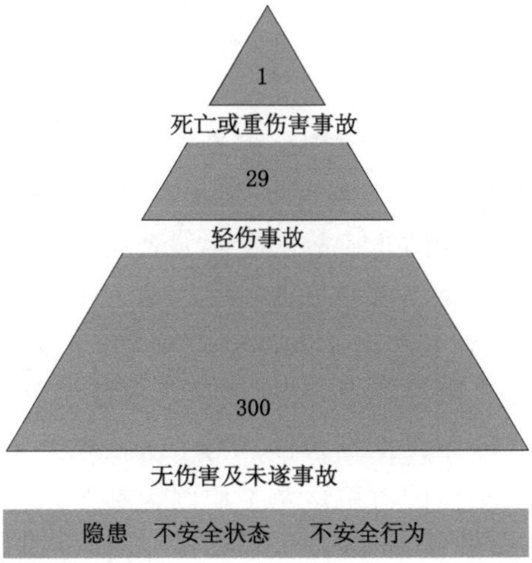

图 5.6　海因里希法则示意图

3）海因里希事故连锁理论的特点

然而，对于如何消除导致事故直接原因的人的不安全行为及物的不安全行为，海因里希并没有给出具体的措施和对策。海因里希的理论，是将人的不安全行为的产生原因完全归因于人的缺点，包括性格上的先天缺陷和后天知识技能的不足，进而追究人的遗传因素和社会环境方面的原因。在煤矿生产过程中，遗传造成的人性格上的先天缺陷是难以控制的，而造成后天知识和技能不足的社会环境因素过于模糊，难以直接应用于煤矿事故分析和预防。另外，对直接原因中的另外一个重要因素——物的不安全状态在海因里希因果连锁理论中缺乏前一层的分析。同时，在煤矿事故中，一些环境因素包括瓦斯爆炸、顶板突出、渗水透水、气体中毒、煤层自燃等也常常是造成煤矿事故的直接原因之一。按照海因里希的理论，所有直接原因的上层原因皆为人的缺点，单纯以人的缺点来解释所有的物的和环境的不安全状态过于牵强，并且针对人采取主要的预防措施，不符合现代安全管理的系统论思想，难以实现对煤矿事故的全面控制。

5.2.1.2 博德事故因果连锁理论

1）博德事故因果连锁理论

美国前国际损失控制研究所所长弗兰克·博德(Frank·Bird)在海因里希事故因果连锁理论的基础上，提出了现代事故因果连锁理论，如图5.7所示。博德认为，尽管人的不安全行为和物的不安全状态是导致事故的重要原因，必须认真追究，但也只是事故背后原因的征兆，是一种表面现象。因此，博德认为事故的本质原因在于管理的缺陷。

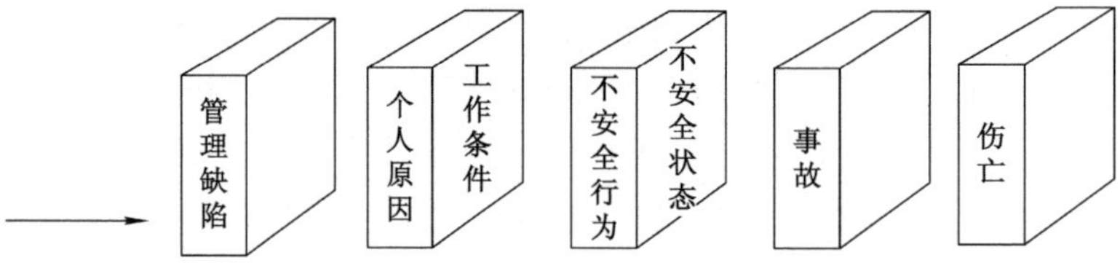

图5.7 博德事故因果连锁

2）博德事故因果连锁理论的原理

博德的事故因果连锁过程同样包括5个因素，但每个因素的含义与海因里希的事故致因理论都有所不同：

第一，本质原因——安全管理。事故因果连锁中一个最重要的因素是安全管理。对于大多数工业企业来说，由于各种原因，完全依靠工程技术措施预防事故既不经济也不现实。只能通过完善安全管理工作，才能防止事故的发生。企业管理者必须认识到，只要生产没有实现本质安全化，就有发生事故及伤害的可能，因此，安全管理是企业管理的重要一环。安全管理工作要随着生产的发展和变化而不断调整完善，如果安全管理工作不能适应生产的发展和变化，将导致安全管理上的缺陷，最终致使引发事故的其他原因出现。

第二，基本原因——个人原因及工作条件。为了从根本上预防事故，必须查明事故的基本原因，并针对基本原因采取相应的对策。基本原因包括个人原因及工作条件方面的原因。个人原因包括缺乏安全知识或技能，行为动机不正确，身体上或精神上的问题等。工作条件方面的原因包括安全操作规程不健全，设备、材料不合格，以及温度、湿度、粉尘、气体、噪声、照明、工作场地状况(如容易滑倒的地面、障碍物、不可靠支撑物、有危险的物体)等环境因素。只有找出并控制这些原因，才能有效地防止后续原因的产生，从而防止事故的发生。

第三，直接原因。人的不安全行为或物的不安全状态是事故的直接原因。这类原因在安全管理中必须重点加以追究。但是，直接原因只是一种表面现象，是深层次原因的表征。在实际工作中，不能停留在这种表面现象上，而要追究其背后隐藏的管理的缺陷，并采取有效的控制措施，从源头上杜绝事故的发生。

第四，事故。博德从能量的观点把事故看作是人的身体或构筑物、设备与超过其阈值的能量的接触，或人体与妨碍正常生理活动的物质、能量的接触。防止事故就是防止接触，为了防止事故的发生，可以通过改进装备、材料及设施防止能量释放，或者通过培训来提高工人识别和回避危险的能力，佩戴个人防护用具等防止接触的措施来实现。

第五，损失。人员伤害和财物损坏统称为损失。在许多情况下，可以采取恰当的应急救护措施使事故造成的损失降至最低。例如，对受伤人员进行快速正确的抢救，对设备进行抢修以及加强对有关人员进行应急训练，提高其危险应对能力。

博德事故因果理论认为事故的根本原因在于管理的缺陷，这一理论与当前我国煤矿生产安全管理工作的实践较为一致，对于发展我国煤矿事故致因理论具有较强的借鉴意义。

3）博德事故因果连锁理论的特点

博德事故因果连锁理论不仅从物的方面进行了分析，而且对人的管理缺陷和不安全行为分别进行了阐述，在事故理论的基础上分析了由事故所造成的损失。该因果连锁理论具有鲜明的针对性，可以就单一事故进行理论分析，也可以对一类事故进行整合研究。

5.2.1.3　亚当斯事故因果连锁理论

1）亚当斯事故因果连锁理论的提出

英国伦敦大学的约翰·亚当斯(John Adams)提出了一种与博德事故因果连锁理论相类似的因果连锁模型，见表 5.1。

表 5.1　亚当斯事故因果连锁

管理体制	管理失误		现场失误	事故	损失
目标	管理者在以下方面决策错误或未作出决策	安全技术人员在以下方面失误或疏忽			
组织机能	政策 目标 权威 责任 职责 注意 范围 权限 授予	行为 责任 权威 规则 指导 主动性 积极性 业务 活动	不安全行为 不安全状态	事故	对人的伤害 对物的损失

亚当斯针对他修改过的博德模型又提出了多种具有争论性的事故原因分析学说。他把导致损伤或破坏的过程比作为站在边缘的一排多米诺骨牌(图 5.8)，当任何一张牌倒下时，就会牵动其他的牌，造成一系列的倒塌，直至最后一张，这就意味着损伤、伤害的发生。

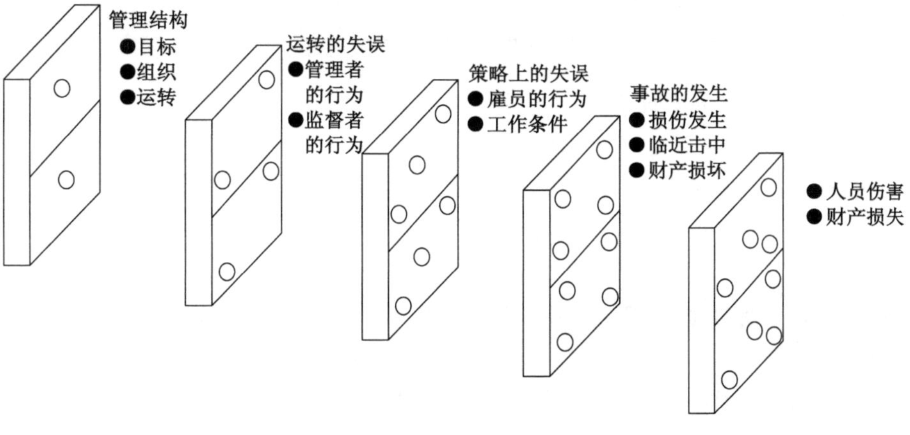

图 5.8　经亚当斯修改过的博德的多米诺理论

2）亚当斯事故因果连锁理论的原理

在该理论中，事故和损失因素与博德理论相似。这里把人的不安全行为和物的不安全状态称作现场失误，其目的在于提醒人们注意不安全行为和不安全状态的性质。

亚当斯连锁理论的核心在于对造成现场失误的管理原因进行了深入的研究。操作者的不安全行为及生产作业过程中的不安全状态等现场失误，是由于企业领导者和安全技术人员的管理失误造成的。安全管理人员在管理工作中存在差错或疏忽，领导者的决策错误或没有做出决策，都对企业的安全管理工作具有决定性的影响。管理失误又是由企业管理体系中存在的问题所引起，这些问题包括：如何有组织地进行管理工作，确定怎样的管理目标，如何计划、如何实施等。管理体系反映了作为决策中心的领导者的信念、目标及规范，它决定了各级管理人员安排工作的轻重缓急、工作基准及指导方针等重大问题。

3）亚当斯事故因果连锁理论的特点

亚当斯的因果连锁理论对分析煤矿事故的发生以及煤矿事故的预防有较好的借鉴作用，然而该理论对人的因素、工作条件和环境的因素较少涉及，运用于煤矿生产安全管理具有一定的局限性。

5.2.1.4　北川彻三事故因果连锁理论

1）北川彻三事故因果连锁理论的提出

前述几种事故因果连锁理论把考察的范围局限在企业内部，用以指导企业的事故预防工作。实际上，工业伤害事故发生的原因是复杂多样的，受到一个国家或地区的政治、经济、文化、教育、科技水平等诸多社会因素的影响，对企业内部伤害事故的评价和预防有着重要的影响。日本人北川彻三正是基于这种考虑，在对海因里希的理论进行了一定修正的基础上，提出了另一种事故因果连锁理论，如表 5.2 所示。

表 5.2　北川彻三事故因果连锁

基本原因	间接原因	直接原因	事故	伤害
学校教育原因 社会和历史原因 管理原因	技术原因 教育原因 身体原因 精神原因	不安全行为 不安全状态		

2）北川彻三事故因果连锁理论的原理

北川彻三从 4 个方面探讨事故发生的间接原因：

（1）技术原因。机械、装置、建筑物等设计、建造、维护等技术方面的缺陷。

（2）教育原因。由于缺乏安全知识及操作经验，不清楚操作规程或轻视操作过程中的危险性和安全操作方法，以及操作不熟练、习惯操作等。

（3）身体原因。身体状态欠佳，如头痛、昏迷、癫痫等疾病，抑或近视、耳聋等生理缺陷以及疲劳、睡眠不足等。

（4）精神原因。消极、抵触、不满等不良态度，焦躁、紧张、恐惧、偏激等精神不安定或狭隘、顽固等不良性格，以及智力方面的障碍。

在上述的 4 个间接原因中，前两个原因比较普遍，后两种原因较少出现。

同时,北川彻三认为,事故的基本原因应该包括下述 3 个方面的原因：

① 管理原因。企业领导者不够重视安全,作业标准不明确,维修保养制度方面的缺陷以及人员安排不当,职工积极性不高等管理上的缺陷。

② 学校教育原因。小学、中学、大学等教育机构的安全教育不充分。

③ 社会或历史原因。社会安全观念落后,安全法规或安全管理、监督机构不完备等。

在北川彻三的因果连锁理论中,基本原因中的一些因素已经部分超出了煤矿生产安全管理工作的范围。但是,充分认识这些基本原因因素,是综合利用科学技术、管理手段、法律法规、教育改革、安全文化建设等措施来改善间接原因的必要环节,最终达到预防和避免事故发生的目的。

5.2.2　能量意外释放理论

5.2.2.1　能量意外释放理论的提出

1961 年由吉布森(J. Gibson)提出,并在 1966 年由哈登(W. Hadden)丰富和确立的"能量意外释放"论(Energy Transfer Theory)是事故致因理论发展过程中的重要一步。该理论认为事故是一种不正常的,或不希望的能量转移,各种形式的能量构成了伤害的直接原因。如果意外释放的能量转移到人体,并且其量能超过了人体的承受能力,则人体将受到伤害。吉布森和哈登从能量的观点出发,指出:人受伤害的原因只能是某种能量向人体的转移,而事故正是一种能量的异常或意外的释放。每一次能量改变都存在一个能量源、一个路径和一个接受者。因此,应该通过控制能量源或者切断能量转移的路径和载体或帮助能量接受者采取防范措施来避免伤害事故的发生。美国矿山局的札别塔基斯(Zabetakis)给出了依据能量意外释放过程所建立的事故因果连锁模型,如图 5.9 所示。

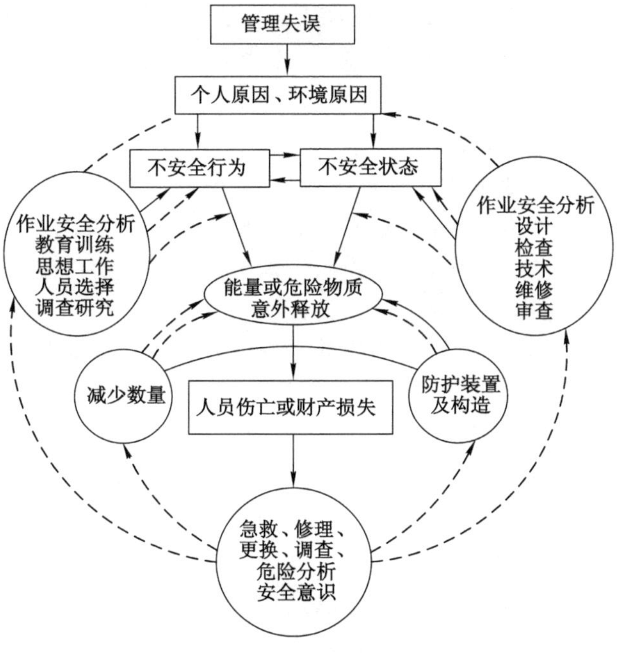

图 5.9　能量观点下的事故因果连锁模型

能量的种类繁多,如机械能、电能、热能、化学能、辐射能、声能和生物能等。人或物受到伤害或损害都可以归结为上述一种或若干种能量的异常或意外转移。麦克法兰特(R. M. Falrand)在解释事故造成的人身伤害或财物损坏的机理时指出:所有的伤害事故(或损坏事故)都是因为:① 接触了超过机体组织(或结构)抵抗力的某种形式的过量能量;② 有机体与周围环境的正常能量交换受到了干扰(如窒息、淹溺等)。因而各种形式能量的意外释放构成伤害的直接原因。

5.2.2.2 能量意外释放理论的原理

从能量意外释放论出发,预防伤害事故就是防止能量或危险物质的意外释放,防止人体与过量的能量或危险物质接触。一般把约束、限制能量,防止人体与能量接触的措施叫作屏蔽。在工业生产中,可以采用下列措施来屏蔽能量的意外释放:

(1) 用安全的能源代替不安全的能源;

(2) 限制能量,在生产过程中尽量采用低能量的工艺或设备;

(3) 及时释放多余的能量,防止能量蓄积;

(4) 控制和延缓能量释放,减轻能量对人体的作用;

(5) 设置屏障设施,屏障设施是一些防止人员与能量接触的设施,可以通过在能源设施外部设置屏障设施,或在人员与能量之间设置屏障从而避免人与能量的接触;

(6) 提高防护标准;

(7) 对机械和设备进行日常维护,对机械和设备故障及时进行修复或急救,防止能量的意外释放;

(8) 信息形式的屏蔽,通过设置各种警告措施等信息阻止人员的不安全行为或避免发生行为失误,防止人员接触能量。

用能量意外释放的观点分析事故致因的基本方法是:首先确认某个系统内的所有能量源;然后确定可能遭受该能量伤害的人员,伤害的严重程度;进而确定控制该类能量异常或意外释放的方法。

5.2.2.3 能量意外释放理论的特点

能量意外释放理论与其他事故致因理论相比,具有两个主要特点:一是把各种能量对人体的伤害归结为伤亡事故的直接原因,从而确立了以对能量源及能量传送途径加以控制作为防止或减少伤害的手段这一原则;二是依照该理论建立伤亡事故统计分类,是一种可以全面概括、阐明伤亡事故类型和性质的统计分类方法。

运用能量意外释放理论,使我们能够从能量释放的角度对煤矿事故的原因进行解释,并据此对煤矿生产过程中的一些可能意外释放的能量,如瓦斯爆炸、气体中毒、渗水透水、火灾等,采取一些有效的预防措施,但是该理论无法对煤矿事故的深层次原因做出完整的解释。此外,要灵活运用该理论,需要对各种形式的能量尤其是机械能有深入的理解,对各种煤矿事故从能量意外释放原理上做出科学的解释,这种理解和解释过程本身增加了事故分析和预防的难度和复杂性,用于理论上的分析或许可行,但在煤矿事故调查分析和煤矿生产安全管理实务中却难以行得通。因此,该理论难以独立地用于全面分析和预防煤矿事故。

5.2.3 瑟利事故模型

5.2.3.1 瑟利事故模型的提出

1969年瑟利(J. Sunry)提出了一种事故模型,以人对信息的处理过程为基础描述事故发生因果关系。这种理论认为,人在信息处理过程中出现失误从而导致人的行为失误,进而引发事故。这一模型称为瑟利事故模型(Sunry Accident Model)。

与此类似的理论还有海尔模型(Hale's model)(图 5.10),威格里沃思(Wigglesworth)的“人失误的一般模型”(图 5.11),劳伦斯(Lawrence)提出的“金矿山人失误模型”(图 5.12),以及安德森(Anderson)等对瑟利模型的修正(图 5.13)等等。

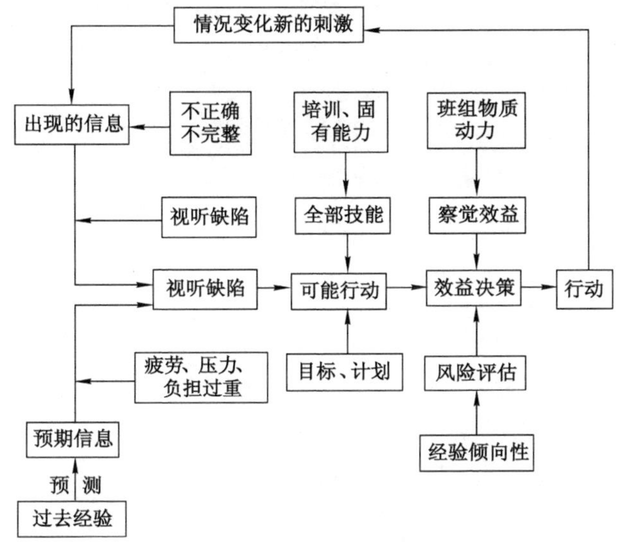

图 5.10　海尔模型

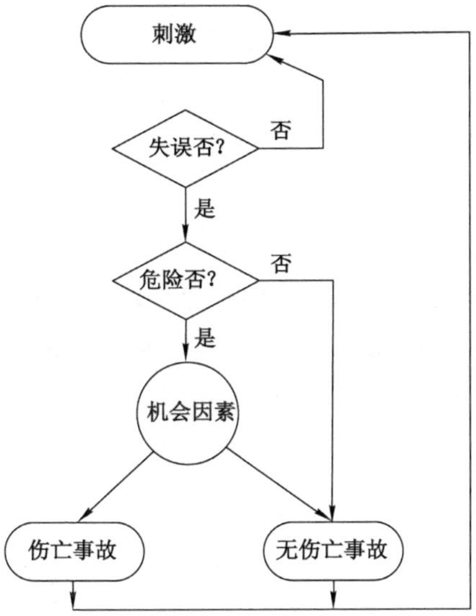

图 5.11　威格里沃思事故模型

这些理论均从人的特性与机器性能和环境状态之间是否匹配和协调的观点出发,认为机械和环境的信息不断地通过人的感官反映到大脑,人若能正确地认识、理解、判断危险信息,从而做出正确决策和采取行动就能避免事故和伤亡;反之,如果人未能察觉、认识所面临的危险,或判断不准确而未采取正确的行动就会发生事故和伤亡。由于这些理论把人、机、

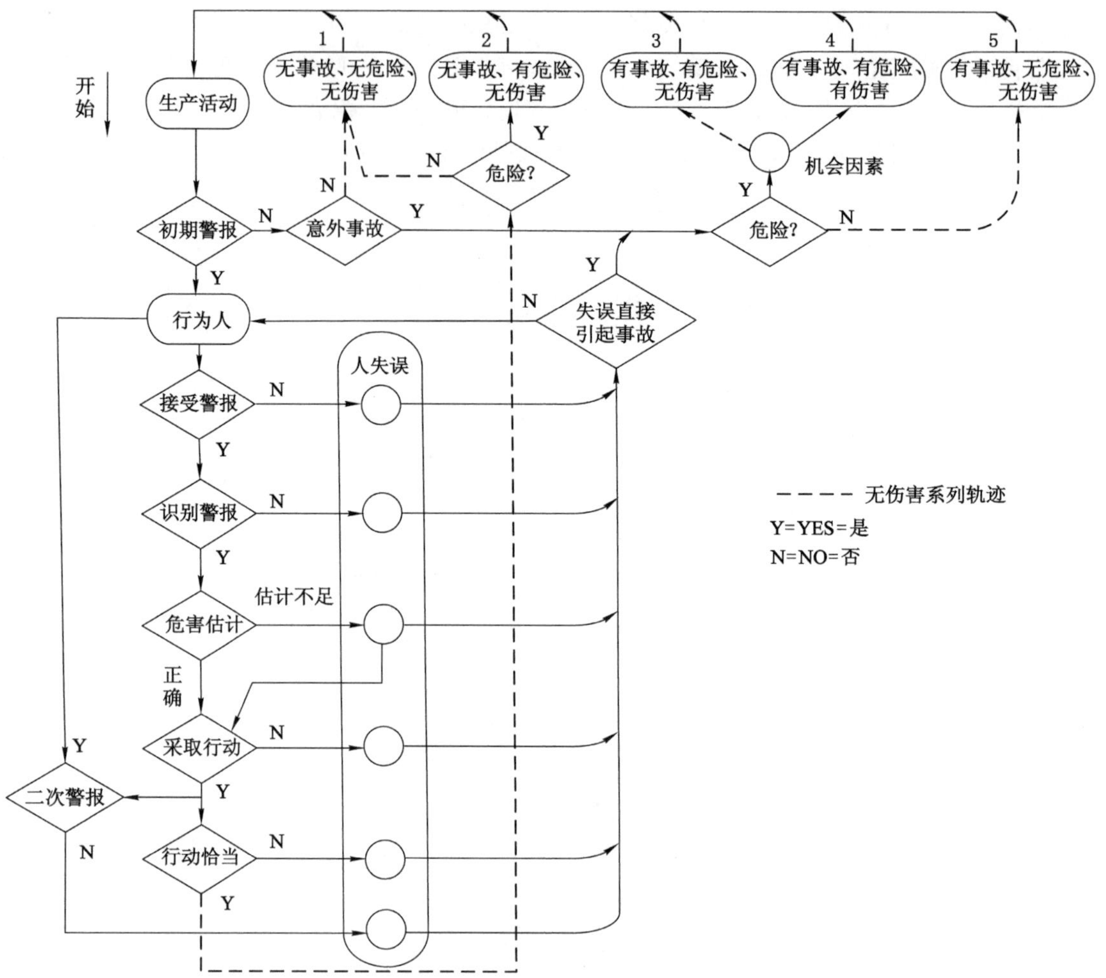

图 5.12　劳伦斯事故模型

环境作为一个整体(系统)看待,研究人、机、环境之间的相互作用、反馈和调整,从中发现事故的致因,揭示出预防发生的途径,所以也有人将它们统称为系统理论。

瑟利把事故的发生过程分为危险出现和危险释放两个阶段,这两个阶段各自包括一组类似的人的信息处理过程,即知觉、认识和行为响应过程。在危险出现阶段,如果人的信息处理的每个环节都正确,危险就能被消除或得到控制;反之,只要任何一个环节出现问题,就会使操作者直接面临危险。在危险释放阶段,如果人的信息处理过程的各个环节都是正确的,则虽然面临着已经显现出来的危险,但仍然可以避免危险释放,不会导致伤害或损害的出现;反之,只要任何一个环节出错,危险就会转化为伤害或损害。瑟利模型如图 5.14 所示。

每组的第一个问题:对危险的构成(显现)有警告吗?问的是环境瞬时状态,即环境对危险的构成(显现)是否客观存在警告信号。这个问题可以再被问成:环境中是否存在两种运行状态(安全和危险)的可感觉到的差异?这个问题含蓄地表示出危险可以没有可感觉到的线索。这个问题的启发是工作人员在系统运行期间应该密切观察环境的状况。

每组第二个问题:感觉到了警告吗?问的是如果环境有警告信号,能被操作者察觉

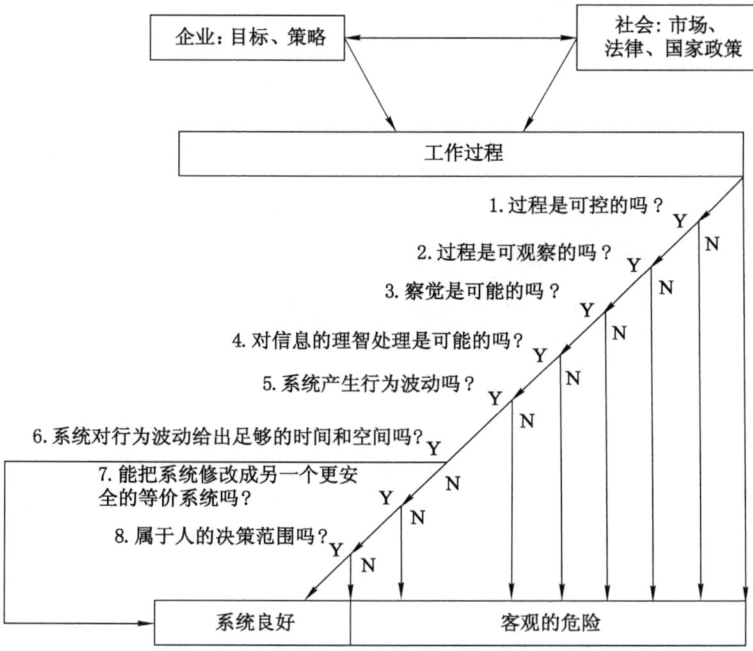

图5.13　安德森事故模型

到吗？这个问题有两个方面的含义，一方面是人的感觉能力（如视力、听力、动觉性）如何，如果人的感觉能力差，或者过度集中精力于工作，那么即使有客观警告信号，也可能未被察觉。另一方面是“干扰”（环境中影响人感知危险信号的各种因素，如噪声等）的影响如何。如果干扰严重，则可能妨碍对危险信号的发现。由此得到的启示是，如果存在上述情况，则应安装便于操作者发现危险信号的仪器（譬如能将危险信号加以放大的仪器）。

上述两个问题都是关于感觉成分的，而下面的3个问题是关于认识成分的。

问题1：认识到了警告了吗？问的是操作者是否知道危险线索都是什么，并且知道每个线索都意味着什么危险。即操作者是否能接受客观存在的危险情号（一声尖叫，一种运动，或者常见的物体不见了，对操作者而言都可能是一种已知的或未知的危险情号），并经过大脑的分析后变成了主观的认识，这种认知让个体意识到了危险。

问题2：知道如何避免危险吗？问的是操作者是否具备避免危险的行为响应的知识和技能。由此得到的启示是，为了具备这种知识应使操作者受到训练。

问题1与问题2是紧密相连的。认识危险是避免危险的前提，如果操作者不认识、不理解危险线索，即使有了危险的知识和技能也无济于事。

问题3：决定要采取避免危险的行动吗？就第二个阶段的这个问题而言，如果不采取行动，就会造成伤害或损坏，因此必须做出肯定的回答。然而，在第一阶段面临这个问题却令人无所适从，它表明操作者在察觉危险之后不一定必须立即采取行动。这是因为危险由潜在状态变为现实状态的情况不是绝对的，而是存在某种概率的关系；潜在危险也不一定会导致事故造成伤害或损坏，这里存在一个危险可接受性的问题。在察觉潜在危险之后，立即采取行动固然可以消除危险，但是对应的代价不可避免，譬如停产减产影响效益。反之，如不

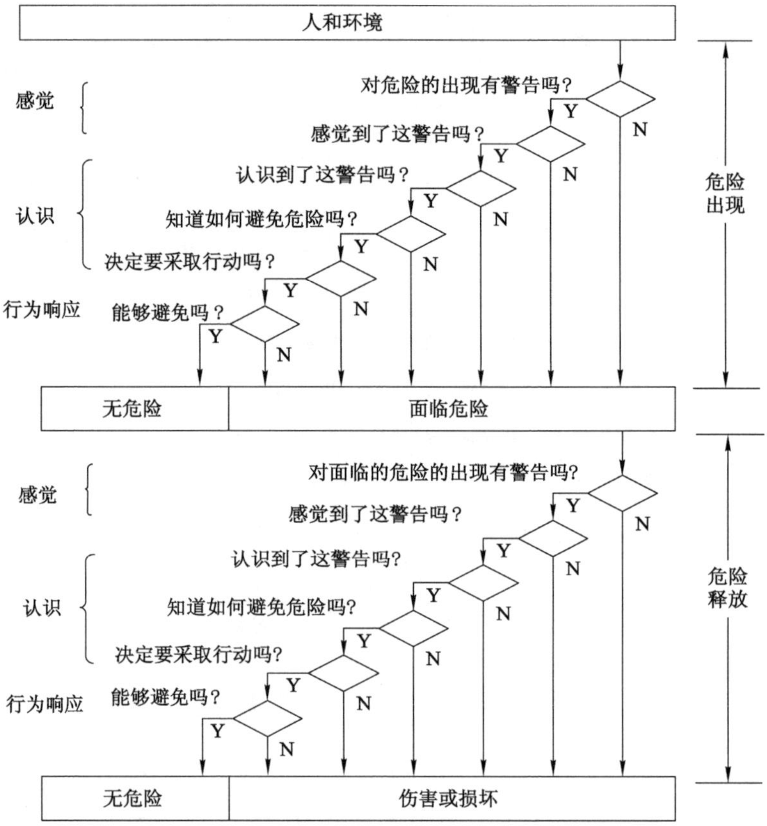

图 5.14　瑟利事故模型

立即行动，虽然要承受显现危险的风险，却可以减少开支和利益损失。究竟是否立即行动，应该考虑两个方面的问题，一是正确估计危险由潜在变为显现的可能性。二是正确估计自己避免危险显现的技能是否可以规避伤害。

瑟利模型适用于描述危险局面出现比较缓慢且不及时采取防范措施就会导致事故的情况，如瓦斯积聚、渗水透水、煤层自燃等事故。

5.2.3.2　瑟利模型的特点

瑟利模型是从人、机、环境的结合上，对危险从潜在到显现进而导致事故和伤害，进行了深入细致的分析。这将给人以多方面的启示，譬如为了防止事故，关键在于发现和识别危险。这涉及操作者的感觉能力、环境的干扰、操作者处理危险的知识和技能等。改善安全管理就应该致力于这些方面的问题的处理，如人员的选拔、培训，作业环境的改善、监控报警装置的设置等。再如关于危险的可接受性问题，这对于正确处理安全与生产的辩证关系具有较强的启发性。安全是生产的前提条件，当安全与生产发生矛盾且危险迫近时，如果不立即采取行动就会发生事故造成伤害和损失。那么应该坚持即使生产暂时受到影响也要保证安全的理念。反之，如果恰当估计危险显现的可能，只要采取适当措施，就能做到生产安全两不误，那就应该尽可能避免生产遭受损失。另外，当因采取安全措施而可能严重影响生产时，需要采取慎重的态度处理问题。

5.2.4　动态变化理论

5.2.4.1　动态变化理论的提出

状态和要素发生变化对于大多数系统来说会产生根本性的影响。研究某个部分发生变化及其对安全的影响，对于高级子系统及对整个系统又能导致何种结果，是系统安全分析最基本任务之一。研究和分析事故时，对系统内的“变化”及因变化而引起的“失误”，必须作为一种基本要素来考虑。

当某一生产过程或操作失去控制时，显然会发生一些变化。变化包括：① 预期有计划的变化；② 意外的变化。大多数事故原因都波及变化，即变化在某种程度上意味着事故发生。同时，变化也可用来创造一些安全条件。“变化”还可用来作为一种判断事件因果的方法。因此，应该把“变化”当作一种评价事故发生可能性的依据来加以研究。

动态和变化的观点是近代事故致因理论的基础之一。1972 年，本尼尔(Benner)提出了处于动态平衡的生产系统由于“扰动”导致事故发生的理论，即事故 P 理论(P-theory of Accident)。进而提出了“多线事件连锁法”(Multilinear Events Sequencing Methods)事故调查方法。此后，约翰逊(Johnson)于 1975 年发表了“变化-失误”模型，1981 年佐藤吉信提出了“变化与作用连锁”模型(Action-change and Action Chain Model)。

5.2.4.2　动态变化理论的原理

本尼尔认为，事故过程包含着一组相继发生的事件。所谓事件是指生产活动中某种发生的特殊的情况，如一次瞬间的或重大的情况变化，一次已经被避免的或已经导致另一事件发生的偶然事件等。因而，可以将生产活动看作是一个自觉或不自觉地指向某种预期的或意外的结果的事件链，它包含生产系统元素间的相互作用和变化着的外界影响。由事件链组成的正常生产活动，是在一种自动调节的动态平衡中进行的，又在事件的稳定运行中向预期的结果发展。事件的发生必然是某人或某物引起的，如果把引起事件的人或物称为“行为者”，而其动作或运动称为“行为”，则可以用行为者及其行为来描述一个事件。在生产活动中，如果行为者的行为得当，则可以维持事件过程稳定地进行；否则，可能导致生产中断，甚至造成伤害事故。

生产系统的外界影响处于动态变化过程中，可能偏离正常的或预期的情况。这里称外界影响的变化为“扰动”。扰动将作用于行为者，产生扰动的事件称为开始事件。当行为者能够适应不超过其承受能力的扰动时，生产活动可以维持动态平衡而不发生事故。如果其中的一个行为者不能适应这种扰动，则自动平衡的过程被破坏，开始一个新的事件过程，即事故过程。该事件过程可能使某一行为者承受不了过量的能量而发生伤害或损害，这些伤害或损害事件可能依次引起其他变化或能量释放，作用于一个行为者并使其承受过量的能量，发生连续的伤害或损害。当然，如果行为者能够承受冲击而不发生伤害或损害，则事件过程将继续进行。

综上所述，可以将事故看作由事件链中的扰动开始，以伤害或损害为结束的过程，这种事故理论叫作“P 事故理论”。这种理论的示意图如图 5.15 所示。

5.2.5　变化-失误理论

5.2.5.1　变化失误理论的原理

约翰逊认为：事故是由不希望的或意外的能量释放引起的，这种能量释放的发生是由于管理者或操作者没有适应生产过程中物的或人的因素的变化，产生了计划错误或行为失误，

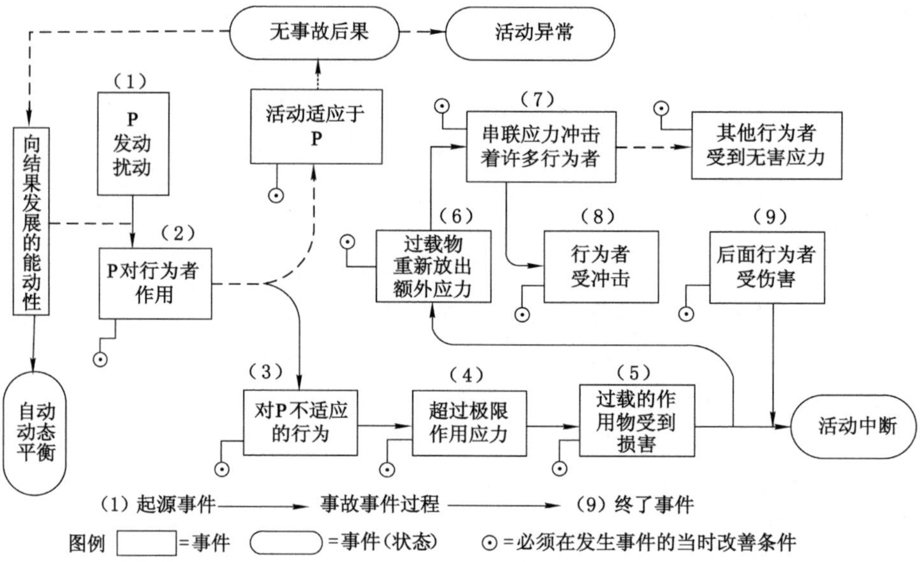

图 5.15 扰动理论示意图

从而导致人的不安全行为或物的不安全状态,能量的屏蔽或控制的失效意味着事故的发生,由事故造成生产过程中的人员伤亡或财产损失。图 5.16 为约翰逊事故因果连锁模型。

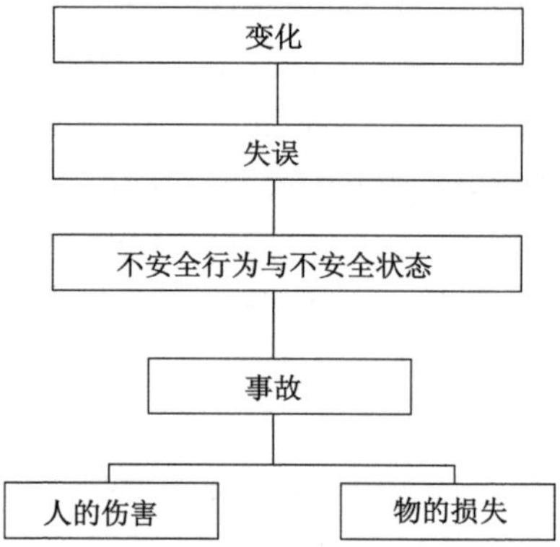

图 5.16 约翰逊事故因果连锁模型

按照变化的观点,变化可引起人的失误和物的故障。因此,在安全管理工作中,变化被看作是一种潜在的事故致因,应该被尽早地发现并采取相应的措施。作为安全管理人员,应对变化给予足够的重视,如时间的变化、人员的变化、操作规程的变化、技术的变化等。

需要指出的是,在管理实践中,变化是不可避免的,并且变化不一定都是有害的,关键在于管理是否能够适应客观情况的变化。因此,作为管理者要及时发现和预测变化,并采取恰当的对策,做到顺应有利的变化,克服不利的变化。

约翰逊认为事故的发生一般是多重原因造成的,包含着一系列的变化-失误连锁,包括企业领导的失误、计划人员的失误、监督者的失误及操作者的失误等,如图 5.17 所示。

5.2.5.2 变化-失误理论的特点

变化-失误理论和模型能够对各种事故做出理论解释,有助于对新情况、新问题提出管

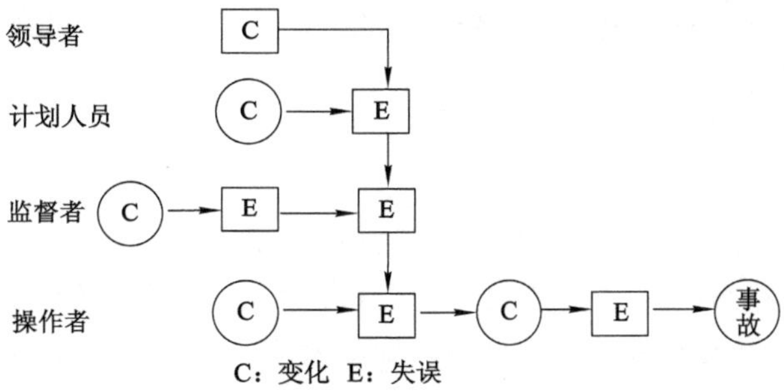

图 5.17　变化-失误连锁

理上的要求。在具体的事故分析中，运用该理论的关键是识别各种变化以及随后的行动，可以作为煤矿事故调查的一种方法。但该理论主要着眼于事后的行动，不宜作为煤矿事故预防的理论指导。

5.2.6　轨迹交叉论

5.2.6.1　轨迹交叉论的提出

从前面的海因里希事故致因理论可得其局限性：认为几乎所有的工业伤害是由于人的不安全行为引起的。后来，这种观点受到了许多研究者的批判。根据日本的统计资料，1969 年机械制造业休工 8 d 以上的伤害事故中，96％的事故与人的不安全行为有关，91％的事故与物的不安全状态有关；1977 年机械制造业休工 4 d 以上的 104 638 件伤害事故中，与人的不安全行为无关的只占 5.5％，与物的不安全状态无关的只占 16.5％。这些统计数字表明，大多数工业伤害事故的发生，既由于人的不安全行为，也由于物的不安全状态导致。所以，随着生产技术的提高以及事故致因理论的完善，生产装置、生产条件不安全问题越来越引起了人们的重视，我们需要正确区分事故是由人的不安全行为还是物的不安全状态导致的。

约翰逊认为，判断到底是不安全行为还是不安全状态，取决于认识问题的深刻程度。许多人由于缺乏有关失误方面的知识，把由于人失误造成的不安全状态看作是不安全行为。其实一起伤亡事故的发生，除了人的不安全行为之外，一定存在着某种不安全状态，并且不安全状态对事故发生的作用更大。

斯奇巴(Skiba)提出，生产操作人员与机械设备两种因素都对事故的发生有影响，并且机械设备的危险状态对事故的发生作用更大些，只有当两种因素同时出现才能发生事故。

5.2.6.2　轨迹交叉论的原理

轨迹交叉论(Orbit Intersecting Theory)的基本思想是：在事故发展进程中，人的因素的运动轨迹与物的因素的运动轨迹的交点，就是事故发生的时间和空间。即人的不安全行为与物的不安全状态发生于同一时间、同一空间，或者说事故是人的不安全行为与物的不安全状态相遇。

按照事故因果连锁理论，事故的发生、发展过程可以描述为：基本原因—间接原因—直接原因—事故—伤害。

从事物发展运动的角度来看，这样的过程可以被形容为事故致因因素导致事故的运动轨迹。如果分别从人的因素和物的因素两个方面考虑，则人的因素的运动轨迹是：

(1) 遗传、社会环境和管理缺陷；

（2）由于（1）造成的心理、生理上的弱点，安全意识低下，缺乏安全知识及技能等缺点；

（3）人的不安全行为。

而物的因素的运动轨迹是：

（1）设计、制造缺陷；

（2）使用、维修保养过程中潜在的或显现的故障、缺陷；

（3）物的不安全状态。人的因素的运动轨迹与物的因素的运动轨迹的交点，即人的不安全行为与物的不安全状态同时、同地出现，则将发生事故，如图 5.18 所示。

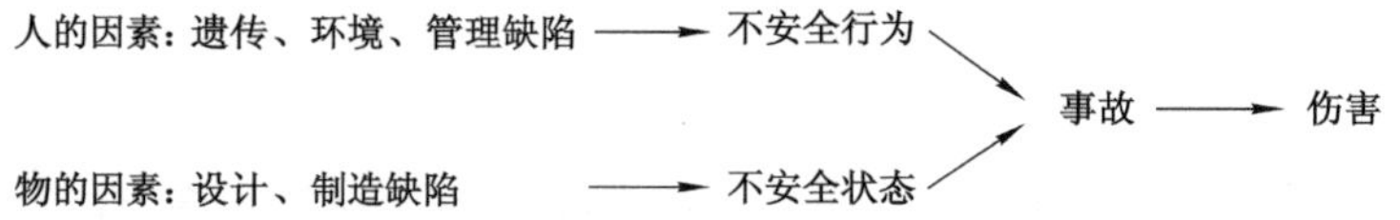

图 5.18　轨迹交叉论

5.2.6.3　轨迹交叉论的特点

轨迹交叉论突出强调的是切断物的事件链，提倡采用可靠性高、结构完整性强的系统和设备，大力推广保险系统、防护系统和信号系统及高度自动化和遥控装置。

轨迹交叉论的主要特点有以下 4 点：

（1）具有代表性、可操作性、综合各积极方面的理论；

（2）通俗、明了地表达事故因果关系；

（3）强调人、物同样重要；

（4）清晰提供防控事故措施。

5.2.7　人-机-环-管致因理论

5.2.7.1　人-机-环-管致因理论的提出

煤矿安全风险事故的发生不是孤立的事件，而是由多方面因素引发的，包括政治、经济、文化、科技、企业内部管理等，是多元风险事件共同作用的结果，其主要原因是管理失误，险兆的出现是煤矿安全管理事故发生的必然阶段，管理失误引发安全管理系统突变，必然导致安全事故。能量释放理论（Gibson 和 Haddon 等）认为风险事故是由人的不安全行为和物的不安全状态共同作用导致的。在事故发生过程中，安全管理最终是通过系统整体的和谐来实现的。人的不安全行为和物的不安全状态是引发煤矿安全事故的直接原因，从而基于人和物的各要素之间的关系成为目前煤矿安全管理风险致因的研究热点。田水承等[12]分析了煤矿安全事故的三类危险源，认为第三类危险源（组织失误和人的不安全行为）是事故发生的根本原因；预防第三类危险源的根本方法是编制风险管理计划。陈红等[13]从员工行为角度对煤矿安全事故致因进行了分析，设计了煤矿重大事故的"行为栅栏"体系；李红霞等[14]通过分析安全氛围与煤矿险兆事件的关系，认为煤矿的安全氛围影响员工的安全行为，员工安全行为对煤矿险兆事件的发生具有直接影响作用；史晓明[15]通过借鉴国内外事故致因理论，结合我国煤矿事故发生的规律和煤矿生产安全管理的现实，构建了一种煤矿事故致因模型，为煤矿风险识别和安全决策提供了依据。傅贵等[16]在研究分析国内外已有事故致因链的基础上，提出了行为安全"2-4"事故致因链，从组织行为、组织成员个人行为两个层面对事故的原因进行分析，然后将组织行为和个人行为再进行细化分解，针对具体 2 个层面、4 种行为阶段制定有效的事故预防措施。齐琪等[17]通过分析事故致因要素与煤矿应急管理能力之间的关系，构建了煤矿应急管理能力评价指标体系，为煤矿应急管理能力的提升提供帮助。许名标等[18]认为管理的失误会引发人、机（设备）、管理、环境等的缺陷，进而引起员工的不安全行为和物（机械设备）的不安全状态，从而导致煤矿安全事故的发生，于是构建了煤矿安全管理事故致因模型，对我国煤矿安全管理实践起到一定的指导作用。祁丽霞等[19]针对引发煤矿事故的人、机械、环境、管理 4 种因素在矿山安全性方面的影响机理，建立了煤矿事故致因模型，并提出了相应的事故控制措施。人-机-环-管耦合引发事故的过程如图 5.19 所示。

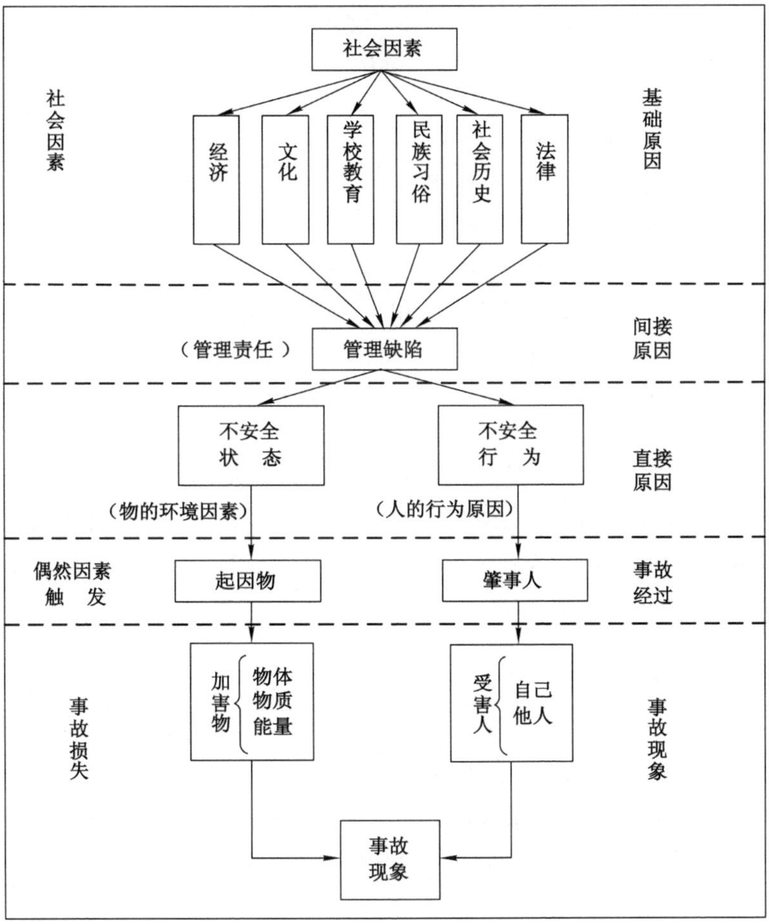

图 5.19　人-机-环-管耦合引发事故的过程

5.2.7.2　人-机-环-管致因理论的原理

事故致因的多种因素的组合可以归结为人和物两大系列的运动。人和物的两大系列中，人是最关键的因素，因为物是由人来进行设计、制造使用和维护的，可以说整个系统中的人、物、环境的安全状况都是由人来进行管理的。人的不安全行为和物的不安全状态是造成伤亡事故的直接原因，管理不科学和领导失误是本质原因。

5.2.7.3　人-机-环-管致因理论的特点

（1）突出的系统性

煤矿安全人-机-环境系统管理是将煤矿生产过程中的“人”“机”“环境”“管理”看作一个

系统的四大要素，并通过它们之间的信息传递、信息加工和信息控制，组成一个非常复杂的超巨型系统。煤矿人-机-环-管系统管理从“系统”的总体角度出发，一方面注意研究人、机、环、管四大要素本身的性能，另一方面却更重视这四者之间的相互作用、相互影响及其协调方式，并借助系统工程的科学成果，引导人们有条不紊地找到易优组合方案。使煤矿生产过程中人-机-环-管系统的总体性能达到最佳状态。这种最佳状态一般都应满足“安全、高效、经济”等综合指标。所谓“安全”是指不出现人体的生理危害或伤害，避免严重事故发生；所谓“高效”是指人-机-环境系统的工作效率或使用价值最高，所谓“经济”是指在满足系统技术性能或总目标任务的前提下，用钱最省并相对地要取得最大经济效益。

（2）单项因素研究成果是“系统”研究的基础

煤矿人-机-环-管系统管理虽然着重强调系统观，既坚决要求从系统的高度、总体的高度来观察问题，同时又不忽视还原观，即积极主张对单项的人体、机器、环境和管理进行更细致的研究。因为对系统各部分的性能研究得愈透彻、分析得愈细，用工程质量的方法来综合人-机-环境系统的基础也就愈牢靠，愈扎实。例如，研究煤矿井下各种环境因素对人体的影响，并找出人体的耐受极限、反应限值和保证极限工作效率十分重要的。与此同时从机器的设计角度考虑，大力研究保障人的正常生活和工作的最佳技术手段同样是必不可少的。若能对造成各种不利环境的作用机制进行仔细研究，并设法从根本上杜绝、减轻和克服环境因素的影响，将有效保障安全生产。

（3）系统与局部统一在创造性上

煤矿安全人-机-环-管系统管理的研究方法注重系统的“系统思考”。系统思考是一种“由上而下”“由总而细”的思维方法。它与以往所考虑的“由下而上”“由细而总”的思维方法不同，它不只是着眼于个别要素的优良与否，而是科学地利用各要素之间的有机联系，从而极大地提高全系统的总体性能。

5.3　评价指标的选取原则

由于每个煤矿自然条件和系统条件不尽相同，在煤矿安全评价过程中，很难统一所有评价指标；不同的评价人员对于定性指标的理解不同、描述不同，在评价过程中难以给出特定煤矿定量化的评价结果[20]。安全评价的核心问题是确定评价指标体系，并且对煤矿生产安全的现状进行评价是一个复杂的过程，涉及的内容较多、考虑的因素广泛。建立的安全评价体系是否合理与科学，关系到能否发挥评价的作用和功能，即能否通过评价达到提高煤矿的安全管理水平的目的。

评价指标的选取是开展安全评价工作的基础，是一个极其重要且十分复杂的问题。根据矿井热动力灾害救援的特点，结合现有研究的成果所确定的评价指标选取原则可概括为以下几个方面：

（1）目的性原则。选取安全评价指标前，必须明确评价的目的。以评价目的为出发点，对评价对象进行全面综合的分析，了解和掌握评价对象的整体特征及其关键影响因素。紧紧围绕这一目标，选取能够合理反映评价对象某一方面属性的指标，而且各指标的功能、指标间的关系以及指标本身必须服从评价的最终目的。在指标初步选定之后，应根据评价目的对评价指标进行筛选和优化，以便更好地实现评价的整体目标。

(2) 科学性原则。理论是实践的指导和依据，科学性是实现评价指标统一、规范的基础，两者使评价指标及评价结果具有可靠性、客观性和可信性。这一原则要求评价指标和计算方法的选定、信息的搜集和涵盖范围的确定等工作都必须具备科学依据。在选定评价指标的过程中，必须以安全评价相关理论为依据，紧密结合矿井热动力灾害机理和特点、救援工作的特殊性、煤矿安全生产系统特点。

(3) 系统性原则。评价指标体系的建立是一个系统性的工作，并且所选取的评价指标也应该组成一个完整的体系，而不只是指标的简单集合。它必须是一个有机整体，具有一定的层次结构和逻辑关系，能够反映和服从评价的整体目标。在建立评价指标时，应尽可能多地选取能够涵盖评价对象所有属性特征的指标，力争建立全面准确的评价指标体系。

(4) 可操作性原则。该原则要求所构建的指标不仅要有较强的理论性，也必须具有较强的操作性。矿山灾害救援是一项十分特殊的工作，对救援人员的职业素质要求极高。在救灾时，救援决策的制定和下达必须果断、及时，以确保决策行动具有合理性和时效性。因此，在设计指标时，不仅要求指标概念明确、定义清楚、具有代表性，还要求在救援现场能够快速、准确地采集到相关数据和情况。否则，所建立的评价指标体系就失去了实际意义，无法有效地解决实际问题。

(5) 独立性原则。在系统性原则要求下，要尽可能多地选取反映评价对象某一方面属性的指标。但同时需要注意的是，各评价指标也应遵循独立性原则，做到指标含义明确，尽量保持相互独立，避免指标间(尤其是同级指标)的相互交叉，以及指标功能不明确或者重叠。

(6) 方向性原则。我国有关矿山灾害救援的方针政策规定了煤矿安全生产的目标和方法，为煤矿救护工作指明了方向和要求，对评价指标的选取具有较强的指导性，对灾害救援安全性评价和动态预测具有重要意义。因此，评价指标的选定应遵循方向性原则，体现有关方针政策的要求。

(7) 突出性原则。评价指标的选取除了全面、系统外，还应注意区别各指标的主次优先度，抓住主要矛盾，突出重点。在开展评价工作时，应坚持突出性原则，在合适条件下可以忽略对评价目标影响或重要度较小的指标，以此提高评价工作的效率和效果，使评价工作有的放矢。

(8) 可量化原则。可量化原则指的是选取的所有指标都可以量化计算处理。只有当所有的评价指标可以被科学量化时，才能合理地发挥各指标的科学功能。如果有指标无法被量化，那么这个指标将是无用指标，甚至可能是“有害”指标，会影响到评价工作的开展和评价效果。

(9) 时效性原则。所选取的指标应该注意时效性，不同时间的数据会具有不同的性质和特点。在热动力灾害评价和预测时，应当更加注重指标的时效性。救灾过程不同时间段内，各指标的重要度可能会有所不同。因此，为了使得评价指标一直处于良好的“工作”状态，在选取指标时应当选择救灾全过程中具有代表性的指标，避免指标“失效”。

(10) 定性与定量相结合原则。不同指标代表灾害的不同属性或特征，在选取指标时，应当注意建立科学、全面的指标评价体系，注意定性指标与定量指标相结合，不能漏掉任何关键指标。

(11) 综合性原则。在具体指标选取时，首先要考虑指标是否能够反映目标的综合信息。因为影响矿井热动力灾害救援安全性的因素、指标繁多,对所有指标都进行研究显然是不可能的,这样也无法抓住重点指标。因此,在评价指标选定时,尽量选择能够反映灾害救援安全性多个方面的综合指标,这些关键指标的变动能够显著影响评价目标,。

(12) 充分利用指标信息原则。安全分级评价中的某些指标属于定量指标,可用具体数值表示,便于处理。但许多指标是定性的,如人员素质、设备运行状况等,对此必须建立一套合适的量化方法,将定性信息转化为定量评价,这样才能客观地反映矿井安全状况。

(13) 稳定可比原则。所建指标不仅要进行量化处理使之便于比较,同时应保证指标体系适合各类矿井且评价标准一致,目的是保证矿井瓦斯爆炸安全分级评价的客观性、真实性、合理性和一致性。

(14) 灵活性原则。评级指标体系应具备清晰的层次关系,各子体系之间相互独立,以便根据不同评价目的划分独立的评价单元,方便评价。例如,要对某矿瓦斯爆炸后果的严重性进行评价,只需将严重性指标体系提取出来,作为单独的评价系统。

严格来讲,不同的系统其危险性评价指标体系不同,尽管它们具有相似性,且某些子指标体系可能完全相同,但很多方面具体细节仍存在差别,因此评价指标体系的建立应根据矿井的实际情况而定,不能一概而论。如果有部分指标并未在实际情况中涉及,或相对其他指标而言可以不用考虑,但为了便于将所有矿井之间安全状况进行比较,又要求指标体系应该相同,此时,则需要调整指标权重或按缺项进行处理。

5.4 评价指标的确定方法

5.4.1 定性分析法

5.4.1.1 德尔菲法(专家调研法)

1) 德尔菲法介绍

德尔菲法于1946年由美国兰德公司创立。该方法是由企业组成的一个专门的预测机构,其中包括若干专家和企业预测组织者,按照规定的程序,背靠背地征询专家对未来市场的意见或者判断,然后进行预测的方法。德尔菲法本质上是一种反馈匿名函询法。其大致流程是:在对所要预测的问题征得专家的意见之后,进行整理、归纳、统计,再匿名反馈给各专家,再次征求意见后,再集中,再反馈,直至得到一致的意见。其过程可简单表示如下:

匿名征求专家意见-归纳、统计-匿名反馈-归纳、统计……若干轮后停止。由此可见,德尔菲法是一种利用函询形式进行的集体匿名思想交流的过程。它有三个明显区别于其他专家预测方法的特点,即匿名性、多次反馈、小组的统计回答。

德尔菲法是为了克服专家会议法的缺点而产生的一种专家预测方法。在预测过程中,专家彼此互不相识、互不往来,这就克服了在专家会议法中经常发生的专家们不能充分发表意见、权威人物的意见左右其他人的意见等弊病。各位专家能真正充分地发表自己的预测意见。德尔菲法依据系统的程序,采用匿名发表意见的方式,即专家之间不得互相讨论,也不发生横向联系,只能与调查人员发生信息交互,通过多轮次调查专家对问卷所提问题的看法,经过反复征询、归纳、修改,最后汇总成专家基本一致的看法。作为预测的结果,这种方法具有广泛的代表性,较为可靠。如图5.20所示为一个企业采用德尔菲法进行分析的案例,从图中可以看出该方法虽然分为三层,但是最终决策在组织层。

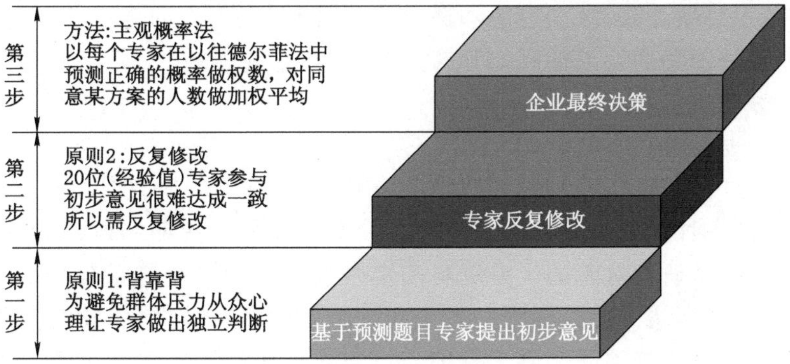

图 5.20　德尔菲法分析程序

德尔菲法是预测活动中的一项重要工具，在实际应用中通常可以划分三个类型：经典型德尔菲法(Classical Delphi)、策略型德尔菲法(Policy Delphi)和决策型德尔菲法(Decision Delphi)。

2）德尔菲法实施步骤

德尔菲法的具体实施步骤如下：

(1) 确定调查题目，拟定调查提纲，准备向专家提供的资料(包括预测目的、期限、调查表以及填写方法等)。

(2) 组成专家小组。按照课题所需要的知识范围，确定专家。专家人数的多少，可根据预测课题的大小和涉及面的宽窄而定，一般不超过 20 人。

(3) 向所有专家提出所要预测的问题及有关要求，并附上有关这个问题的所有背景材料，同时请专家提出需求材料。然后，由专家做出书面答复。

(4) 各个专家根据他们所收到的材料，提出自己的预测意见，并说明自己是怎样利用这些材料提出预测值的。

(5) 将各位专家第一次的判断意见汇总，列成图表，进行对比，再分发给各位专家，让专家比较自己同他人的不同意见，修改自己的意见和判断。也可以把各位专家的意见加以整理，或请身份更高的其他专家加以评论，进而把这些意见再分送给各位专家，以便他们进行参考后修改自己的意见。

(6) 将所有专家的修改意见收集汇总，而后再次分发给各位专家以便第二次修改。逐轮收集意见并为专家反馈信息是德尔菲法的主要环节。收集意见和信息反馈一般要经过三四轮，并且在向专家进行信息反馈时只给出各种意见，但并不说明发表意见专家的具体姓名。这一过程重复进行，直到每一个专家不再改变自己的意见为止。

(7) 对专家的意见进行综合处理。

3）德尔菲法的特点

德尔菲法同常见的召集专家开会，通过集体讨论得出一致预测意见的专家会议法既有联系又有区别。德尔菲法既能发挥专家会议法的优点，又能充分发挥各位专家的经验，集思广益，准确地将各位专家意见的分歧点表达出来，取各家之长，避各家之短。同时，德尔菲法又能避免专家会议法的缺点即权威人士的意见影响他人的意见，有些专家碍于情面，不愿意发表与其他人不同的意见，或出于自尊心而不愿意修改自己原来不全面的意见。

德尔菲法的主要缺点是：缺少思想沟通交流，可能存在一定的主观片面性；易忽视少数人的意见，可能导致预测的结果偏离实际；存在组织者主观影响。

5.4.1.2 *判别分析法*

1）判别分析法概述

判别分析又称“分辨法”，是在分类确定的条件下，根据某一研究对象的各种特征值判别其类型归属问题的一种多变量统计分析方法。其基本原理是按照一定的判别准则，建立一个或多个判别函数，用研究对象的大量资料确定判别函数中的待定系数，并计算判别指标。据此即可确定某一样本属于何类问题。当得到一个新的样品数据后，要确定该样品属于已知类型中的哪一类问题，这类问题属于判别分析问题。判别分析，是一种统计判别和分组技术，就一定数量样本的一个分组变量和相应的其他多元变量的已知信息，确定分组与其他多元变量信息所属的样本进行判别分组。解决问题：已知某种事物有几种类型，现在从各种类型中各取一个样本，由这些样本设计出一套标准，使得该类事物中任取一个样本就可以按这套标准判别它的问题类型[21]。

根据判别中的组数，可以分为两组判别分析和多组判别分析；根据判别函数的形式，可以分为线性判别和非线性判别；根据判别式处理变量的方法不同，可以分为逐步判别、序贯判别等；根据判别标准不同，可以分为距离判别、Fisher 判别、Bayes 判别法等[22]。

判别方法是确定待判样品归属于哪一组的方法，可分为参数法和非参数法，也可以根据资料的性质分为定性资料的判别分析和定量资料的判别分析。此处给出的分类主要是根据采用的判别准则分出几种常用方法。除最大似然法外，其余几种均适用于连续性资料的判别分析工作。

2）判别分析法实施步骤

判别分析法的具体实施步骤主要由以下几步构成：

（1）选择对象，首先评估一个多元问题组的差异，将观测（个体）分类，确定组与组之间判别的函数；

（2）选择解释变量及样本量，建立分析样本与保留样本；

（3）解释变量的正态性、线性关系及协方差等；

（4）联立估计或逐步估计判别函数的显著性；

（5）使用分类矩阵评估预测的精度，确定最优临界得分，预测精度的统计显著性；

（6）确定需要解释的函数个数；

（7）对判别结果进行验证。

3）判别分析法的特点

特别分析法的主要特点有以下几点：

（1）确定判别函数的建立方法种类较多，选择余地大；

（2）验证方法的精度较高，效果验证方法可以通过自身和外部结合来验证；

（3）判别分析方法的应用范围较广，应用条件简单。

5.4.1.3 *多元回归分析方法*

1）多元回归分析法概述

多元回归分析法是指在相关变量中将一个变量视为因变量，其他一个或多个变量视为自变量，建立多个变量之间线性或非线性数学模型数量关系式并利用样本数据进行分析的统计分析方法。另外也有讨论多个自变量与多个因变量的线性依赖关系的多元回归分析，称为多元多重回归分析模型(或简称多对多回归)。

通常影响因变量的因素有多个，这种多个自变量影响一个因变量的问题可以通过多元回归分析来解决。多元回归分析应用的范围更加广泛。由于线性回归分析比较简单和普遍，下面首先介绍多元线性回归，在线性分析基础上，逐步引入虚拟变量回归和一类能够变换成线性回归的曲线回归模型。

设因变量为 Y，影响因变量的 k 个自变量分别为 $X_1,X_2,\cdots,X_k(k=1,2,\cdots,n)$，假设每一个自变量对因变量 Y 的影响都是线性的，也就是说在其他自变量不变的情况下，Y 的均值随着自变量 X_k 的变化而均匀变化，针对其中关键信息进行赋值则有式：

$$Y=\beta_0+X_1\beta_1+X_2\beta_2+\cdots+X_k\beta_k+\varepsilon \tag{5.1}$$

为了保证多元回归分析的参数估计、统计检验以及置信区间估计的有效性，与一元线性回归分析类似，需要对总体回归模型及数据作一些基本假定。

假定 1：随机误差项 ε 的概率分布具有零均值，即 $E(\varepsilon)=0$。

假定 2：随机误差项 ε 的概率分布对于不同的自变量表现值而言具有同方差。即 ε 的方差不随着 X_{ij} 的变化而变化，$D(\varepsilon)=\sigma^2$。

假定 3：随机误差项 ε 不存在自相关，即 $\mathrm{cov}(\varepsilon_i,\varepsilon_j)=0$。。

假定 4：ε_i 与任一解释变量 X_i 不相关，可以表示为 $\mathrm{cov}(\varepsilon_i,X_i)=0$。。

假定 5：解释变量 X 之间不存在完全共线性。

以上假定 1～4 与一元回归分析的假定是相同的。假定 5 是针对解释变量的补充，在一元回归分析中，由于只有一个解释变量而不需要考虑该假定。

2）多元回归分析法的特点

多元回归分析法在实施过程中主要有以下几个优点：

(1) 回归分析法在分析多因素模型时，更加简单和方便。

(2) 运用回归模型，只要采用的模型和数据相同，通过标准的统计方法即可计算出唯一的结果，但在图和表的形式中，数据之间关系的解释往往因人而异，不同分析者画出的拟合曲线也可能存在一定差异。

(3) 回归分析可以准确地计量各个因素之间的相关程度与回归拟合程度的高低，提高预测方程式的效果；在进行回归分析法分析时，由于在实际中一个变量仅受单个因素的影响的情况极少，由此需要注意计算模式的适合范围，所以一元回归分析法适用于确实存在一个对因变量影响作用明显高于其他因素的变量时使用。多元回归分析法比较适用于实际经济问题，或受多因素综合影响时使用。

有时候在回归分析中，选用何种因子和该因子采用何种表达式只是一种推测，这影响了部分因子的多样性和不可测性，使得回归分析在某些情况下受到限制。

5.4.1.4　主成分分析法

1）主成分分析法概述

主成分分析法是一种降维的统计方法，它借助于正交变换将分量相关的原随机向量转化成分量不相关的新随机向量，这在代数上表现为将原随机向量的协方差阵变换成对角形矩阵，在几何上表现为将原坐标系变换成新的正交坐标系，使之指向样本点散布最开的 p 个正交方向，然后对多维变量系统进行降维处理，使之能以一个较高的精度转换成低维变量系统，再通过构造适当的价值函数，进一步把低维系统转化成一维系统[23]。

具体地，主成分分析是设法将原来具有一定相关性(比如 P 个指标) 的多个指标，重新组合成一组新的互相无关的综合指标来代替原来的指标。通常数学上的处理就是将原来 P 个 指标的作线性组合作为新的综合指标。最经典的做法就是用 $F1$(选取的第一个线性组合，即第一个综合指标) 的方差来表达，即 $\mathrm{var}(F_1)$ 越大，表示 F_1 包含的信息越多。因此在所有的线性组合中选取的 F_1 应该是方差最大的，故称 F_1 为第一主成分。如果第一主成分不足以代表原来 P 个指标的信息，再考虑选取 F_2，即选第二个线性组合，为了有效地反映原来信息，F_1 已有的信息就不需要再出现在 F_2 中，用数学语言表达就是要求 $\mathrm{cov}(F_1,F_2)=0$，则称 F_2 为第二主成分，依此类推可以构造出第三、第四 …… 第 P 个主成分。

2) 主成分分析法实施步骤

主成分分析法的实施步骤主要有以下几步：

(1) 原始指标数据的标准化采集 p 维随机向量 $\boldsymbol{x}=(x_1,x_2,\cdots,x_p)^{\mathrm{T}}$ 中的 n 个样品 $\boldsymbol{x}_i=(x_{i1},x_{i2},\cdots,x_{ip})^{\mathrm{T}},i=1,2,\cdots,n,n>p$，构造样本阵，对样本阵元进行如下标准化变换；

(2) 对标准化阵 $\boldsymbol{Z}$ 求相关系数矩阵；

(3) 解样本相关矩阵 $\boldsymbol{R}$ 的特征方程 $|R-\lambda I_p|=0$ 得 p 个特征根，确定主成分；

(4) 将标准化后的指标变量转换为主成分；

(5) 对 m 个主成分进行综合评价，将 m 个主成分进行加权求和，即得最终评价值，权数为每个主成分的方差贡献率。

3) 主成分分析法的特点

主成分分析法主要有以下几点优点：

(1) 可消除评价指标之间的相关影响。因为主成分分析在对原指标变量进行变换后形成了彼此相互独立的主成分，而且实践证明指标之间相关程度越高，相对应的主成分分析效果越好。

(2) 可减少指标选择的工作量。对于其他评价方法，由于难以消除评价指标间的相关影响，所以选择指标时要花费不少精力，而主成分分析可以消除这种相关影响，所以在指标选择上相对容易。

(3) 当评级指标较多时可以在保留绝大部分信息的情况下用少数综合指标代替原指标进行分析。主成分分析中各主成分按方差大小依次排列顺序，在分析问题时可以舍弃一部分主成分，只取前后方差较大的几个主成分来代表原变量，从而减少计算工作量。

(4) 在综合评价函数中，各主成分的权数为其贡献率，它反映了该主成分包含原始数据的信息量占全部信息量的比重，这样确定权数是客观的、合理的，它克服了某些评价方法中人为确定权数的缺陷。

(5) 这种方法的计算比较规范，便于在计算机上实现，还可以利用专门的软件进行计算处理。

虽然主成分分析法有许多优点，但是也有以下缺点：

(1) 在主成分分析中，首先应保证所提取的前几个主成分的累计贡献率达到一个较高的水平(即变量降维后的信息量须保持在一个较高水平上)，其次对这些被提取的主成分必须都能够给出符合实际背景和意义的解释(否则主成分将空有信息量而无实际含义)。

(2) 主成分的解释一般都比较模糊，不像原始变量含义那么清楚、明确。因此，提取的主成分个数应明显小于初始变量个数，否则维数降低可能不利于分析。

5.4.1.5　因子分析法

1）因子分析法概述

因子分析，一个历史上频繁地引起激烈争论的问题。因子分析方法起源于 20 世纪早期 Karel Person 和 C. Spearman 及其他一些学者，是用来研究一组变量之间的相关性或研究相关矩阵内部结构的一种统计技术。因子分析以许多变量的相关关系为基础，将变量加以组合构成最少个数的独立的新变量—因子。因子分析法就是寻找这些公共因子的模型分析方法，它是在主成分的基础上构筑若干意义较为明确的公共因子，以它们为框架分解原变量，以此考察原变量间的联系与区别[24]。换言之，因子分析就是从大量的数据中“由表及里”“去粗取精”，寻找影响或支配变量的多变量统计方法。可以说，因子分析是主成分分析的推广，也是一种观测的隐变量来解释原始变量之间的相关关系。研究样品间的相互关系因子分为 Q 型因子分析，而研究变量间相互关系的称为 R 型因子分析。

2）因子分析法实施步骤

因子分析常常有以下四个基本步骤：

（1）确认待分析的原变量是否适合作因子分析；

（2）构造因子变量；

（3）利用旋转方法使因子变量更具有可解释性。（为使因子分析法求出因子载荷阵结构简化，便于对主因子进行专业上解释，常对因子载荷阵施行变换或称因子旋转）；

（4）计算因子变量得分。因子分析的计算过程：① 将原始数据标准化，以消除变量间数量级和量纲上的不同；② 求标准化数据的相关矩阵；③ 求相关矩阵的特征值和特征向量；④ 计算方差贡献率与累积方差贡献率；⑤ 确定因子，设 $F_1, F_2, \cdots, F_p$ 为 p 个因子，其中前 m 个因子包含的数据信息总量（即其累积贡献率）不低于 80%时，可取前 m 个因子来反映原评价指标；⑥ 因子旋转，若所得的 m 个因子无法确定或其实际意义不是很明显，这时需将因子进行旋转以获得较为明显的实际含义；⑦ 用原指标的线性组合来求各因子得分，采用回归估计法、Bartlett 估计法或 Thomson 估计法计算因子得分；⑧ 综合得分，以各因子的方差贡献率为权，由各因子的线性组合得到综合评价指标函数；⑨ 得分排序，利用综合得分可以得到得分名次。

3）因子分析法的特点

因子分析与主分量分析在多指标综合评价的应用中有很多相似之处，主要表现在以下方面：

（1）因子分析进行多指标结合评价的基本思想与主分量分析是一致。同样需要合成一个综合评价值对样本进行排序，整个过程中也完成了去量纲、去相关、定枚数、降维这四项基本工作。

（2）因子模型的建立也需要对原变量数据进行标准化处理，同样在处理中解决了数据的可综合性问题。

（3）在正交因子解中，因子同样将原来相关的变量分解为互不相关的公共因子，再利用公共因子的合成消除变量相关对综合评价的影响。

（4）在因子分析中，合成因子分数的权数也是伴随交换变化产生的，而不是人为确定的，同样需要从信息量角度确定。其中合成总因子分数的权与主分量分析中计算总评价值的权相同，都是特征根累计方差比重，合成因子分数的权是因子得分系数矩阵 B，因子得分系数也是与变量变差信息有关的一种统计量，同样从信息量角度来确定具体权数。

（5）因子分析也是从众多原变量中分解出少数几个公共因子，从而减少了评价指标维数，同样是在信息损失不大的前提下，减少了评价工作量，这与主分量分析抽取 K 个主分量的思想一致。

（6）因子分析进行多指标综合评价的过程与主分量分析的过程是基本一致的。

（7）因子分析通常也是从变量相关矩阵出发着手分解的，因而它的应用场合也与主分量分析相同，即当变量不完全相关时方可用因子分析进行多指标综合评价，而变量间相关程度较高时因子分析的效果较为理想。

（8）因子分析中因子与变量也是线性因数关系，这与主分量分析中分量与变量的关系相同。

5.4.2 定量分析法

5.4.2.1 聚类分析法

1）聚类分析法概述

聚类分析是研究如何用数学的方法对事物进行分类的学科[25]。随着科学的发展，分类越来越细，需要分类的对象也越来越多，于是仅靠专业知识和经验已不足以满足实际需求，数学这个有用的工具就逐渐地被引入分类学中，形成了数值分类学这一边缘学科。由于数值分类学中的方法不仅能用于分类，而且可以用于其他领域的对象分类处理，于是人们觉得用“聚类分析”这个名词来代表这个学科更为恰当。Tryon(1939)和 Cattell(1944)根据“聚类分析”从相关矩阵中提取互相关的组，此后，聚类分析的方法发展迅速，在许多领域得到有效的应用。

将物体或抽象对象的集合分组成为由类似的多对象组成的过程被称为聚类。聚类分析是一种重要的人类行为。聚类与分类的不同在于，聚类所要求划分的类是未知的。从实际应用的角度看，聚类分析是数据挖掘的主要任务之一，并且聚类能够作为一个独立的工具获得数据的分布状况，便于观察每一组数据的特征。集中对特定的聚簇集合做进一步的分析。聚类分析还可以作为其他算法（如分类和定性归纳算法）的预处理步骤。

聚类是将数据分为不同的类或者簇的过程，所以同一个簇中的对象有很大的相似性；而不同簇间的对象有很大的相异性，聚类分析的目标就是在相似的基础上收集数据来分类。聚类源于很多领域，包括数学、计算机科学、统计学、生物学和经济学。在不同的应用领域，聚分析类技术都得到了充分的发展，这些技术方法被用作数据描述、不同数据源间的相似性衡量，以及把数据源分到不同的簇中。

2）聚类分析法实施步骤

在应用过程中，聚类过程由以下数据分析阶段组成：数据预处理；为衡量数据点间的相似度定义一个距离函数；聚类或分组；评估输出。

数据预处理包括选择数量、类型和特征的标度，它依靠特征选择和特征抽取。特征选择重要的特征，特征抽取把输入的特征转化为一个新的显著特征，避免聚类处理发生“维数灾难”。数据预处理还包括将孤立点移出数据，孤立点是不依附于一般数据行为或模型的数据。孤立点经常会导致有偏差的聚类结果，因此为得到正确的聚类剔除孤立点。

既然相似性是定义一个类的基础，那么不同数据在同一个特征空间相似度的衡量对于聚类步骤而言非常重要的，由于特征类型和特征标度的多样性，距离度量必须谨慎，需要依据实际应用进行工作背景的阐述[26]。

将数据对象分到不同的类中是一个很重要的步骤，数据基于不同的方法被分到不同的类中，划分方法和层次方法是聚类分析的两个主要方法，划分方法一般从初始划分和最优化一个聚类标准开始。Crisp clustering 的每一个数据都属于单独的类；Fussy clustering 的每个数据可能在任何一个类中，Crisp clustering 和 Fussy clustering 是划分方法的两个主要技术，聚类划分方法是基于某个标准产生一个嵌套的划分系列，它可以度量不同类之间的相似性或一个类的可分离性，用来合并和分裂类，其他的聚类方法还包括基于密度的聚类、基于模型的聚类、基于网格的聚类。

评估聚类结果的质量是另一个重要的阶段。聚类是一个无管理的程序，没有客观的标准来评价聚类结果，其主要是通过一个类有效索引来评价。几何性质，包括类间的分离和类内部的耦合，一般都用来评价聚类结果的质量。类有效索引在决定类的数目时经常扮演一个重要角色，类有效索引的最佳值按期望从真实的类数目中获取，通常决定类数目的方法是选择一个特定的类有效索引的最佳值，这个索引能否真实地得出类的数目是判断该索引是否有效的标准，很多已经存在的标准对于相互分离的类数据集合都能得出一个较好的结果，但对于复杂的数据集却无从下手，如对于交叠类的集合[27]。

从统计学的观点看，聚类分析是通过数据建模简化数据的一种方法。传统的统计聚类分析方法包括系统聚类法、分解法、加入法、动态聚类法、有序样品聚类、有重叠聚类和模糊聚类等[28]。采用 k-均值、k-中心点等算法的聚类分析工具已被加入到许多统计分析软件包中，如 SPSS、SAS 等。

3）聚类分析法的特点

聚类分析法相比较其他定量分析方法主要有以下特点：

（1）聚类分析简单、直观；

（2）聚类分析主要应用于探索性的研究，其分析的结果可以提供多个可能的解，而最终解的选择需要研究者的主观判断和后续的分析；

（3）不管实际数据中是否真正存在不同的类别，利用聚类分析都能得到分成若干类别的解；

（4）聚类分析的解完全依赖于研究者所选择的聚类变量，增加或删除一些变量对最终的解都可能产生实质性的影响；

（5）研究者在使用聚类分析时应特别注意可能影响结果的各个因素。异常值和特殊的变量对聚类有较大影响，当分类变量的测量尺度不一致时，需要事先做好标准化处理。

5.4.2.2　灰色关联分析法

1）灰色关联分析法概述

灰色关联分析是灰色系统理论的基础，是一种系统分析方法。灰色关联分析是对系统变化发展态势的定量描述和比较的方法。其主要依据空间理论的数学基础，按照规范性、偶对称性、整体性和接近性的灰色关联四公理原则，确定参考序列和若干个比较数列之间的关联系数和关联度。灰关联分析的目的就是寻求系统中各因素间的主要关系、找出影响目标值的主要因素，从而掌握事物的主要特征[29]。

灰色系统关联分析实质上是关联系数的分析，其原理是定量地比较或描述系统之间或系统中各因素之间的关联性，及其发展过程中随时间而相对变化的情况（即分析时间序列曲线的几何形状），用它们变化的大小、方向与速度等的接近程度来衡量它们之间关联性的大小。如果两者比较序列的变化态势基本一致或相似，其同步变化程度较高时即可以认为两者关联程度较大；反之，两者关联程度较小。这种用于度量系统之间或因素之间随时间变化的关联性大小的尺度，称为关联度。这种方法优于经典的精确数学方法，经过把意图、观点和要求概念化、模型化，从而使目标灰色系统从结构、模型、关系上逐渐由黑变白，使不明确因素逐渐明确，进而为系统分析、预测、决策、评估等奠定基础[30]。

2）灰色关联分析法实施步骤

灰色关联分析的基本步骤如下：

（1）确定分析序列。在对所研究问题定性分析的基础上，确定一个因变量因素和多个自变量因素；

（2）对变量序列进行无量纲化处理。一般情况下，原始变量序列具有不同的量纲或数量级，很难进行直接比较，为了保证分析结果的可靠性，需要对变量序列进行无量纲化处理。常用的无量纲化方法有：① 均值化变换。先分别求出各个数列的平均值，再用平均值除以对应序列中的各个原始数据，所得到新的序列即为均值化序列；② 初值化变换。分别用同一序列的第一个数据除以后面的各个原始数据，得到新的倍数数列，即为初值化数列；③ 标准化变换。先分别求出各个序列的平均值和标准差，再根据各个原始数据减去平均值后再除以标准差，这样得到的新数据序列即为标准化序列。

（3）求差序列、最大差值和最小差值。计算参考序列与其余各列对应期的绝对差值，形成绝对差值矩阵；

（4）计算关联系数。对绝对值矩阵中数据作变换；

（5）确定因素指标权重，建立层次结构模型，构造判断矩阵，计算权向量并做一致性检验，计算组合权向量并做组合一致性检验；

（6）计算关联度。比较序列与参考序列的关联程度是通过 N 个关联系数来反映的，求因素指标权重矩阵与关联系数矩阵；

（7）依关联度排序。各比较序列与参考序列的关联度越大，说明比较序列与参考序列变化的态势一致。

3）灰色关联分析法的特点

（1）总体性。在任何一个系统中，如社会系统、经济系统、农业系统等，都包含有多种因素，这些因素对系统主行为的作用哪些是主要的、哪些是次要的，哪些影响较大、哪些影响较小等，这些都是灰色关联分析的重要内容。因此，关联度虽是描述离散函数之间远近程度的量度，但它强调的是若干个离散函数对某一个离散函数远近的相对程度，换句话说就是因素之间关联度数值大小实际意义不大，重要的是比较各子序列对同一母序列的关联度孰大孰小，即排列出关键联序以体现总体性。灰关联分析的总体性突破了一般系统分析中常用因素两两对比的局限性，而是将各因素统置于系统之中进行比较与分析。因此更具有更广泛的实用价值。

（2）非对称性。在客观世界中，因素之间存在着错综复杂的关系。例如同一系统中，对于甲因素来说，乙因素与其关系最密切，但对于乙因素来说.并不一定就是与甲因素最密切，而可能是与丙因素关系最密切，即甲对乙的关联度并不等于乙对甲的关联度。这就是灰关联分析的非对称性，显然这个性质较客观地反映了系统中各因素之间真实的灰色关系。因此，对两个非对称性指标因素序列进行灰关联分析没有明确的意义。

(3) 非唯一性。关联度与下列因子有关：① 母序列不同，关联度不同；② 子序列不同，关联度不同；③ 原始数据处理方法不同，关联度不同；④ 数据量不同，关联度不同；⑤ 分辨系数不同，关联度不同。

(4) 有序性。灰关联分析的主要研究对象是离散形式的系统状态变量，即时间序列。与相关分析不同，这种离散函数中的各个数据不能两两交换，更不能任意颠倒时序，否则会影响原序列的性质。

(5) 动态性。因灰色关联度随着序列的长度不同而变化，表明系统在发展的过程中各因素之间的关联关系也在不断变化，这就是客观对象的动态性。若这种变化使比较序列的关联程度增强，则表明序列间的关联度较大，若是变弱则其关联度较小。

5.4.2.3　熵值法

1) 熵值法概述

在数学中，熵表示情况或问题的不确定性。20 世纪 50 年代美国出现了信息论，信息论把熵直接理解为一个信息源发出的信号状态的不确定程度，表示信息源发出信息的影响力[31]。于是，熵以新的面貌蔓延到非热力学领域，随后熵的广泛化应用迅速在经济、城市规划、决策分析、人工智能以及哲学等方面展开。

熵的获得，意味着信息的丢失。一个系统有序程度越高，则熵就越小，所含的有效信息就越大；反之，无序程度越高，则熵就越大，有效信息量就越小。信息和熵是互补的，信息就是负熵，它不是刻画系统的无序状态，而是表示系统的有序程度，表示系统获得信息后无序状态的减少或消除。例如，一个实验可能有多种结果：成功、失败、部分成功、部分失败等。在未得知结果前，思想上处于一种不确定的、无序的混乱状态，当得知结果的消息后，思想上的不确定度(无序状态)也就消除了。

2) 熵值法实施步骤

熵值法的基本步骤主要包括以下几步：

(1) 根据研究对象选择正向或负向指标作为评价指标，然后根据标准公式计算评价指标值；

(2) 根据公式计算评价指标的熵值；

(3) 根据权数计算公式计算各指标权数；

(4) 写出加熵权的矩阵；

(5) 从矩阵中选出每行数值最大的项组成理想点集合；

(6) 根据公式计算出不同对象的贴近度值，其值越小表明该对象评分越高；

(7) 如果有贴近度值相同的，则通过公式计算欧式距离进行比较，以距离较小者为优。

5.4.3　定性与定量结合方法

1) 层次分析法概述

美国运筹学家匹茨堡大学教授萨蒂于 20 世纪 70 年代初，在为美国国防部研究课题“根据各个工业部门对国家福利的贡献大小而进行电力分配”时，应用网络系统理论和多目标综合评价方法，提出了一种层次权重决策分析方法，即层次分析法(Analytic Hierarchy Process，AHP)。该方法是将一个复杂的多目标决策问题作为一个系统，将主体目标分解为多个小目标或准则，进而分解为多指标（或准则、约束）的若干层次，通过定性指标模糊量化方法算出层次单排序（权数）和总排序以作为目标（多指标）、多方案优化决策的系统方法[32]。

AHP的基本原理就是把所要研究的复杂问题看作一个大系统，通过对系统的多个因素进行分析，划出各因素间相互联系的有序层次。而后请专家对每一层次的各因素进行较为客观的判断后，给出相对重要性的定量表示。进而建立数学模型，计算出每一层次全部因素的相对重要性的权值，并加以排序，最后根据排序结果进行规划决策和选择解决问题的措施。

层析分析法是一种使人的思维过程和主观判断实现规范化、数量化的方法，可以使很多不确定因素的影响作用得到降低，不仅简化了系统分析与计算工作，而且有助于决策者保持其思维过程和决策过程原则的一致性。对于那些难以全部量化处理的复杂的管理问题，能得到比较满意的决策结果[33]。

2）层次分析法实施步骤

（1）构造判断矩阵；

（2）计算权重向量。为了从判断矩阵中提炼出有用的信息，实现对事物规律性的认识，为决策提供科学的依据，因此需要计算判断矩阵的权重向量；

（3）一致性检验。当判断矩阵的阶数时，通常难于构造出满足一致性的矩阵。但判断矩阵偏离一致性条件又应有一个度，为此，必须判断矩阵可否鉴别，这就是一致性检验的内容。

3）层次分析法特点

层次分析法具有优点如下：

（1）系统性的分析方法

层次分析法把研究对象作为一个系统，按照分解、比较判断、综合的思维方式进行决策，成为继机理分析、统计分析之后发展起来的系统分析的重要工具。系统的思想在于不割断各个因素对结果的影响，而层次分析法中每一层的权重设置最后都会直接或间接影响到结果，而且在每个层次中的每个因素对结果的影响程度都是量化的，非常清晰、明确。这种方法可用于对无结构特性的系统评价以及多目标、多准则、多时期等系统的评价。

（2）简洁实用的决策方法

这种方法既不单纯追求高深数学，又不片面地注重行为、逻辑、推理，而是把定性方法与定量方法有机地结合起来，使复杂的系统分解的同时将人们的思维过程数学化、系统化，促使决策结果便于人们接受。并且能把多目标、多准则又难以全部量化处理的决策问题化为多层次单目标问题，通过两两比较确定同一层次元素相对上一层次元素的数量关系，最后进行简单的数学运算，即使是具有中等文化程度的人也可了解层次分析的基本原理和掌握它的基本步骤，计算结果简便明确能够为决策者了解和掌握。

（3）所需定量数据信息较少

层次分析法主要是从评价者对评价问题的本质、要素和理解出发，比一般的定量方法更讲求定性的分析和判断。由于层次分析法是一种模拟人们决策过程思维方式的分析方法，层次分析法把判断各要素的相对重要性的步骤留给了大脑，只保留人脑对要素的印象并化为简单的权重进行计算。这种思想能处理许多用传统最优化技术无法着手处理的实际问题。AHP 可以进行定性和定量两方面的分析，充分利用人们的经验和决策，采用相对标度对定量与不可定量、有形与无形等因素进行统一测度，能把决策过程中定性和定量因素进行高效的有机结合。

(4) 简单和易于理解。

采用 AHP 决策，输入信息主要是决策者的选择与判断，决策过程充分反映决策者对问题的认识。并且 AHP 处理步骤简单，决策过程清晰明了，使得以往决策者和决策分析者难以沟通的状况得到改善。在大多数情况下，决策者直接使用 AHP 进行决策，大大增加了决策的有效性。

但是层次分析法由于自身的特点会造成以下几个缺点：

(1) 不能为决策提供新方案

层次分析法的作用是从备选方案中选择较优者。这个作用正好说明了层次分析法只能从原有方案中进行选取，而不能为决策者提供解决问题的新方案。

(2) 定量数据较少，定性成分多，不易令人信服

在如今对科学方法的评价中，一般都认为一门科学需要比较严格的数学论证和完善的定量方法。但现实世界的问题和人脑考虑问题的过程，很多时候并不能简单地用数字说明一切。层次分析法是一种带有模拟人脑的决策方式，因此也必然带有较大的定性色彩。

(3) 指标过多时数据统计量大且权重难以确定

当需要解决普遍问题或评价复杂系统时，指标的选取数量很可能随之增加。指标的增加就意味着要构造层次更深、数量更多、规模更庞大的判断矩阵，那么就需要对大量的指标进行两两比较的工作。由于一般情况下对层次分析法的两两比较是用 1 至 9 来说明其相对重要性，如果有越来越多的指标可能导致每两个指标之间的重要程度判断出现困难，甚至会对层次单排序和总排序的一致性产生影响，使一致性检验不能通过。

(4) 特征值和特征向量的精确求法比较复杂

在求判断矩阵的特征值和特征向量时，运用的方法同多元统计法一致。在二阶、三阶的时候，还比较容易处理，但随着指标的增加，阶数也随之增加，导致计算上显得困难。幸运的是有三种比较常用的近似计算方法，可以有效解决这一问题，即和法、幂法和根法。

总的来说，AHP 方法不仅原理简单，而且具有扎实的理论基础，是定量与定性方法相结合的优秀决策方法。

5.5　矿井热动力灾害评价指标选取与体系建立

评价指标体系的选择和确定是评价研究内容的基础和关键。因此，指标体系的构成要素对评价过程至关重要，过多的因素选取可能会增加系统指标体系结构的复杂程度和评价的难度，或掩盖了主要的关键因素；如果指标因素过少，则评价过程虽然简单易行，但难以全面反映系统客观状况，因此科学、客观、全面地确定指标体系具有重要的意义[34]。

现代事故致因理论是国内外事故原因调查、系统安全评价的理论基础。借鉴现代事故致因理论，结合煤矿安全评价指标体系的研究，采用“人-机-环-管理”系统分析法，将矿井热动力灾害救援系统分为四个部分，如图 5.21 所示。该系统由救援人员(人)、救灾装备(机)、灾区环境(环)和救援组织管理(管理)四个方面的因素组成，代表该系统的各个方面，共同决

定灾害救援的成败。

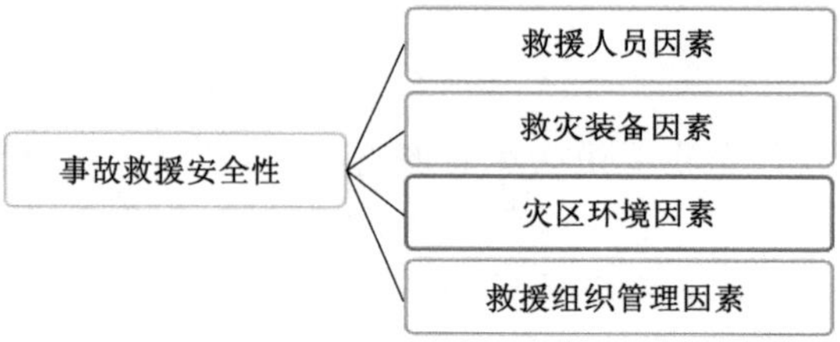

图 5.21　矿井热动力灾害救援安全性系统构成

在大量调研我国煤矿热动力灾害事故救援案例的基础上，结合热动力灾害救援工作的实际需要，参照国家煤矿安全生产有关法律法规(如《矿山救护规程》《煤矿安全规程》《煤矿安全评价导则》等)的有关规定，通过调查和分析影响矿井热动力灾害救援安全性的因素，初步筛选和确定了以下 14 大类的主要影响因素：

(1) 指挥决策人员。救灾指挥决策人员是救援行动的总指挥，对整个救援行动全权负责，所有救灾行动任务的确定和下达都必须由总指挥决定。指挥决策人员丰富的救灾指挥经验和救灾知识是救灾成功的一个重要因素。因此，这一指标主要包括工作年限、学历、技术职务、救援指挥经验、身体健康状况等诸多因素。

(2) 技术支持团队。在救援现场，技术支持团队也称事故救援技术组，为救援行动的开展提供各种技术支持，是救灾指挥部的智慧库。救援中各类问题的解决都与他们的技术知识和经验息息相关。因此，该指标包括学历(硕士及以上学历占比)、技术职务(高级职称占比)、其他素质水平(工作年限、身体健康状况等其他综合素质)。

(3) 救护队员。救护队员是指直接参与救援的人员，主要包括煤矿救护队成员和打钻队成员等组成的群体。他们是整个救援行动的主体，是所有救援行动任务的具体实施者。他们的技术素质、身体素质情况、经验知识等，直接关系到救灾的成败。因此，此指标包含日常训练情况、抢险救援参与经验情况、身体素质状况等。

(4) 救援装备。救灾工作的特殊性要求救灾人员配备专业的装备，如救护队员所需的呼吸机、防护服、破拆工具、爆炸三角形测定仪、灾区移动电话、红外线测温仪、防爆工具等，除此之外还有大功率钻机、生命信息探测系统等设备仪器。先进的救灾装备可以很好地为救护队员提供个体防护，为救灾的指挥决策提供可靠的数据支持，提高救灾的成功率。救灾装备主要包括装备种类的齐备性、先进性和完好率三个因素。

(5) 气体检测仪器。在矿井热动力灾害危险性的判定过程中，一个很重要的判定参数就是气体组分(如瓦斯、CO、O_2、CO_2、烷烃、烯烃等气体浓度)。气体参数可以推断灾区混合气体的爆炸性，灾区是否会发生瓦斯爆炸，或爆炸范围和程度如何。因此，气体检测仪器的可靠性就是一个重要的评价因素，这一主要因素包括检测仪器种类的齐备性、设备可靠性。

(6) 安全监测系统。灾变发生后，灾区气体组分、温度等关键环境参数的实时准确获取，将为救灾指挥决策提供重要的参考依据。灾害发生后，井下灾区安监设备被破坏得越少，设备在灾害环境下的可靠性就相对越高，那么监测系统可提供的信息就越多。所有设备中，部分设备采集的信息对某一类灾害的救援工作是无用的或是作用特别小，相对的可利用设备越多，提供的有效信息就越多。因此，救援过程中，灾区监测系统的完好率（可靠性）和有效利用率，就是该指标的两个评价因素。

（7）煤矿井下安全设备设施。作为矿井救援的重要基础，井下安全设备设施为救援提供重要的保障。灾区瓦斯抽放系统及时、足量抽放瓦斯，可防止瓦斯积聚；隔爆设施完好有效时，可以防止救援过程中瓦斯爆炸事故范围的扩大；压风系统可以为灾区救护装备（如风镐）提供动力，必要时可以稀释灾区瓦斯浓度；供水系统可以为灾区提供水源，也可以用来扑灭火灾；排水系统可以及时将矿井涌水抽排至地面，防止矿井突水被淹。即便井下安全设备设施遭到热动力灾害的破坏，但如果可以快速恢复其功能，那将为救灾行动提供很大的帮助。因此，灾区瓦斯抽放系统、隔爆设施、压风、供水系统的破坏情况及恢复的难易程度是这一指标的重要因素集。

（8）救灾组织管理。应急救援工作中，救灾的组织管理是一个重要的环节，良好的组织管理将是救灾的重要保障。可靠的后勤保障、充足的救援队伍、先进的医疗保障、各救灾子单元与指挥部之间通畅的通信联络、翔实的灾区相关技术资料将是重要的影响因素。因此，这一指标包括后勤保障、各救灾子单元与指挥部之间的通信联络、救援队伍供需比、医疗保障、灾区相关技术资料等。

（9）灾害发生的位置。煤矿井下不同区域发生的热动力灾害，其危险性、救灾的难易程度、发生瓦斯爆炸的可能性都不相同。另外，灾害所在的巷道倾角不同可能会直接导致通风紊乱（如烟流逆转、滚退等）的难易程度，对瓦斯爆炸的形成促进作用。灾区可能存在的炸药库、盲巷和高冒区，是救援时存在的重点风险隐患，随时可能会发生爆炸威胁救援人员的生命安全。对于盲巷和高冒区，通常由于通风不畅会使大量瓦斯积聚，若火灾或高温烟气波及此类区域，很有可能引发瓦斯爆炸。若火灾波及炸药库也会引发炸药爆炸扩大事故后果。因此，热动力灾害发生的区域、灾害所在巷道的倾角、灾害可能波及高危区域的概率是这一评价指标的因素集。

（10）灾区附近巷道情况。这一指标指的是与灾区相连的、救护队员进入灾区需要经过的巷道情况。由于此类巷道与灾区直接连通，一般会遭到灾害的波及和破坏，如火势蔓延、存在大量高温烟雾、爆炸冲击波导致冒顶等。在救护队员通过此类巷道区域时，巷道的安全性和通行难易程度直接关系到救护队员的人身安全和救灾的成败。因此，这一评价指标包括的因素有：巷道的支护方式、支护设备的完好率、巷道围岩稳定性、人员通行难易程度（可通行巷道的宽度、高度、倾角、障碍物等）、撤退路线的出口数量、巷道冒顶情况、巷道能见度、存在的可燃烧物易燃程度和数量等。

（11）灾区温度。热动力灾害救援时，高温是救护队员的一个致命威胁。灾区巷道内温度越高，救护队员能停留的时间就越短。按照救护规程的相关规定，达到60 ℃时救护队员进入灾区的时间只有5 min。若温度继续升高，应严禁救护队员进入灾区。另外，即使灾区温度相对较低，但是升温速率较快时说明灾区的火势较大，这将对救护队员的撤退行动造成威胁。因此，灾区温度和升温速率是这一指标的两个评价因素。

（12）灾区气体情况。瓦斯爆炸需要一个关键的条件，即瓦斯浓度5%～16%，且氧气浓度大于12%（一般情况下），当瓦斯和氧气浓度不在这一范围内时，就不会发生瓦斯爆炸。

故根据爆炸三角形划分区域的特点,应该采用瓦斯和氧气浓度这一组合指标作为一个评价因素。除此之外,即便灾区当时的瓦斯浓度较低,但某些矿井是高瓦斯矿井或矿井的瓦斯浓度上升速率较大时,灾区瓦斯浓度短时间内就可达到瓦斯的爆炸极限,故仍有瓦斯爆炸的可能。因此,灾区气体浓度(瓦斯和氧气)、瓦斯浓度升高速率、平均瓦斯涌出量、矿井瓦斯等级是这一指标的因素。

(13) 通风系统情况。通风系统的正常运行,是避免瓦斯积聚,保障灾区被困人员生命安全的一个重要因素。矿井发生热动力灾害后,可能会破坏矿井通风系统造成风量的供需比下降,无法有效的稀释和排出瓦斯,引起瓦斯积聚现象。另外,灾区的通风方式(上行、下行通风)也会影响灾情的发展情况。因此,通风构筑物的完好性、风机运行情况、风量供需比、灾区巷道通风方式是这一指标的因素集。

(14) 火源情况。火源是瓦斯爆炸不可缺少的要素。若不存在引发瓦斯爆炸的火源,那即便灾区混合气体达到爆炸极限也不会发生爆炸。点火源可分为瞬时火源和持续火源,原发火源(指引发热动力灾害事故的火源)若为持续火源,那将视作引发瓦斯爆炸的火源持续存在;若为瞬时火源,则灾区有可能不存在引发瓦斯爆炸的火源。除此之外,若灾区没有断电,则灾区的电气设备有可能是引发瓦斯爆炸的火源。因此,这一评价指标包括火源特征、带电设备和火势大小三个因素。

采用 AHP 分析法,将影响因素分为目标层、中间层和因素层 3 层。初步确定用具有 50 个影响因素的 14 大类的评价指标来描述矿井热动力灾害救援的安全性,具体如表 5.3 所示。

表 5.3　矿井热动力灾害救援安全性评价指标

目标层		中间层	因素层
评价目标		一级评价指标	二级评价指标
救灾成功率	人	指挥决策人员	工作年限
			学历
			技术职务
			救援指挥经验
			身体健康情况
		技术支持团队	硕士以上学历占比
			高级职称占比
			其他素质水平(工作年限、身体健康等)
		救护队员	日常训练情况
			抢险救援经验
			身体素质状况
	机	救援装备	所需装备齐备性
			先进性
			完好率
		气体检测仪器	所需仪器齐备性
			可靠性

表 5.3(续)

目标层		中间层	因素层
救灾成功率	机	安全监测系统	灾后设备完好率
			可有效利用率
		安全设备设施	破坏程度
			恢复的难易程度
	管理	救灾组织管理	救灾组织级别
			后勤保障
			通信联络
			救援队伍供需比
			医疗保障
			灾区相关技术资料
灾害危险性	环境	灾害位置	发生灾害的区域
			灾害所在巷道倾角
			灾害可能波及高危区域的概率
		灾区附近巷道情况	支护方式
			支护设备完好率(可靠性)
			围岩稳定性
			人员通行难易度
			撤退路线出口数量
			冒顶情况
			巷道能见度
			可燃物易燃程度及数量
		巷道温度	灾区温度
			升温速率
		灾区气体情况	灾区气体浓度(瓦斯和氧气组合)
			瓦斯浓度升高速率
			平均瓦斯涌出量
			矿井瓦斯等级
		通风系统情况	构筑物完好性
			风机运行情况
			通风量的供需比
			灾区通风方式
		火源情况	火源特征
			带电设备
			火势大小

5.6 评价指标的优选

针对研究对象建立并优化确定更加合理、科学、可靠的指标体系，以达到减少主观因素影响的目的，使建立的指标体系更加客观地反映研究对象的本质，是科学准确评价的关键之一[35]。评价指标优化时，常用的方法有专家调研法(Delphi)、层次分析法(AHP)、评价指标关联分析等数值计算方法。为了更好地实现评价目标，本节将通过采用简单实用的专家调研法和层次分析法对指标进行优化，从而优选出关键、科学的评价指标。

5.6.1 专家调研法

该方法是一种最常用和简单易行的方法，其原理主要是通过一定方式征询专家意见，然后将专家意见进行整理，最终形成评价结果。依据评价对象的特征和评价的目的，将一定的评价指标为内容，设计成专门的问卷调查表，向专家征询意见。然后对问卷调查表进行统计和分析。假设第 j 个专家对 m 个指标给出的权重系数值为 $\{w_{1j}, w_{2j}, \cdots, w_{mj}\}$，将 n 个专家给出的权重系数列入统计表中，如表 5.4 所示。

表 5.4 指标权重系数表

专家 w_i	1	2	…	j	…	n	平均值
w_1	w_{11}	w_{12}	…	w_{1j}	…	w_{1n}	$\frac{1}{n}\sum_{j=1}^{n} w_{1j}$
w_2	w_{21}	w_{22}	…	w_{2j}	…	w_{2n}	$\frac{1}{n}\sum_{j=1}^{n} w_{2j}$
⋮	⋮	⋮	…	⋮	…	⋮	⋮
w_i	w_{i1}	w_{i2}	…	w_{ij}	…	w_{in}	$\frac{1}{n}\sum_{j=1}^{n} w_{ij}$
⋮	⋮	⋮	…	⋮	…	⋮	⋮
w_m	w_{m1}	w_{m2}	…	w_{mj}	…	w_{mn}	$\frac{1}{n}\sum_{j=1}^{n} w_{mj}$

给定一个允许的误差范围 ε。若指标权重的平方和误差在允许的范围内，即

$$\max_{1 \leqslant j \leqslant n}\left[\sum_{i=1}^{m}\left(w_{ij} - \frac{1}{n}\sum_{j=1}^{n} w_{ij}\right)^2\right] \leqslant \varepsilon \tag{5.2}$$

则有

$$w = \left\{\frac{1}{n}\sum_{j=1}^{n} w_{1j}, \frac{1}{n}\sum_{j=1}^{n} w_{2j}, \cdots, \frac{1}{n}\sum_{j=1}^{n} w_{ij}, \cdots, \frac{1}{n}\sum_{j=1}^{n} w_{mj}\right\} \tag{5.3}$$

式(5.3)则为满足要求的权重系数的集合。否则，应将一些权重偏差较大的评价指标再次制作成问卷调查表，进一步向专家反馈、征询意见，计算权重和误差。如此重复，直到结果满足要求为止。

5.6.2 层次分析法

层次分析法的基本思路是：将所要研究的问题或对象分解成多个因素集（元素），然后将这些元素按照某种属性分成若干组，并根据相互支配关系，形成具有递进关系的、有序的层次结构模型[36]。在这个模型中，上层元素对下层元素起支配作用，而下层元素的重要度决定着上层元素的地位大小。然后，采用一定的方法（一般采用 1～9 标度法进行专家打分）对模型中每一层的所有因素进行两两比较，确定各指标的相对重要度。最后对各级指标的重要度分别进行综合评判，确定出评价指标体系中所有指标对于评价目标的重要度大小，去除重要度小的指标以实现评价指标的优化。这种分析方法可以很好地利用专家的知识和经验，具有较高的客观性和合理性。该方法的特点是：在复杂决策问题影响因素、内在联系和本质等因素深入分析的基础之上，构建一个层次结构模型后运用一定的信息，将决策的思维过程数学化，从而能够为求解多目标、无结构特性的复杂问题提供一个比较简单的思路和方法。一般层次分析方法的建模，从以下五个步骤进行。

5.6.2.1 递阶层次结构的建立

通过对所决策问题的深入分析，把握问题所包含的因素及其相互关系，然后将有关的各个因素按照不同的属性自上而下分解成若干个层次。在层次分解过程中，同一层次的各个因素要从属于上一个层次，对上一个层次构成影响的同时对其下一个层次也具有一定的影响。层次分析方法的各个层次一般可以分为目标层、准则层和方案层。

5.2.6.2 构造判断矩阵

层次分析模型构建之后，可以在同层次元素之间进行两两比较，进而构造出比较的判断矩阵，其中 C_{ij} 表示专家认为 i 指标较之 j 指标的重要程度的倾向性意见。指标与指标之间相对重要性一般用数字 1～9 及其倒数作为标度，具体含义如表 5.5 所示。

表 5.5　判断矩阵标度及其含义

序号	C_{ij} 赋值（标度）	含义
1	9/1	i 元素比 j 元素极端重要
2	7/1	i 元素比 j 元素强烈重要
3	5/1	i 元素比 j 元素明显重要
4	3/1	i 元素比 j 元素稍微重要
5	1/1	i 元素比 j 元素同样重要
6	1/3	i 元素比 j 元素稍微不重要
7	1/5	i 元素比 j 元素明显不重要
8	1/7	i 元素比 j 元素强烈不重要
9	1/9	i 元素比 j 元素极端不重要

注：判定中介值＝{2,4,6,8,1/2,1/4,1/6,1/8}表示其重要性等级介于标度＝{1,3,5,7,9,1/3,1/5,1/7,1/9}之间。这些数字是根据专家进行定性分析的主观判断所确定的。

5.2.6.3 计算权向量

在构建判断的基础上，对两两比较矩阵，利用求和法判断矩阵最大特征根及对应的特征向量：

① 对每一两两比较矩阵 C 的每一列向量进行归一化处理，得到：

$$\bar{b}_{ij}=\frac{b_{ij}}{\sum_{k=1}^{n}b_{kj}},i,j=1,2,\cdots,n \tag{5.4}$$

② 按行求和，得到：

$$\overline{W}_i=\sum_{j=1}^{n}\bar{b}_{ij},i,j=1,2,\cdots,n \tag{5.5}$$

③ 归一化，得到：

$$W=\frac{\overline{W}_i}{\sum_{j=1}^{n}\overline{W}_j},i,j=1,2,\cdots,n \tag{5.6}$$

④ 计算作为最大特征根的近似值 $\lambda_{\max}$。

$$\lambda_{\max}=\sum_{i=1}^{n}\frac{(AW)_i}{n\,W_i},i,j=1,2,\cdots,n \tag{5.7}$$

式中　W_i——表示特征向量 W 第 i 个指标的值；

$(AW)_i$——表示 AW 的第 i 个指标的值；

A——表示专家给出判断矩阵；

W——表示由判断矩阵 A 得出的特征向量；

n——为判断矩阵的阶数。

5.2.6.4　一致性检验

层次分析法(AHP)为使计算结果基本比较合理，要求判断矩阵具有总体上的一致性。所以需要对矩阵进行一致性检验，计算公式：

$$\mathrm{CI}=\frac{\lambda_{\max}-n}{n-1} \tag{5.8}$$

$$\mathrm{RI}=\frac{\sum_{i=1}^{n}CI_i}{n} \tag{5.9}$$

$$\mathrm{CR}=\mathrm{CI}/\mathrm{RI} \tag{5.10}$$

式中　CI/RI——一致性比率。当<0.1时，即可认定不一致程度在合理范围之内；

$\lambda_{\max}$——一致性检验的最大特征根，n 为两两比较的因子个数；

CI——一致性特征数；

RI——随机一致性指标，其值由表 5.6 确定。

表 5.6　平均随机一致性指标(RI)的取值

指标	取值														
n	1	2	3	4	5	6	7	8	9	10	11	12	13	14	15
RI	0	0	0.58	0.90	1.12	1.24	1.32	1.41	1.45	1.49	1.52	1.54	1.56	1.58	1.59

5.2.6.5　层次各指标权重

依次沿递阶层次结构由上而下逐层进行计算，即可计算出每一层指标相对于上一层指标的重要性，也可以得出每一个因素的权重。

5.6.3　评价指标的优选过程

科学、合理的评价指标体系是评价热动力灾害救援安全性的基础和关键。指标体系应能够有效反映热动力灾害的主要特征及基本状况，以综合反映热动力灾害救援的危险性。因此，指标体系的构成要素对安全性评价也非常重要，如果选择因素过多，会增加评价指标体系的结构复杂程度及评价难度，同时也会影响评价方法的操作性；而评价指标较少，虽然评价过程简单易行，但难以客观、全面、科学、合理地对热动力灾害救援的安全性进行评价。本节将通过采用专家调研法（Delphi）和层次分析法（AHP）对指标体系进行优化，对优化结果进行对比修正，从而建立科学、合理、简单、易行的指标体系[37]。

5.6.3.1　利用 Delphi 法初步优化评价指标

从整体上分析可知，与灾害救援安全性关系最为紧密的是“环境”这一评价指标。主要原因有：① 在救援时，国家相关部门和煤矿企业可以聘请经验丰富的专家团队，也能调集最先进救灾装备和优秀的救护队，这意味着“人-机-管理”三个方面能被人为控制。② 在实际救灾过程中，救护队员是救灾的主体。所有对灾区被困人员的搜救和对灾害的控制活动都是靠救护队员来实施的。而对救护队员来说，进入井下灾区救援威胁最大的因素主要有两个，即瓦斯二次爆炸和高温。因此，评价指标的优化目标将忽略“人-机-环-管理”三个方面的影响因素，仅围绕“环境”评价指标（表征灾害危险性的指标）展开评价指标体系的优化，为开展矿井热动力灾害救援的安全性评价工作奠定基础。

在此将“环境”指标里的全部影响因素列出，制成专家调查问卷打分表，如表 5.7 所示。通过向有关专家发放《矿井热动力灾害救援安全性评价指标重要度打分表》，打分表的设计遵循 Delphi 法的要求进行。

表 5.7　评价指标专家打分表

一级评价指标		二级评价指标	
编号	指标	编号	指标
ZW_1	灾害位置	ZW_{11}	发生灾害的区域
		ZW_{12}	灾害所在巷道倾角
		ZW_{13}	灾害可能波及高危区域的概率
HD_1	灾区附近巷道情况	HD_{11}	支护方式
		HD_{12}	支护设备完好率（可靠性）
		HD_{13}	围岩性质
		HD_{14}	人员通行难易度
		HD_{15}	撤退路线出口数量
		HD_{16}	冒顶情况
		HD_{17}	巷道能见度
		HD_{18}	可燃物易燃程度及数量

表 5.7(续)

一级评价指标		二级评价指标	
HW_1	巷道温度	HW_{11}	灾区温度
		HW_{12}	升温速率
ZQ_1	灾区气体情况	ZQ_{11}	灾区气体浓度
		ZQ_{12}	瓦斯浓度升高速率
		ZQ_{13}	平均瓦斯涌出量
		ZQ_{14}	矿井瓦斯等级
TX_1	通风系统情况	TX_{11}	构筑物完好性
		TX_{12}	通风机运行情况
		TX_{13}	通风量的供需比
		TX_{14}	灾区通风方式
DH_1	火源情况	DH_{11}	火源特征
		DH_{12}	带电设备
		DH_{13}	火势大小

在本次调研过程中，共向相关专家发放调查表5份，全部有效回收。对回收的调查表信息进行适当分析整理，采用式(5.10)对调查结果进行了一致性检验，对偏差较大的权重系数再向专家进行反馈。经过三轮问卷调查后，调查结果最终通过了一致性检验，具体调查结果如表5.8所示。

表 5.8 评价指标重要度排序

类别	评价内容											
指标	ZW_{11}	ZW_{12}	ZW_{13}	HD_{11}	HD_{12}	HD_{13}	HD_{14}	HD_{15}	HD_{16}	HD_{17}	HD_{18}	HW_{11}
排序	15	18	17	17	14	19	13	20	11	19	22	13
指标	HW_{12}	ZQ_{11}	ZQ_{12}	ZQ_{13}	ZQ_{14}	TX_{11}	TX_{12}	TX_{13}	TX_{14}	DH_{11}	DH_{12}	DH_{13}
排序	6	1	23	24	4	10	12	16	21	5	8	2

经过数据的处理和分析，最终确定的各评价指标的重要度排序如上表所示。根据调研结果，初步剔除重要度较小的两个指标，即平均瓦斯涌出量(ZQ_{12})和瓦斯浓度升高速率(ZQ_{13})。

5.6.3.2 利用AHP深入优化评价指标

将经过Delphi法筛选后将剩余的评价指标全部列出，制成矿井热动力灾害救援安全性评价指标的调查问卷表。然后，请该领域的相关专家进行打分，确定各指标的相对重要度。此次调研，共向5名相关领域的专家发放了调查问卷，全部有效收回。经过采用AHP法进行计算，得到各指标重要度的计算结果见表5.9～表5.15。

表 5.9　一级评价指标对评价目标的权重计算结果

判定指标	灾害位置	巷道情况	巷道温度	灾区气体参数	通风系统情况	火源情况	W_i
灾害位置	1.000 0	0.500 0	0.200 0	0.142 9	0.500 0	0.142 9	0.034 6
巷道情况	2.000 0	1.000 0	0.166 7	0.200 0	3.000 0	0.142 9	0.065 9
巷道温度	5.000 0	6.000 0	1.000 0	0.333 3	6.000 0	0.250 0	0.178 8
灾区气体情况	7.000 0	5.000 0	3.000 0	1.000 0	8.000 0	3.000 0	0.386 5
通风系统情况	2.000 0	0.333 3	0.166 7	0.125 0	1.000 0	0.142 9	0.041 3
火源情况	7.000 0	7.000 0	4.000 0	0.333 3	7.000 0	1.000 0	0.293 0

注：一致性比例(CR)＝0.096 6；对评价目标的权重取 1.000 0；λ_{max}＝6.608 5。

表 5.10　灾害位置指标的权重计算结果

灾害位置	发生灾害的区域	巷道倾角	可能波及高位区域的概率	W_i
发生灾害的区域	1.000 0	2.000 0	0.250 0	0.193 5
巷道倾角	0.500 0	1.000 0	0.166 7	0.106 6
可能波及高位区域的概率	4.000 0	6.000 0	1.000 0	0.699 9

注：一致性比例(CR)＝0.008 9；对评价目标的权重取 0.034 6；λ_{max}＝3.009 2。

表 5.11　巷道情况指标的权重计算结果

巷道情况	支护方式	支护设备完好率	围岩稳定性	人员通行难易程度	撤退路线出口数量	冒顶情况	巷道能见度	可燃物易燃度及数量	W_i
支护方式	1.000 0	0.500 0	3.000 0	0.250 0	2.000 0	0.200 0	0.142 9	4.000 0	0.067 9
支护设备完好率	2.000 0	1.000 0	4.000 0	0.333 3	3.000 0	0.500 0	0.333 3	4.000 0	0.108 1
围岩稳定性	0.333 3	0.250 0	1.000 0	0.200 0	3.000 0	0.166 7	0.166 7	3.000 0	0.051 7
人员通行难易程度	4.000 0	3.000 0	5.000 0	1.000 0	4.000 0	0.500 0	0.333 3	6.000 0	0.173 6
撤退路线出口数量	0.500 0	0.333 3	0.333 3	0.250 0	1.000 0	0.200 0	0.166 7	2.000 0	0.038 3
冒顶情况	5.000 0	2.000 0	6.000 0	2.000 0	5.000 0	1.000 0	0.500 0	7.000 0	0.219 5
巷道能见度	7.000 0	3.000 0	6.000 0	3.000 0	6.000 0	2.000 0	1.000 0	7.000 0	0.315 5
可燃物易燃度及数量	0.250 0	0.250 0	0.333 3	0.166 7	0.500 0	0.142 9	0.142 9	1.000 0	0.025 5

注：一致性比例(CR)＝0.059 2；对评价目标的权重取 0.065 9；λ_{max}＝8.584 0。

表 5.12　巷道温度指标的权重计算结果

巷道温度	巷道温度	升温速率	W_i
巷道温度	1.000 0	5.000 0	0.833 3
升温速率	0.200 0	1.000 0	0.166 7

注：一致性比例(CR)＝0.000 0；对评价目标的权重取 0.178 8；λ_{max}＝2.000 0。

表 5.13 灾区气体情况指标的权重计算结果

灾区气体情况	灾区气体浓度	矿井瓦斯等级	W_i
灾区气体浓度	1.000 0	3.000 0	0.750 0
矿井瓦斯等级	0.333 3	1.000 0	0.250 0

注：一致性比例(CR)=0.000 0；对评价目标的权重取 0.386 5；λ_{max}=2.000 0。

表 5.14 通风系统情况指标的权重计算结果

通风系统情况	构筑物完好性	风机运行情况	通风量的供需比	灾区通风方式	W_i
构筑物完好性	1.000 0	3.000 0	3.000 0	6.000 0	0.499 0
风机运行情况	0.333 3	1.000 0	3.000 0	5.000 0	0.282 2
通风量的供需比	0.333 3	0.333 3	1.000 0	4.000 0	0.160 8
灾区通风方式	0.166 7	0.200 0	0.250 0	1.000 0	0.058 0

注：一致性比例(CR)=0.079 5；对评价目标的权重取 0.041 3；λ_{max}=4.212 4。

表 5.15 火源情况指标的权重计算结果

火源情况	火源特征	带电设备	火势大小	W_i
火源特征	1.000 0	4.000 0	0.333 3	0.264 8
带电设备	0.250 0	1.000 0	0.142 9	0.079 6
火势大小	3.000 0	7.000 0	1.000 0	0.655 5

注：一致性比例(CR)=0.031 3；对评价目标的权重取 0.293 0；λ_{max}=3.032 5。

通过层次分析计算，可得到一级指标对评价目标的权重结果及排序，如表 5.16 所示。同时，也可得到二级评价指标对评价目标的权重结果及排序，如表 5.17 所示。

表 5.16 一级评价指标对评价目标的权重

项目	内容					
指标	灾害位置	巷道情况	巷道温度	灾区气体情况	通风系统情况	火源情况
权重	0.034 6	0.065 9	0.178 8	0.386 5	0.041 3	0.293 0

表 5.17 所有二级评价指标对评价目标的重要度排序

指标	发生灾害的区域	巷道倾角	可能波及高危区域的概率	支护方式	支护设备完好率	围岩稳定性	人员通行难易程度	撤退路线出口数量	冒顶情况	巷道能见度	可燃物易燃度及数量
权重	0.006 7	0.003 7	0.024 2	0.004 5	0.007 1	0.003 4	0.011 4	0.002 5	0.014 5	0.020 8	0.001 7
排序	15	18	7	17	14	19	13	20	11	9	22
指标	巷道温度	升温速率	灾区气体浓度	矿井瓦斯等级	构筑物完好性	通风机运行情况	通风量的供需比	灾区通风方式	火源特征	带电设备	火势大小
权重	0.149 0	0.029 8	0.289 8	0.096 6	0.020 6	0.011 7	0.006 6	0.002 4	0.077 6	0.023 3	0.192 0
排序	3	6	1	4	10	12	16	21	5	8	2

由表 5.17 可以看出，指标“燃物易燃度及数量”和指标“灾区通风方式”的重要度排序分别是 21 和 22 位。这说明这两个指标对于评价目标“矿井热动力灾害救援安全性”的重要度很小，剔除后对评价结果几乎无影响。因此，为了评价指标的合理性，结合评价指标建立原则中的目的性原则、可操作性原则和综合性原则等，提高评价的效率，可以剔除这两个指标。

5.6.4　优选后的评价指标

在前节中，首先采用 Delphi 法对所建立的评价指标进行了初步筛选，剔除了“瓦斯升高速率”和“平均瓦斯涌出量”这两个指标。随后，采用 AHP 法对评价指标进行了进一步的分析和优化，最终得到优化过的评价指标，共有一级指标 6 个、二级指标 20 个，如表 5.18 所示。经过指标筛选和优化，共筛除了 4 个重要度小的指标。首先，在实际救援过程中，由于井下通风系统往往处于非稳态，风流紊乱，而且灾区是一个高危区域，因此不可能安排专人长时间待在灾区或附近进行气体监测。因此“瓦斯浓度升高速率”是较难得到的指标。其次，在某些小矿，平均瓦斯涌出量数据往往不会得到及时的更新，数据不太可靠。而且矿井瓦斯等级是一个较大范畴的指标，其指标功能基本可以涵盖平均瓦斯涌出量。因此，利用 Delphi 法剔除的这两个指标是科学的、合理的。最后，通过采用 AHP 分析法，充分利用专家的专业知识和现场经验剔除了“灾区通风方式”和“可燃物易燃程度及数量”，说明与其他指标相比，它们的重要度是最小的。因此，此次指标筛选优化结果是科学合理和可靠的，提高了评价指标的可操作性和合理性。

表 5.18　优化后的评价指标

一级评价指标		二级评价指标	
编号	指标	编号	指标
ZW_1	灾害位置	ZW_{11}	发生灾害的区域
		ZW_{12}	灾害所在巷道倾角
		ZW_{13}	灾害可能波及高危区域的概率
HD_1	灾区附近巷道情况	HD_{11}	支护方式
		HD_{12}	支护设备完好率(可靠性)
		HD_{13}	围岩性质
		HD_{14}	人员通行难易度
		HD_{15}	撤退路线出口数量
		HD_{16}	冒顶情况
		HD_{17}	巷道能见度
HW_1	巷道温度	HW_{11}	灾区温度
		HW_{12}	升温速率
ZQ_1	灾区气体情况	ZQ_{11}	灾区气体浓度
		ZQ_{14}	矿井瓦斯等级
TX_1	通风系统情况	TX_{11}	构筑物完好性
		TX_{12}	通风机运行情况
		TX_{13}	通风量的供需比

表 5.18(续)

编号	指标	编号	指标
DH_1	火源情况	DH_{11}	火源特征
		DH_{12}	带电设备
		DH_{13}	火势大小

5.7 评价指标预处理与量化方法

矿井灾害救援安全性评价指标可分为定性指标和定量指标。由于各指标的含义不同,因此表征方法和量纲也各不相同。尤其是定量指标,数量级往往不尽相同。因此,在评价前应该对所有评价指标进行预处理,使所有的评价指标具有可比性。评价指标的预处理包括评价指标的归一化处理和无量纲化的处理。

5.7.1 评价指标的预处理方法

评价指标体系确定后,在确定各指标权重之前,还需要对指标进行一致性预处理。一般来说,对于指标 $x_1, x_2, x_3, \cdots, x_n$ 的取值,有些指标值越小越好,有些指标值越大越好,甚至部分指标值是居中或者落在某一区间最好。所以,在综合评价之前,需要对指标进行一致性处理,否则难以有效判断综合评价结论值是越大越好还是越小越好。在风险评价过程中一般取极大型,这样针对极小型、居中型和区间型指标进行一致性处理能够促使其转化成极大型指标[38]。

5.7.1.1 归一化处理

用于描述矿井热动力灾害救援安全性影响因素的指标,可以分为"极大型""极小型""居中型"和"区间型"四类。比如,围岩稳定性、支护设备完好率、通风构筑物完好性等属于"极大型"定量指标,取值越大越好;瓦斯涌出量、瓦斯气体浓度、火势大小、灾区升温速率等属于"极小型"指标,取值越小越好;风量供需比、巷道温度等属于"居中型"指标,取值越居中越好;另外,还有一些指标属于"区间型"指标,取值落在某个区间范围内为最佳。

不同类型的指标无法进行综合处理评价热动力灾害救援安全性的优劣。在风险评价过程中一般取极大型,这样针对极小型、居中型和区间型指标进行一致性处理后能够促其转化成极大型指标[38]。因此,需将评价指标进行一致化处理。所谓归一化处理,是指将各指标的类型进行统一,使得处理后的各个指标对评价结果的作用方向是相同的。方法如下:

(1) 对于线性模型的处理方法

① 若指标 x 为极小型指标,则可令

$$x^* = M - x \tag{5.11}$$

或

$$x^* = \frac{1}{x} \tag{5.12}$$

式中 M——指标的规定上限。

② 若指标 x 为居中型指标,则可令

$$x^* = \begin{cases} \dfrac{2(x-m)}{M-m}, m \leqslant x \leqslant \dfrac{M+m}{2} \\ \dfrac{2(M-x)}{M-m}, \dfrac{M+m}{2} \leqslant x \leqslant M \end{cases} \tag{5.13}$$

式中 M——指标的规定上限；

m——指标的规定下限。

③ 若指标 x 为区间型指标，则可令

$$x^* = \begin{cases} 1 - \dfrac{q_1 - x}{\max\{q_1 - m, M - q_2\}}, x < q_1 \\ 1, x \in [q_1, q_2] \\ 1 - \dfrac{q_1 - x}{\max\{q_1 - m, M - q_2\}}, x > q_2 \end{cases} \tag{5.14}$$

式中 $[q_1, q_2]$——指标的最佳区间；

M, m——指标的规定上、下限；

x^*——转化后的指标。

对于非线性模型的处理方法：

① 若指标 x 为极小型指标，则可令

$$x^* = \begin{cases} 0, x \geqslant M \\ a\mathrm{e}^{b(\frac{m-x}{M-m})}, m < x < M \\ 1, x \leqslant m \end{cases} \tag{5.15}$$

式中 a, b——常数。

② 若指标 x 极大型指标，则可令

$$x^* = \begin{cases} 0, x \leqslant m \\ a\mathrm{e}^{b(\frac{x-m}{M-m})}, m < x < M \\ 1, x \geqslant M \end{cases} \tag{5.16}$$

③ 若指标 x 区间型或居中型指标，则可令

$$x^* = \begin{cases} 0, x < m \\ a\mathrm{e}^{b(\frac{x-m}{Q-m})}, m \leqslant x < Q \\ 1, x = Q \\ a\mathrm{e}^{b(\frac{Q-x}{M-m})}, Q < x \leqslant M \\ 0, \\ x > M \end{cases} \tag{5.17}$$

式中 Q——评价指标的适度值，可为一个具体的值或者一个区间范围。

通过采用上述方法，就可以将不同类型的指标转化为极大型指标，以便进行综合评价。同样，也可根据需要转化成居中型或极小型的指标。

5.7.1.2 无量纲化处理

由于矿井安全评价指标单位及量级的不同而存在着不可公度性，给矿井安全评价结果的比较带来不便，为此需要对评价指标进行无量纲化处理。所谓无量纲化处理，是指将性质、量纲各异的指标转化为可以进行综合比较的一个相对数量化值。因为矿井热动力灾害

救援安全性评价指标单位及量级的不同而存在着不可公度性，给矿井灾害救援安全性评价结果的比较带来不便。

目前主要采用线性的处理方法，可因为线性处理是等比例变化，对一些指标而言并不合理。例如，采用这种方法处理瓦斯浓度的指标值，瓦斯浓度越大，其危险度应该升高越快，而瓦斯浓度低时，升高比例相同，这种理解显然有不妥之处，所以对不同的指标应采用不同的处理方法。根据矿井救援安全评价指标特性，在大量的实践过程中除“标准化”法外，现有成果还探索出极值处理法和“功效系数”法等方法也适用于矿井灾害救援安全性评价指标的无量纲化处理。

① “标准化”处理法，即取

$$x_{ij}^{*} = \frac{x_{ij} - \overline{x}_j}{s_j} \tag{5.18}$$

显然 x_{ij}^{*} 的(样本)平均值和(样本)均方差分别为 0 和 1，x_{ij}^{*} 称为标准观测值。式中 $\overline{x}_j$、$s_j(j = 1,2,\cdots,m)$ 分别为第 j 项指标观测值的(样本)平均值和(样本)均方差。

② 极值处理法

如果令 $M_j = \max\limits_{i}\{x_{ij}\}, m_j = \min\limits_{i}\{x_{ij}\}$ 则

$$x_{ij}^{*} = \frac{x_{ij} - m_j}{M_j - m_j} \tag{5.19}$$

式(5.19)的结果是无量纲的，且 $x_{ij}^{*} \in [0,1]$。

特别地，当，$m_j = 0(j = 1,2,\cdots,m)$ 时，有

$$x_{ij}^{*} = \frac{x_{ij}}{M_j} \tag{5.20}$$

③ 功效系数法。令

$$x_{ij}^{*} = c + \frac{x_{ij} - m_j}{M_j - m_j} \times d \tag{5.21}$$

式中　M_j, m_j ——指标 x_j 的满意值和不允许值；

c, d——已知正的常数；c 的作用是对变换后的值进行“平移”；d 的作用是对变换后的值进行“放大”或“缩小”。

通常取 $c=60, d=40$，即

$$x_{ij}^{*} = 60 + \frac{x_{ij} - m_j}{M_j - m_j} \times 40 \quad x_{ij}^{*} \in [60,100] \tag{5.22}$$

为了书写方便，以下记 x_{ij}^{*} 为 x_{ij}。如无特殊说明，指标观测值 x_{ij} 均假定为极大型无量纲化的标准观测值。

通过对上述的内容进行分析可以看出，采用标准化处理的方法和极值处理的方法最能适应相关条件，所具备的优势也较为突出。通过对标准化法的采用可以实现对各项信息的充分利用，将一些主观因素剔除出评价标准当中，同时所表现出的最终价值能够反映出平均水平，更加能够符合实际情况；采用极值法进行处理，较为简单，但是很容易受到数值的影响；功效系数法的特殊性较强，所具备的简便性较为明显。利用这种方法对信息进行处理，所得到的最终结果均为 l。但是采用这种方法进行处理，并不能够维护好区间的稳定性。

5.7.2　评价指标量化方法

根据建立评价指标的可量化、可操作性、定性、定量相结合的原则，所建立的评价指标中

既有定性指标，也有定量指标。因此，在采用相关标准、规程等规定确定定量指标的同时，也需要将定性的指标进行量化，使其可以参与评价，从而可以将所有指标进行综合处理，以实现评价的目标。

5.7.2.1　定量指标的量化赋值

根据矿井热动力灾害救援安全性影响因素的特点及相关规定，定量指标可采用 5 段取值法来确定，如公式(5.23)所示。

$$\mathrm{DL}_{ij}=\begin{cases}y_{j1}, M_1 \leqslant x_{ij} < M_2 \\ y_{j2}, M_2 \leqslant x_{ij} < M_3 \\ y_{j3}, M_3 \leqslant x_{ij} < M_4 \\ y_{j4}, M_4 \leqslant x_{ij} < M_5 \\ y_{j5}, M_5 \leqslant x_{ij}\end{cases} \tag{5.23}$$

式中　DL_{ij}——第 i 个评价对象的第 j 个指标的确定值；

$y_{i1}, y_{i2}, y_{i3}, y_{i4}, y_{i5}$——表示 5 个变化区间内的数值；

x_{ij}——第 i 个评价对象的第 j 个指标的原始数据；

M_1, M_2, M_3, M_4, M_5——表示 5 个变化区间的临界值。

5.7.2.2　定性指标的量化赋值

对于定性指标的量化，同样可以采用 5 段取值法来确定，如下式所示：

$$\mathrm{DX}_{ij}=\begin{cases}a, & A_{ij}=\mathrm{Text}_1 \\ b, & A_{ij}=\mathrm{Text}_2 \\ c, & A_{ij}=\mathrm{Text}_3 \\ d, & A_{ij}=\mathrm{Text}_4 \\ e, & A_{ij}=\mathrm{Text}_5\end{cases} \tag{5.24}$$

式中　DX_{ij}——第 i 个评价对象的第 j 个指标的确定值；

a, b, c, d, e——表示第 1、2、3、4、5 变化区间内的数值；

A_{ij}——第 i 个评价对象的第 j 个指标所处状态的描述（$\mathrm{Text}_1 \sim \mathrm{Text}_5$），如“安全”、“较安全”、“一般安全”、“较危险”和“危险”。

5.7.2.3　分级指标的定量分析结果的综合

根据各分级指标进行评价得到评价结果后，要根据下式进行综合：

$$\mathrm{PJJG}=\sum_{i=1}^{m}\sum_{j=1}^{n} W_{ij} \cdot B_{ij} \tag{5.25}$$

式中　PJJG——根据原始数据得到的矿井安全状况综合评价结果；

m——待评价的矿井数；

n——评价分级指标数；

W_{ij}——评价指标权重；

B_{ij}——评价指标的等级。

5.7.2.4　安全评价指标的量化

根据矿井热动力灾害救援安全性影响因素特点，结合与煤矿生产和矿山救护的有关国家标准、行业标准及有关法律、法规、规范与规程，对没有明确规定的评价指标，采用专家调研法，最终确定了所有的指标量化分级标准，见文献[39]。

5.7.3 评价指标权重赋值方法

矿井热动力灾害救援安全性的影响因素有很多，但是各个评价指标对评价对象的影响程度有所不同，即评价指标的重要度不同。因此，在综合评价过程中，需要对各评价指标进行加权处理。指标权重是指标在评价过程中不同重要程度的反映，是评价（决策）问题中指标相对重要度的一种主观和客观的综合度量。权重的赋值合理与否，对安全评价的结果起着至关重要的作用，其中某一指标权重的变化将会影响整个评价结果，因此权重的赋值必须做到科学和客观，这就要求寻求适合的确定权重的方法。权重系数是衡量各指标重要度的数值，科学合理地确定权重是安全评价的核心问题，直接决定着评价结果的科学性和准确性。目前，常用的权值确定方法有以下四种。

5.7.3.1 主观（定性）赋权法

主观赋权法主要包括德尔菲法（Delphi）、层次分析法（AHP）、模糊子集法（FSM）、比较矩阵法（CMM）等。主观（定性）赋权法是根据专家对各指标重要程度的主观认识来确定权值的，其共同特征是：权重的确定含有主观色彩，即赋权结果与评价者的知识结构、工作经验、对情况的掌握程度及偏好等有关，即便是同一专家在不同环境下对同一指标赋权的结果往往也会有差异；在评价过程中的透明性、再现性较差；在对评价指标的重要性作出判断时，没有统一的客观定量标准；对某些指标的重要程度的判断往往具有模糊性；在一定的时间区间内，权重系数 $w_i(i=1,2,\cdots,n)$ 具有保序性和可继承性。

常用的主观赋权方法有：① 经验定权法，是指各评价专家根据评价指标在实际工作中的重要性，依据自己的工作经验和掌握的相关知识对其进行赋权的一种方法；② 层次分析法（AHP），有效考虑了指标间的关联关系和多层次结构关系，与评价问题的实际情况更加吻合，将所有指标两两进行比较，具有一定的定量化特点，克服了大多数主观定权方法的弊端。其他的主观定权法还有最小平方法、环比评分法等研究方法。在以上主观赋权法中，层次分析方法是最成熟和经典的方法，其应用较为广泛。

5.7.3.2 客观（定量）赋权法

此类赋权法主要包括熵值法（EVM）、主成分分析法、灰色关联度分析法等。客观（定量）赋权法是直接根据各个指标的原始信息，经过一定的数学方法处理后获得权值的方法。客观赋权法克服了主观赋权法的一些弊端，但也存在一些缺陷。主要反映在：对同一评价指标体系的两组不同的评价对象，即便使用同一种客观赋权方法来确定各评价指标的权值也可能会导致结果存在些许差异；用客观（定量）赋权方法确定的评价指标的权值有时可能会与评价专家的主观认识不一致，与人们对现实情况的了解可能也有差异；客观（定量）赋权方法对评价样本的数量要求比较高，只有在大样本的基础上确定的指标权值才会趋于稳定，才能用于对评价对象进行逐个评价[40]。常用的赋权法包括：① 灰色关联分析法，该方法主要是利用灰色关联分析中的关联矩阵，通过分析关联矩阵中的关联强度来确定各指标的权重，该方法最早由我国邓聚龙教授在 1982 年提出；② 熵值法，该方法最早由美国数学家 C. E. Shannon 引入通信工程并进而形成信息论的。而 C. E. Shannon 所定义的信息熵反映了系统无序化的程度，信息熵越小，系统的无序化程度将越大，信息熵越大，系统的无序化程度越小。此外，还有多目标规划法、基于方案贴近度法、离差及均差法、向量相似度法等多种客观度量方法。这类方法的突出优点是权系数客观性强，但没有考虑到决策者的主观意愿且计算方法大都比较烦琐，在实际情况中，依据上述原理确定的权系数。最重要的指标不一定具有最大的权系数，最不重要的指标却可能具有最大的权系数，得出的结果会与各属性的实际重要程度相悖，难以给出明确的解释。

5.7.3.3　综合集成赋权法

从以上两类确定权重的方法可以看出：主观法主要是专家通过对评价指标内涵和外延的深入理解，依据自身的经验和知识来作出较为准确的判断，但是这种决策带有一定的主观随意性，容易受到所选专家的经验、知识、个人偏好等方面的影响。而客观法主要根据各指标的变异程度或者彼此之间的相关关系来确定指标权重，这样避免了主观法的主观随意性所带来的偏差，但该类方法忽略了指标本身在实际运行中的重要程度。针对主观法和客观法所存的优缺点，一些研究人员对权重确定方法从主观和客观相结合的视角进行分析，提出了综合赋权法，也称组合赋权法[41]。目前，该类研究方法已经取得了一定的研究成果。综合集成赋权法主要是把主、客观赋权法结合起来，使得在确定的权重系数的同时也体现主观信息和客观信息。通常的方法有加法集成法和乘法集成法。

5.7.3.4　变权赋值方法

变权赋值法是近年来新兴的一种指标权重赋值方法。它主要是利用神经网络、小波分析、极限学习机等的理论与技术，通过网络的学习、训练，得到指标的权值。变权赋值方法可避免传统方法的局限性、专家评价的主观性以及数据来源的单一性而导致的模型与实体间不客观的简化所产生的获得客观、公正评价结果的困难，能够适应系统动态、非线性变化的特点。

由于矿井热动力灾害的灾变机理极其复杂，灾情多变，所构成的评价系统庞杂，且边界并不十分清晰。采用客观（定量）赋权法存在较大难度，主观（定性）赋权法又存在较大的人为性。尤其是救护队员在煤矿灾害救援中所面对的风险，具有随机性、模糊性、不确定性和动态变化性，决定着灾害的变化并不会按照某一特定的规律或函数变化。因此，矿井热动力灾害救援安全性的评价应尽可能采用变权赋值的方法，建立评价模型，评价和预测救灾的安全性。从而，使得评价指标的体系和方法更加科学化、合理化。

参考文献

[1] 张宇. 煤矿事故应急救援能力评价体系的构建研究[D]. 大连：大连交通大学，2011：19-36.

[2] 郭军，岳宁芳，金永飞，等. 矿井热动力灾害救援安全性评价指标体系[J]. 煤矿安全，2017，48(7)：253-256.

[3] 王学琛. 煤矿安全生产风险评价与预警系统研究[D]. 武汉：武汉理工大学，2017：3-6.

[4] 陈璐，史秀志，陈沅江. 基于成熟度模型的金属非金属矿山安全标准化体系评估研究[J]. 安全与环境学报，2013，13(1)：224-228.

[5] 李凡修，梅平. 多元联系数模型在煤矿安全评价中的应用[J]. 采矿与安全工程学报，2011，28(1)：163-166.

[6] 谭玉琴，谢雄刚，殷涛，等. 事故致因链综述及应用[J]. 采矿技术，2020，20(1)：124-128.

[7] 高晓旭. 基于 4M 理论的煤矿本质安全研究[D]. 西安：西安科技大学，2010：24-39.

[8] 李树刚，成连华，林海飞. 安全科学原理[M]. 2 版. 西安：西北工业大学出版社，2014：

35-86.
[9] 祝楷.古典、现代事故致因链在我国煤矿事故分析中的比较研究[J].工业安全与环保，2016，42(3)：78-81.
[10] 周琳，薛宇敬阳，刘希扬.事故的组织管理原因文献综述[J].中国安全生产科学技术，2016，12(10)：185-190.
[11] 李波，巨广刚，王珂，等.2005—2014年我国煤矿灾害事故特征及规律研究[J].矿业安全与环保，2016，43(3)：111-114.
[12] 田水承，李红霞，王莉，等.从三类危险源理论看煤矿事故的频发[J].中国安全科学学报，2007，17(1)：10-15.
[13] 陈红，谭慧，祁慧，等.煤矿重大事故防控的“行为栅栏”体系设计[J].经济管理，2006，28(15)：66-70.
[14] 李红霞，薛建文，张恒，等.煤矿安全氛围对险兆事件的影响研究[J].安全与环境学报，2015，15(3)：161-164.
[15] 史晓明.煤矿事故致因理论模型构建与案例分析[J].资源与产业，2011，13(增刊1)：53-56.
[16] 傅贵，殷文韬，董继业，等.行为安全“2-4”模型及其在煤矿安全管理中的应用[J].煤炭学报，2013，38(7)：1123-1129.
[17] 齐琪，张金锁.基于事故致因煤矿应急管理评价指标研究[J].煤矿安全，2014，45(6)：226-229.
[18] 许名标，彭德红.煤矿事故致因理论分析与预防对策研究[J].中国矿业，2006，15(12)：31-34.
[19] 祁丽霞，杨雪.煤矿生产事故致因机理辨析与仿真[J].煤矿安全，2012，43(3)：190-192.
[20] 李海涛，邵泽东.基于头脑风暴优化算法与BP神经网络的海水水质评价模型研究[J].应用海洋学学报，2020，39(1)：57-62.
[21] 黄继广.基于主成分分析法的河南省煤矿事故原因分析[J].华北科技学院学报，2018，15(6)：98-102.
[22] 陈亮，王恩元，冯俊军，等.基于两总体Fisher判别分析法的煤与瓦斯突出预测[J].煤矿安全，2015，46(12)：158-160.
[23] 耿兴银，刘海生，程根银，等.基于因子分析的山西省煤矿安全发展影响因素研究[J].华北科技学院学报，2019，16(1)：103-107.
[24] 文婧.基于聚类分析的突发事件网络舆情传播机制研究[D].长春：长春工业大学，2019：5-6.
[25] 黄颖.应用聚类分析算法研究东北地区电性岩石圈结构[D].长春：吉林大学，2019：16-17.
[26] 高锦.基于有效性评价的加权聚类集成算法研究[D].太原：山西大学，2018：9-11.
[27] 孙继平，宋姝.基于遗传算法实现聚类的煤矿内因火灾识别[J].湖南科技大学学报(自然科学版)，2006，21(1)：1-4.
[28] 王云刚，周辰，李辉，等.基于熵权灰色关联法的煤与瓦斯突出主控因素分析[J].安全

与环境学报,2016,16(6):5-9.
[29] 李运强,程五一,南玮超.基于 BP 网络的矿井安全状况综合评价的研究[J].中国矿业,2006,15(7):80-83.
[30] 殷涛,谢雄刚.矿井内因火灾的安全评价研究:基于熵值法和突变理论[J].矿业安全与环保,2020,47(2):120-124.
[31] 窦强.基于 GIS 和层次分析法的深圳市废弃矿山地质环境评价[D].长春:吉林大学,2020:30-32.
[32] 刘亚静,毛善君,姚纪明,等.基于层次分析法的煤矿安全综合评价[J].矿业研究与开发,2007,27(2):82-84.
[33] 汤结鸿.模糊层次分析法在发电厂安全评价中的应用探讨[D].北京:首都经济贸易大学,2016:24.
[34] 孙维丽,苏伟伟.基于 AHP-模糊综合评价的煤田火区危险性评价及应用[J].能源与环保,2020,42(6):12-15.
[35] 胡新义,周岩.预抽煤层瓦斯消突效果评价 FTA 及综合指标优选[J].中国安全生产科学技术,2012,8(1):128-132.
[36] 张燕.基于层次分析法的航空运输危险品源评估分析[J].北京航空航天大学学报(社会科学版),2020,33(4):121-125.
[37] 张永领.基于 Delphi 法和最小判别的应急能力逐级评价模式研究[J].中国安全科学学报,2010,20(2):165-170.
[38] 吴开兴,贾明灿,张惠民.基于 4M-C-I 煤矿安全评价指标体系的灰色关联分析[J].工矿自动化,2014,40(2):84-87.
[39] 郭军.矿井热动力灾害救援安全性评价与动态预测[D].西安:西安科技大学,2016:65-88.
[40] 陈维占,杨玉中.基于综合赋权与集对分析的煤炭企业安全评价[J].矿业安全与环保,2020,47(1):105-109.
[41] 夏砚波.基于综合集成赋权与模糊综合评价的煤矿项目社会稳定性风险评估研究[D].西安:西安邮电大学,2016:5-37.

第6章 安全评价模型与预测模型的构建

本章将基于评价预测模型构建的基本原则，提出模型的构建思想与步骤，分析和优选常用的安全评价预测模型，构建基于 FCE-AHP（模糊多层次）的静态评价模型，以及基于 ELM（极限学习机理论）的动态预测模型，为矿井热动力灾害救援安全性动态预测提供评价与预测方法。

6.1 模型的构建原则和步骤

6.1.1 建模原则

作为矿井灾害救援系统危险辨识的核心内容，在建立矿井热动力灾害救援安全性评价模型时，需要遵循以下基本思想和原则[1]：

（1）在现代事故致因理论的基础上，建立系统、科学的评价指标。现代事故致因理论，是传统事故致因理论发展的结果，符合当代事故防治特点，对当代事故的分析具有很好的诠释性。因此，评价指标体系的建立必须基于现代事故致因理论，且必须反映矿井热动力灾害救援各层次和各子系统的逻辑和数量关系。

（2）基于大数据思想的建模方法。煤矿灾害救援安全性评价的前提，是了解和掌握足够的与灾害救援相关的信息，充分了解煤矿灾害的致灾机理和发展规律，并分析关键影响因素。因此，建模过程应基于大数据的思想，利用先进的计算机技术搜集和分析矿井灾害演化过程中大量的灾情信息，整理和分析大量救援案例中的关键信息，为建立科学、合理、可靠的模型奠定信息资源基础。

（3）坚持高科技与可操作性有机结合的原则。高新技术的研究成果是现代科学高效的安全评价技术的基础，比如神经网络、极限学习机等技术，相对而言就是运用现代科技发展的最新成果，以及采用交叉学科和边缘学科的研究成果进行发展创新。将这些新方法、新技术引进到安全评价领域，并对其进行改进，提高其可操作性和适用性，从而更好地实现矿井安全领域内安全评价技术的快速发展和创造性突破。

（4）建立基于多模型的研究方法。每种模型都有其优缺点和适用性，而且不同评价对象的特点也不相同。如果采用单一的模型可能会导致评价结果失真和不可靠，尤其是当该领域引进一种新方法、新技术时，此类问题尤为凸显。因此，需针对同一评价对象，尽可能地建立多种模型，如静态与动态模型、传统模型与基于高科技新方法的模型等，使得各模型的评价结果可以相互对照分析，检验和优化建模的方法，使模型更加科学、结果更加可靠。

6.1.2　建模步骤

建立模型的一般步骤应包括以下方面，具体如图 6.1 所示。

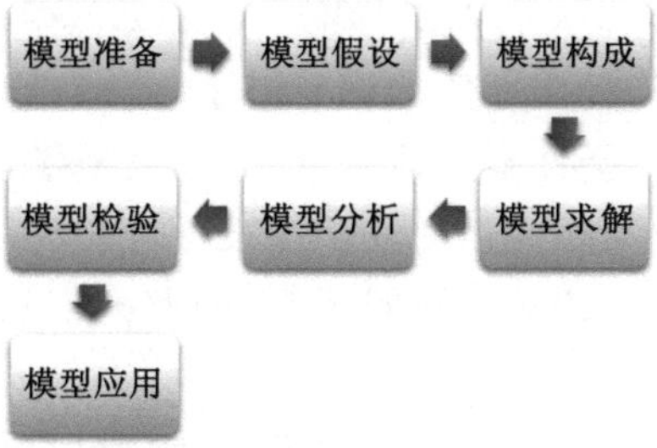

图 6.1　模型的构建步骤

(1) 模型准备。首先要了解问题的实际背景、明确建模的目的、搜集建模必需的各种信息、尽可能梳理实际对象特征，由此初步确定模型的类型。

(2) 模型假设。根据对象的特征和建模的目的，对问题进行必要、合理的简化，用精确的语言做出假设。假设的依据，一方面是对问题内在规律的认识；另一方面是对数据或现象的分析。

(3) 模型构成。根据所做的假设，分析对象的因果关系，构造各个量（常量或变量）之间的关系或其他数学结构。

(4) 模型求解。采用数值计算等各种传统或近代的数学方法，特别是计算机技术求解模型。

(5) 模型分析。对模型的解答，分析变量间的依赖关系或稳定状况，有时还需进行误差分析、模型对数据的稳定性或灵敏性分析等。

(6) 模型检验。用实际的现象、数据，检验模型的合理性和适用性。

(7) 模型应用。模型应用的方式取决于问题的性质和建模的目的。

6.2　模型的类型及特点

按照评价指标的权重系数是否变化，可将模型分为静态模型和动态模型。按照模型的“透明度”可将动态模型分为白箱、灰箱和黑箱模型；按照模型的功能，可将模型分为评价模型和预测模型[2-5]。

(1) 静态模型。静态模型是指在评价过程中，指标权重系数固定不变的评价模型，其权重通常根据相关专家的经验来确定。评价原理是专家利用经验知识和对评价对象机理的理解，对各评价指标进行打分，确定各指标对于评价目标的重要度（权重），然后进行下一步的评价活动。静态模型包括层次分析法模型、模糊综合评价法模型、灰色综合评价法模型等[6-7]。静态评价模型的最大特点是，由于此类模型需要评价者对评价对象的机理非常清楚，且模型中的指标权重系数由专家确定，评价结果的可靠性与专家经验知识密切相关。因此，此类模型一般较适用于简单系统。但与此同时，这也使得静态评价模型的评价过程更容易让人接受，可以直观地研判评价结果的正确性和可靠性。

(2) 动态模型。动态模型是指在评价活动中，指标的权重系数是动态变化的，会根据样本数据的情况智能化计算和优化指标权重达到一个最优值以完成评价任务。该类模型主要是指由具有人工智能特性的算法建立的模型，如 BP 神经网络模型、SVM 模型和 ELM 模型等[8-10]。此类模型在评价过程中，人们不用特别了解和熟悉灾害的机理和发展规律，只需将代表灾害的指标体系建立出来，列出原始数据。模型将智能化学习数据的规律和特点，不断优化指标权重至最优值，完成对新样本的评价，最大限度地实现评价结果的客观和准确。此类模型比较适用于大型非线性动态变化的复杂系统评价，该模型的推理机制是一个类似“黑箱”的过程，其权重的确定往往不能被直观的理解，因此人们通常没有办法直观地评判评价结果的准确性和可靠性。

（3）白箱模型。也称为机理模型。它完全可以通过过程的机理分析和先验知识，利用基本的物理定律进行构建。对于复杂工业系统来说，机理建模方法的适用范围非常有限，因为实际中人们很难摸清事件过程的演化机理，况且机理分析总是基于简化或假设之上，导致结果往往与实际之间存在较大偏差。

（4）灰箱模型。对象的部分机理清晰，但部分需要确定输入、输出数据。模型的建立可能存在两种情况，一种情况是由物理背景推断出模型的结构，然后用辨识或模拟的方法获得模型参数；另一种情况是根据先验知识得出模型的部分结构，而其他部分则是未知的黑箱模型，需要由观测数据确定。对于复杂的工业系统，灰箱建模是一个值得研究的重要方法。如何把过程的先验知识或验后知识，甚至可能是系统设计的知识应用到建模过程，是一个富有挑战性的重要课题。

（5）黑箱模型。过程的内部机理不清晰，只能通过给过程施加某种激励信号，然后测定其响应结果，再根据输入、输出数据，通过系统辨识或模拟的方法建立模型。有关线性黑箱系统的黑箱辨识已经建立了一套较为完整的理论。复杂的工业系统大多是非线性的动态系统，而且先验知识往往难以获得，因而非线性系统的黑箱模型不依赖系统的先验知识，但却可用来描述任何非线性动态过程。相对的神经网络就是一种有效的非线性动态系统的建模工具。

在矿井灾害救援安全性评价过程中，应将静态评价模型和动态预测模型有机地结合起来，用传统静态的评价模型对救援案例的数据进行安全等级划分，形成简单易懂、科学可靠的样本数据。然后将该样本数据用于动态预测模型的网络训练和检验，可以提高模型的科学性和可靠性。

6.3 基于 AHP-FCE 的评价模型构建

6.3.1 AHP 方法及其建模

层次分析法(AHP)指利用层次法构建评价的因素指标体系，对每一层次的因素指标进行两两比较得出相对重要程度，建立判断矩阵，通过计算判断矩阵的最大特征值及其相应的特征向量得到权重值，最后通过一致性检验来验证权重的客观性。

美国匹兹堡大学的运筹学家 T. L. Saaty 教授，在 20 世纪 70 年代提出了层次分析法(Analytical Hierarchy Process)，简称 AHP。AHP 是对复杂问题进行分析的一种简便、灵活而又实用的多准则决策方法。它的特点是把复杂问题中的各种因素通过划分为相互联系的有序层次，根据对一定客观现实的主观判断结构把专家意见和分析者的客观判断结果直接而有效地结合起来，通过一层次元素两两比较的相对重要性进行定量描述。而后利用成对比较矩阵反映每一层次元素的相对重要性次序的权值，通过所有层次之间的总排序计算所有元素的相对权重并进行排序。层次分析法可以将决策者的思维过程和主观判断系统化、定量化，不仅能简化问题的复杂程度及计算过程，而且能够保持决策者思维决策准则的一致性。基于定性与定量相结合的多目标决策分析技术—层次分析法，能够处理难以量化的复杂社会经济方面的问题[11]。层次分析法自从 1982 年被介绍到我国以来，以其定性分析与定量分析相结合的决策处理方法以及其系统灵活简洁的优点，迅速地在我国社会经济各个领域得到了广泛的重视和应用。

层次分析法建模的步骤包括：建立递阶层次的结构模型；构造判断矩阵；计算特征值向量及一致性检验(包括层次单排序及一致性检验、层次总排序及一致性检验)。

6.3.1.1　建立递阶层次的结构模型

应用 AHP 分析法进行问题决策时，首先要把问题层次化，构造出一个有层次的结构模型。在这个模型下，复杂问题被分解为按属性及关系形成若干层次的元素的组成部分。上一层次的元素作为准则对下一层次有关元素起支配作用。这些层次一般分为以下三类：最高层，层次中只有一个元素即目标指数是分析问题的预定目标，因此也称为目标层；中间层，也称为准则层，这一层次中包含了为实现目标所涉及的中间环节，它可以由若干个层次组成，包括所需考虑的准则、子准则；最底层：也称为措施层或方案层。这一层次包括了为实现目标可供选择的各种措施、决策方案等。层次结构图如图 6.2 所示。

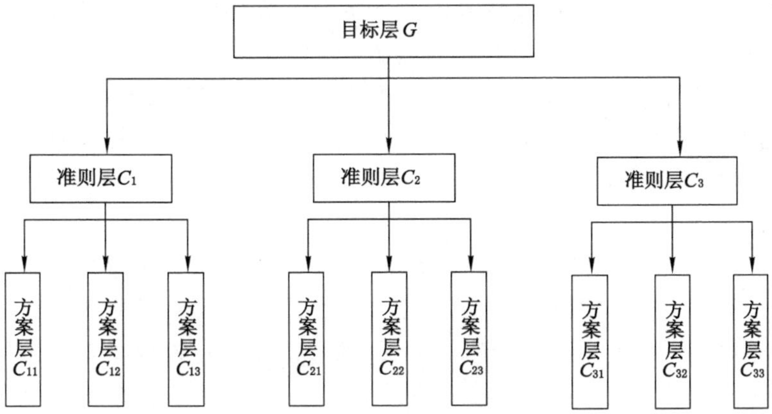

图 6.2　层次结构图

问题的复杂程度及需要分析的详尽程度决定了递阶层次结构模型中的层次数。一般层次数不受限制，每一层次中各元素所支配的元素一般不要超 9 个。因为支配的元素过多会给两两比较判断带来困难。

6.3.1.2　构造判断矩阵

设现在要比较 n 个因子 $X = [X_1, X_2, \cdots, X_n]$ 对某因素 Z 的影响大小，为提供较为可信的数据，我们可以采取对因子进行两两比较建立成对比较矩阵，即每次取两个因子 X_i 和 X_j，以 a_{ij} 表示 X_i 和 X_j 对 Z 的影响大小之比，全部比较结果用矩阵 $\mathbf{A} = (a_{ij})_{n \times n}$ 表示，称 $\mathbf{A}$ 为 $Z \sim X$ 之间的判断矩阵。容易看出，若 X_i 与 X_j 对 Z 的影响之比为 a_{ij}，则 X_j 与 X_i 对 Z 的

影响之比应为 $a_{ji}=\dfrac{1}{a_{ij}}$。关于如何确定 a_{ij} 的值，引用数字 $1\sim9$ 及其倒数作为标度。

6.3.1.3 计算特征值向量及一致性检验

判断矩阵 $\boldsymbol{A}$ 对应于最大特征值 $\lambda_{\max}$ 的特征向量 $\boldsymbol{W}$，经归一化后即为同一层次相应因素对于上一层次某因素相对重要性的排序权值，这一过程称为层次单排序。上述构造判断矩阵的办法能减少其他因素的干扰，较客观地反映出一对因子影响力的差别。但综合全部比较结果时，其中难免包含一定程度的非一致性。如果比较结果是前后完全一致的，则矩阵 $\boldsymbol{A}$ 的元素还应当满足：

$$a_{ij}a_{jk}=a_{ik},\forall i,j,k=1,2,\cdots,n \tag{6.1}$$

n 阶正互反矩阵 $\boldsymbol{A}$ 为一致矩阵，当且仅当其最大特征根 $\lambda_{\max}=n$；当 $\boldsymbol{A}$ 在一致性上存在误差时必有 $\lambda_{\max}>n$，并且误差越大（$\lambda_{\max}-n$）的值越大。可以由 $\lambda_{\max}$ 是否等于 n 来检验判断矩阵 $\boldsymbol{A}$ 是否为一致矩阵。由于特征根连续地依赖于 a_{ij}，故 $\lambda_{\max}$ 比 n 大得越多，$\boldsymbol{A}$ 的非一致性程度也就越严重，$\lambda_{\max}$ 对应的标准化特征向量也就越不能真实地反映出 $\boldsymbol{X}=[X_1,\cdots,X_n]$ 在对因素 Z 的影响中所占的比重。

6.3.2 FCE 方法及其建模

模糊集合理论(Fuzzy Sets)的概念是 1965 年美国控制理论专 L. A. Zadeh 教授提出的，现在基于模糊集合理论的评价方法，即模糊综合评价法已经形成了一套相对完整的系统[12]。模糊综合评价现在已经广泛地应用于经济管理、环境监测、教学科研等领域的评价。陈晓红等[13]选取多家已上市的信息技术服务公司为样本数据，利用模糊综合评价法对样本的信用情况进行评估，能够得到公司的信用等级，数据结果能够指导决策者改善公司信用条件。海热提·涂尔逊等[14]等借助模糊综合评价，对某城市的可持续发展情况构建模型进行研究和评价，在城市的潜力评估方法上有了新发展。蓝华等[15]在教学科研领域运用模糊综合评价，对学术期刊质量进行分析评估。综上所述，模糊综合评价的应用范围非常广泛，不只局限于经济管理领域，研究以及实践的空间比较大。

模糊综合评价分析方法的基础是模糊数学，其原理就是把待考察的模糊对象以及反映模糊对象的模糊概念作为一定的模糊集合，建立适当的隶属函数，并通过模糊集合论的有关运算和变换，对模糊对象进行定量分析。实现步骤：首先确定被评价对象的因素（指标）集 $C=(C_1,C_2,\cdots,C_n)$ 和评价集 $V=(V_1,V_2,\cdots,V_m)$。其中 u_i 为各单项指标，v_j 为对 u_i 评价等级层次，一般可分为五个等级（优、良、中、差、劣）。再分别确定各个因素的权重 W 及它们的隶属度向量 R，经过模糊变换，得到模糊评价矩阵 R。最后把模糊评价矩阵与因素的权重向量集进行模糊运算并进行归一化，得到模糊综合评价结果集 S，$S=W\cdot R$，于是 (C,V,R,W) 构成一个综合评价模型。

对于复杂的系统，需要考虑因素众多，这时会出现两方面的问题：一是因素过多，对于个别的权重分配难于确定，或即使确定了，但由于因素太多，每个因素的权值都会显得很小，于是会导致运算后显现不出有的价值结果；二是因素可能有类别或层次，难于在同一水平上确定权重，这时就可使用多级模糊多目标决策系统。

以下以二级模糊多目标决策为例来说明其详细步骤：

第一步把因素集 $\boldsymbol{U}=[X_1,X_2,\cdots,X_n]$ 按某种属性分成 S 个子因素集 $u_1,u_2,\cdots,u_s$，其中

$$u_i = \{x_{i1}, x_{i2}, \cdots, x_{im}\}, (i = 1,2,\cdots,s) \tag{6.2}$$

且满足

$$\begin{cases} n_1 + n_2 + \cdots n_s = n \\ u_1 \cup u_2 \cup \cdots \cup u_s = U \\ u_i \cap u_j = \varnothing, (i \neq j) \end{cases} \tag{6.3}$$

第二步对每个子因素集 u_i 分别作一级模糊多目标决策。设评语集 $\boldsymbol{V} = [y_1, y_2, \cdots, y_m]$ 且 u_i 中各因素对于 $\mathbf{V}$ 的权重分配为

$$\boldsymbol{A}_i = \{a_{i1}, a_{i2}, \cdots, a_{im}\} \tag{6.4}$$

设 $\boldsymbol{R}_i$ 为单因素评价矩阵，则可以得到一级评价向量

$$\boldsymbol{B}_i = \boldsymbol{A}_i \cdot \boldsymbol{R}_i = (b_{i1}, b_{i2}, \cdots, b_{im}), (i = 1,2,\cdots,s) \tag{6.5}$$

第三步将每一个 u_i 看作一个因素，记

$$\boldsymbol{K} = \{u_1, u_2, \cdots, u_s\} \tag{6.6}$$

这样，$\boldsymbol{K}$ 又构成一个因素集，其单因素评价矩阵由一级评价向量组成

$$\boldsymbol{R} = \begin{bmatrix} \boldsymbol{B}_1 \\ \boldsymbol{B}_2 \\ \vdots \\ \boldsymbol{B}_s \end{bmatrix} = \begin{bmatrix} b_{11} & b_{12} & \cdots & b_{1m} \\ b_{21} & b_{22} & \cdots & b_{2m} \\ \vdots & \vdots & & \vdots \\ b_{s1} & b_{s2} & \cdots & b_{sm} \end{bmatrix} \tag{6.7}$$

每个 u_i 作为 $\boldsymbol{U}$ 的一部分，反映着 $\boldsymbol{U}$ 的某种属性，可按他们的重要性给出权重分配，于是得到二级模糊多目标决策

$$\boldsymbol{B} = \boldsymbol{A} \cdot \boldsymbol{R} = (b_1, b_2, \cdots, b_m) \tag{6.8}$$

假如每个子因素 $u_i(i=1,2,\cdots,s)$ 还含有不同层次或不同类型的子因素，可再继续进行划分，类似于二级决策过程可得到三级决策模型，甚至四级模型、五级模型等。

模糊综合评价中因素集中各因素的隶属度叫作权重，确定其确切值的方法主要有模糊统计法、德尔菲法、择优比较法、层次分析法和模糊层次分析法。

在确定了指标体系的权值之后，还要根据指标体系的特点确定各指标的合成方法，即将下层指标权值复合成上层指标权值的计算方法。可用于安全综合评价指标体系合成的方法主要有模糊综合评价法、最优权综合评价法、数值计算与安全评价法等。

从模糊综合评价的特点可以看出，它具有其他综合评价方法所不具备的优点，这主要表现在：

(1) 模糊综合评价结果以向量的形式出现，提供的评价信息比其他方法丰富。首先，模糊综合评价结果本身是一个向量而不是一个单点值，并且这个向量是一个模糊子集，较为准确地刻画了对象本身的模糊状况。所以本身在信息的质和量上都具有优越性。其次，模糊综合评价结果经进一步加工，又可提供一系列的参考信息。如按照最大隶属度原则，取隶属度最大的评价等级，就可确定被评价对象的最终等级。

(2) 评价从层次角度分析复杂对象。一方面符合复杂系统的状况，有利于最大限度地客观描述被评价对象；另一方面还有利于尽可能准确地确定权数。在从因素对被评价对象的重要程度出发确定权数时，通常把整个评价因素体系的权数看成一个整体。这样，当复杂系统包含评价因素较多时，必然会导致每个因素的权数很小，导致因素问题的重要程度差异不易体现。如果将复杂系统分层，则每个层次内的因素将变少，因素对被评价对象的隶属度

和重要程度会较容易确定。因此,被评价对象越是复杂,结构层次越多,应用多层次模糊综合评价的效果越理想。

(3) 模糊综合评价方法的适用性强,它既可用于主观因素的综合评价,又可用于客观因素的综合评价。在实际生活中,"亦此亦彼"的模糊现象大量存在,所以模糊综合评价的应用范围很广,特别是主观因素的综合评价中,由于主观因素的模糊性很大,使用模糊综合评价的效果优于其他方法。

(4) 模糊综合评价中的权数属于估价权数(估价权数是从评价者的角度认定各评价因素重要程度),因此可以人为调整。根据评价者的着眼点不同,可以改变评价因素的权数。这种定权方法适用性较强。另外还可以同时用几种不同的权数分配对同一被评价对象进行综合评价以进行比较研究。但是权数调整后往往会破坏同一被评价对象的不同评价结果间的可比性,因为不同被评价对象使用不同的权数进行综合评价时彼此间无法比较。

以上是模糊综合评价方法的优越性,但它也有自身的局限性,比如:

(1) 模糊综合评价过程中,不能解决评价因素间的相关性造成评价信息重复的问题。因此,在进行模糊综合评价前,因素的预选和筛除十分重要,需要尽量把相关程度较大的因素删除,以保证评价结果的准确性。另一方面,如果评价因素考虑得不够充分,有可能影响评价结果的区分度。本书依据事故理论的综合论观点和煤矿的实际情况,确定了煤矿安全评价因素体系,确保有足够的评价因素信息量,并且删除了相关程度较大的因素。

(2) 在模糊综合评价中,因素的权重不是在评价过程中伴随产生的,这样人为定权具有较大的灵活性,一定程度上反映了因素本身对被评价对象的重要程度,但较大的人为主观性导致结果与客观实际可能会有偏差。

6.3.3 基于非线性多层次模糊综合评价模型构建

综合评价方法是指将两种或两种以上的方法进行改进和结合,以便在评价过程中能够发挥这些方法各自的优势,同时避免各方法的缺点,以达到提高评价的精度和可靠性的目的,使评价结果更加客观。

矿井热动力灾害事故的发展演化过程,是一个多因素、多层次、复杂的"人-机-环境-管理"系统,具有很强的非线性和模糊性特点[16],而且热动力灾害救援安全性评价属于多属性综合评价范畴。因此,为了克服单一数学模型在应用中存在的缺陷,可以将 AHP 法和模糊评价法进行结合,建立 AHP-FCE 评价模型对灾害救援案例进行评价。矿井热动力灾害救援安全性评价的 AHP-FCE 评价模型的结构如图 6.3 所示。

如图所示,多层次模糊综合评价模型的原理和过程为:首先,可以利用 AHP 法建立多层次评价指标结构并确定各指标的权重。然后通过建立评价模型并利用指标量化和处理方法,对所有隶属度模糊的评价指标进行量化分级去模糊化,从而确定指标的隶属度。最后采用模糊综合法定量化计算各事故案例的安全等级。

6.3.3.1 AHP 法确定指标权重

利用 AHP 法对同级指标进行两两对比确定其相对重要度,然后进行相关的数学处理,最后获得各指标的权重系数。该方法具有较强的逻辑性,且结果可信度较高。具体计算过程和步骤如下:

步骤 1:假设要比较 n 个指标 $x = \{x_1, x_2, \cdots, x_n\}$ 对评价目标 T 的影响程度,确定其权重系数。将所有指标进行两两对比,得到判断矩阵 $\mathbf{A}$,可表示为:

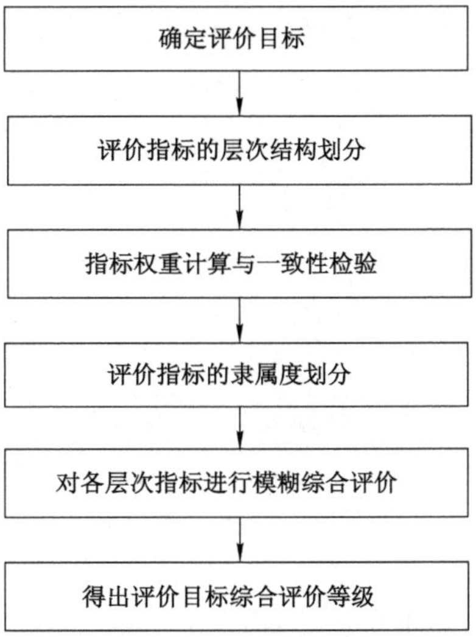

图 6.3　非线性多层次模糊综合评价模型基本结构

$$\mathbf{A}=\begin{bmatrix}1 & a_{12} & a_{13} & \cdots & a_{1n}\\ a_{21} & 1 & a_{23} & \cdots & a_{2n}\\ a_{31} & a_{32} & 1 & \cdots & a_{3n}\\ \vdots & \vdots & \vdots & 1 & \vdots\\ a_{n1} & a_{n2} & a_{n3} & \cdots & 1\end{bmatrix} \tag{6.9}$$

式中　a_{ij} ——表示指标 x_i 和指标 x_j 对评价目标 T 的影响程度之比。

矩阵中 a_{ij} 的值是专家采用 1～9 标度法，对指标的两两比较做出的模糊定性等级评价结果。采用 1～9 标度法进行专家打分的标准，如表 6.1 所示。

表 6.1　1～9 标度方法

重要性强度	定义	说明
1	因素 x_i 与因素 x_j 相同重要	两个活动对一个目标贡献相同
3	因素 x_i 比因素 x_j 稍微重要	二者之前判断差异轻微
5	因素 x_i 比因素 x_j 明显重要	二者之前判断差异明显
7	因素 x_i 比因素 x_j 强烈重要	二者之前判断差异强烈
9	因素 x_i 比因素 x_j 极端重要	差异达到可能范围的最大限度
2,4,6,8	以上各值的中间标度	用于需要达成妥协的场合
上述各值的倒数	因素 x_j 比因素 x_i 的重要度比较	
比率形式	有上述标度构成的比率	用于强制实现一致性的场合

由上表可以得出，$a_{ij}>0, a_{ij}=\dfrac{1}{a_{ji}}(ij$ 表示 $i=1,2,\cdots,n; j=1,2,\cdots,n)$

步骤 2：指标权值的计算。首先，求判断矩阵 $\mathbf{A}$ 每行元素之积 M_i，计算公式如下所示：

$$M_i=\prod_{i=1}^{n} a_{ij}(i=1,2,\cdots,n; j=1,2,\cdots,n) \tag{6.10}$$

然后，计算 M_i 的 n 次方根 $\overline{W}_i$，如下式所示：

$$\overline{W}_i = \sqrt[n]{M_i}, (i = 1,2,\cdots,n) \tag{6.11}$$

最后，对向量 $\overline{W} = (\overline{W}_1, \overline{W}_2, \cdots, \overline{W}_n)^T$ 进行归一化处理，便可得到特征向量 W_i，如下式所示：

$$W_i = \frac{\overline{W}_i}{\sum_{i=1}^{n} \overline{W}_i} \tag{6.12}$$

则 $\boldsymbol{W} = (W_1, W_2, \cdots, W_n)^T$ 即为所求的特征向量。该特征向量的各分量就是对应指标的权值。

步骤 3：评价矩阵的一致性检验。判断矩阵是 AHP 法的关键，也是由专家对各评价指标的相对重要度进行主观判断确定的。然而，由于人对事物判断的局限性和客观事物的复杂性，判断结果的完全一致是很难做到的。因此，需要对判断矩阵进行一致性检验，使得结果具有实际意义。检验的具体步骤如下：

首先，计算最大特征根 λ_{max}，计算公式如下：

$$\lambda_{max} = \sum_{i=1}^{n} \frac{(\boldsymbol{AW})_i}{n\, W_i}, i,j = 1,2,\cdots,n \tag{6.13}$$

式中　W_i ——表示特征向量 $\boldsymbol{W}$ 第 i 个指标的值；

$(\boldsymbol{AW})_i$ ——表示 $\boldsymbol{AW}$ 的第 i 个指标的值；

$\boldsymbol{A}$——表示专家给出判断矩阵；

$\boldsymbol{W}$——表示由判断矩阵 $\boldsymbol{A}$ 得出的特征向量；

n——为判断矩阵的阶数。

然后，计算一致性比例 CR，计算公式如下：

$$\mathrm{CI} = \frac{\lambda_{max} - n}{n - 1} \tag{6.14}$$

$$\mathrm{RI} = \frac{\sum_{i=1}^{n} \mathrm{CI}_i}{n} \tag{6.15}$$

$$\mathrm{CR} = \mathrm{CI}/\mathrm{RI} \tag{6.16}$$

表 6.2 中列出了 1～15 阶矩阵的平均随机一致性指标，可根据具体评价对象及判断矩阵的阶数，选取相应的 RI。

表 6.2　平均随机一致性指标(RI)的取值

阶数	指标序号														
	1	2	3	4	5	6	7	8	9	10	11	12	13	14	15
RI	0	0	0.52	0.89	1.12	1.26	1.36	1.41	1.46	1.49	1.52	1.54	1.56	1.58	1.59

当 CR<0.10 时，可认为所建立的判断矩阵符合逻辑，具有满意的一致性，可以依据该判断矩阵进行指标的权值计算。否则，必须重新调整判断矩阵，并重新进行一致性检验直到 CR<0.10 为止。

步骤 4：指标权重的修正。采用 AHP 法建立的判断矩阵具有一定的主观性，会因专家的专业领域、经验等不同而有一定的差异。因此，为尽量消除专家因素产生的误差，应邀请多名专家进行指标重要度的打分，然后根据专家的工作性质、工作年限、技术职务、学历水平等因素对专家打分的可信度进行加权平均处理，从而得出各检查项目的最终评价指标的权重值。影响专家评分可信度的因素及取值如表 6.3 所示。对于不同的评价指标而言，不同专业、工种和研究方向的专家评分的可信度序列不同。因此，在进行评分时需根据安全评价指标因素的不同设定专家工种的权值，其他指标权值直接参照该表计算。

表 6.3　影响评分权重的因素及对应权值量化

一级影响因素		二级影响因素	
指标	权值	指标因素	权值
工作性质	3	科研院所	1～7
		煤矿企业	1～7
		煤矿救护队	1～7
		政府安监	1～7
工作年限	2.5	30 年以上	7
		25～29 年	6
		20～24 年	5
		15～19 年	4
		10～14 年	3
		5～9 年	2
		5 年以下	1
技术职务	2	教授(教授级高工)	5
		副教授(高工)	3
		讲师(技术员)	2
		其他	1
学历	1.5	博士及以上	6
		硕士及以上	4
		大学本科	3
		大学专科及以下	2
年龄	1	50 岁以上	4
		40～50 岁	3
		30～40 岁	2
		30 岁以下	1

第 l 位专家打分的可信度，可通过下式进行计算：

$$r_i = \sum_{i=1}^{5} W_i B_i^l \tag{6.17}$$

式中　B_i^l——表示第 l 位专家在第 i 个评价指标上的得分；

i——表示评价指标的序列，$i = 2,3,4,5$；

l——表示专家序列，$l = 1,2,3,\cdots,n$。

最后，将各专家的打分可信度进行归一化处理，便可得到专家打分的权重系数，如下式所示：

$$R_i = \frac{r_i}{\sum_{i=1}^{m} r_i} \tag{6.18}$$

式中　m——表示专家总数。

6.3.3.2　评价指标的隶属度确定

由于煤矿安全的评价指标有定性指标，也有定量指标，因此具有一定的模糊性。因此，按照模糊综合评价的要求将评价指标进行量化分级，采用的方法主要通过 Delphi 法建立评价指标的量化分级，然后对所有指标进行隶属度划分。根据矿井热动力灾害救援安全性影响因素特点，结合与煤矿生产和矿山救护的有关国家标准、行业标准及有关法律、法规、规范与规程，对没有明确规定的评价指标，采用专家调研法，最终确定了所有的指标量化、分级标准，如附表 I 所示。

6.3.3.3　综合评价

对于多层次综合评价模型，计算步骤如下：按各因素的属性，将因素集 $\boldsymbol{U}$ 划分成 S 个不相交的子集，表示为：$\boldsymbol{U} = \{U_1, U_2, \cdots, U_s\}$；在各子集 $U_k(k = 1,2,\cdots,s)$ 范围内，分别选择适宜的模型进行评价。具体地，就是依据 $U_k(u_{k1}, u_{k2}, \cdots, u_{km})$ 中各要素的重要度，确定因素模糊向量 $\boldsymbol{A}_k(a_{k1}, a_{k2}, \cdots, a_{km})$；对 U_{ki} 按评语集 $\boldsymbol{V} = \{V_1, V_2, \cdots, V_m\}$ 判定出 U_{ki} 对 V_i 的隶属度 $r_{ij}(i = 1,2,\cdots,m; j = 1,2,\cdots,n)$，并组成单因素评价矩阵 $\widetilde{\boldsymbol{R}_k}$。

由此可得：$\widetilde{\boldsymbol{B}_k} = \widetilde{\boldsymbol{A}_k} \cdot \widetilde{\boldsymbol{R}_k} = (b_{k1}, b_{k2}, \cdots, b_{kn})(k = 1,2,\cdots,s)$，将 $\boldsymbol{U}$ 上的 S 个子集看作 $\boldsymbol{U}$ 上的 S 个单因素，然后按各U_k 在 $\boldsymbol{U}$ 中的重要度，确定其权重并组成因素模糊向量：$\widetilde{\boldsymbol{A}} = (a_1, a_2, \cdots, a_s)$。

根据 U_k 的评价结果 $\widetilde{\boldsymbol{B}_k} = (b_{k1}, b_{k2}, \cdots, b_{km})(k = 1,2,\cdots,s)$，则总的单因素评价矩阵，可表示为：

$$\widetilde{\boldsymbol{R}} = \begin{bmatrix} \widetilde{\boldsymbol{B}}_1 \\ \widetilde{\boldsymbol{B}}_2 \\ \vdots \\ \widetilde{\boldsymbol{B}}_s \end{bmatrix} = \begin{bmatrix} b_{11} & b_{12} & \cdots & b_{1n} \\ b_{21} & b_{22} & \cdots & b_{2n} \\ \vdots & \vdots & & \vdots \\ b_{s1} & b_{s2} & \cdots & b_{sn} \end{bmatrix} \tag{6.19}$$

则有

$$\widetilde{\boldsymbol{B}} = \widetilde{\boldsymbol{A}} \cdot \widetilde{\boldsymbol{R}} = \widetilde{\boldsymbol{A}} \cdot \begin{bmatrix} \widetilde{\boldsymbol{B}}_1 \\ \widetilde{\boldsymbol{B}}_2 \\ \vdots \\ \widetilde{\boldsymbol{B}}_s \end{bmatrix} = \widetilde{\boldsymbol{A}} \cdot \begin{bmatrix} \widetilde{\boldsymbol{A}}_1 \cdot \widetilde{\boldsymbol{R}}_1 \\ \widetilde{\boldsymbol{A}}_2 \cdot \widetilde{\boldsymbol{R}}_2 \\ \vdots \\ \widetilde{\boldsymbol{A}}_s \cdot \widetilde{\boldsymbol{R}}_s \end{bmatrix} \tag{6.20}$$

如上所述为一个二级综合评价模型，若将因素集 $\boldsymbol{U}$ 划分为更多层，那么采用该方法也可以得到多级的综合评价结果。

6.4　常用预测模型的建模方法

煤矿安全预测是根据系统运行状态现在和过去状态危险值，利用预测数学模型，来评价将来某一时刻系统的危险度值，控制系统的危险增长，保证系统处于安全状态[17]。安全预测技术经过多年的发展，动态预测模型的建立逐渐从统计学向计量经济学和控制论方向发展。统计学模型是传统的安全预测技术，常用的有回归分析、马尔可夫模型和极限学习机等方法[18-20]。随着人工神经网络理论、技术的发展和广泛应用，基于神经网络的时间序列预测法也较多地应用在煤矿涌水量预测、煤矿瓦斯涌出量预测以及煤矿安全预测等方面。文献调研表明现有的预测方法多达几百种，而煤矿安全预测属于时间序列数据预测和处理问题，而且具有非线性动力学特性。传统的、常用的安全预测建模通常采用数理统计和随机过程理论具有明显的局限性，难以满足煤矿安全预测问题的需要。神经网络具有极强的非线性动力学特性，具有通过学习逼近任意非线性映射的能力，将神经网络应用于非线性系统的建模与辨识具有一定的优势。

6.4.1　人工神经网络动态模型

6.4.1.1　概述

人工神经网络，亦称为神经网络，是由大量处理单元（神经元）广泛互连而成的网络，是对人脑的抽象、简化和模拟以反映人脑的基本特性。人工神经网络的研究是从人脑的生理结构出发来研究人的智能行为，模拟人脑信息处理的功能。它是根植于神经科学、数学、统计学、物理学、计算机科学及工程等学科的一种技术。人工神经网络的学习是一种归纳学习方式，它通过对大量实例的反复学习，由内部自适应过程不断修改各神经元之间互连的权值，最终使神经网络的权值分布收敛于一个稳定的范围[21]。神经网络的互联结构及各连接权值稳定分布表示了经过学习获得的知识。一个已经建立的人工神经网络可用于相关问题的求解，对于特定的输入模式，神经网络通过前向计算可得出一个输出，从而得到输入样本的一个特定解。

人工神经网络的研究出发点是以生物神经元学说为基础的[22]。神经元是处理信息的基本单元，主要由细胞体、树突、轴突和突触（又称神经键）组成，结构如图 6.4 所示。细胞体是神经元新陈代谢的中心，也是接受与处理信息的部件。树突围绕细胞体形成树状结构，通过突触接收其他神经元输入的信号。轴突是细胞体向外延伸得最长、最粗的一条树枝纤维体，它是神经元的输出通道。神经元的输出信号通过此通道，从细胞体长距离地传达到神经系统的其他部分。突触是一个神经元的轴突与另一个神经元树突之间的功能性接触点，在突触处，两个神经元并不相通，仅仅是彼此发生功能联系的界面。

突触可分为兴奋型和抑制型两种，若突触后膜的电位超过引起神经激发的阈值即为兴奋型，反之是抑制型。一个神经元将所有与其输入通路相连的突触上的兴奋电流收集起来，若兴奋电流占主导地位，则该神经元被激活并将这个信息通过与其输出通道相连的突触传送给其他神经元。突触的另一个特点是具有可塑性，即神经元的神经键（突触）随着动作电位的脉冲激活方式与强度的变化，其电位传递作用可增强和减弱，这种特性是人工神经网络权值学习的生物学基础。

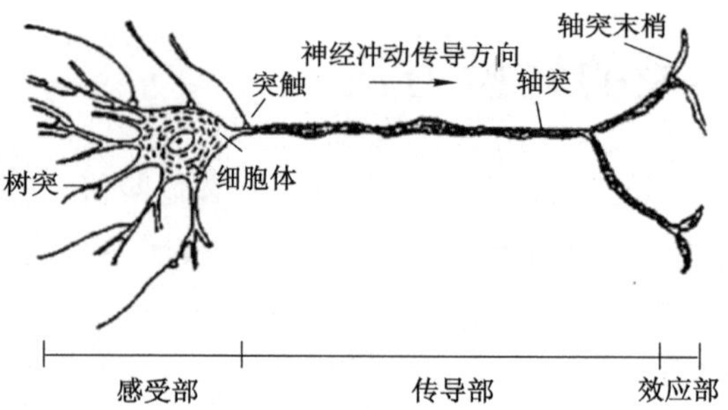

图 6.4　生物神经元模型

6.4.1.2　人工神经网络模型的分类

从生物神经元信息处理与传递的功能可看出，神经元是一个多输入单输出的信息处理单元，而且它对信息的处理是非线性的[23]。工程上正是根据生物神经元的这种特性和功能把神经元抽象为人工神经元。一般来说，作为神经元模型应具备三个要素：有一组突触或连接，常用于表示神经元和神经元之间的连接强度，或称之为权值。与生物神经元不同，人工神经元权值的取值可在负值与正值之间。具有反映生物神经元时空整合功能的输入信号累加器，以及一个激活函数用于限制神经元输出。激活函数将输出信号压缩(限制)在一个允许范围内使其成为有限值，通常神经元输出的扩充范围在或闭区间。一个典型的人工神经元模型如图 6.5 所示。

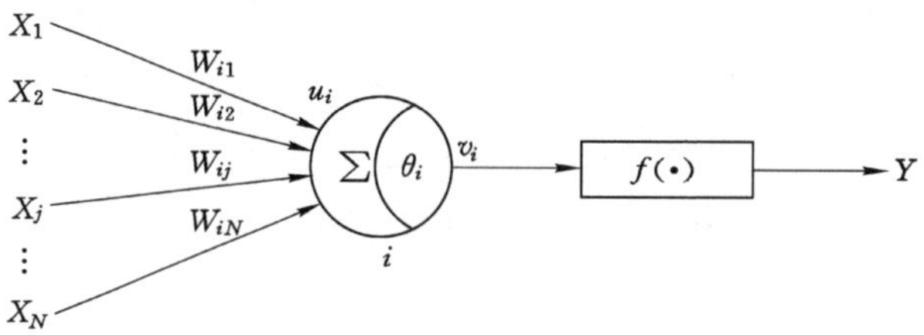

图 6.5　人工神经元模型

其中 $X_j(j=1,2,\cdots,N)$ 为神经元 i 的输入信号，W_{ij} 为突触强度或连接权。u_i 是由输入信号线性组合后的输出，是神经元 i 的净输入。θ_i 为神经元的阈值或称为偏差用 b_i 表示，v_i 为经偏差调整后的值，也称为神经元的局部感应区。

$$u_i = \sum w_{ij} x_j \tag{6.21}$$

$$v_i = u_i + b_i \tag{6.22}$$

$f(\cdot)$ 是激活函数，是神经元的输出。

$$y_i = f\left[\sum w_{ij} + b_i\right] \tag{6.23}$$

激活函数 $f(\cdot)$ 可取不同的函数，其中 Sigmoid 函数，即 S 型函数是目前人工神经网络中最常用的激活函数。其定义如下：

$$f(v) = \frac{1}{1+e^{-\lambda v}} \tag{6.24}$$

或

$$f(v)=\frac{1-e^{-\lambda v}}{1+e^{-\lambda v}} \tag{6.25}$$

式中参数 λ 称为 Sigmoid 函数的增益，其值决定了函数非饱和段的斜率，λ 越大，曲线越陡。对应于式(6.24)和式(6.25)，Sigmoid 函数的曲线如图 6.6(a)和图 6.6(b)所示。式(6.24)的函数称单极性 Sigmoid 函数，式(6.25)的函数称双极性 Sigmoid 函数或双曲正切函数。

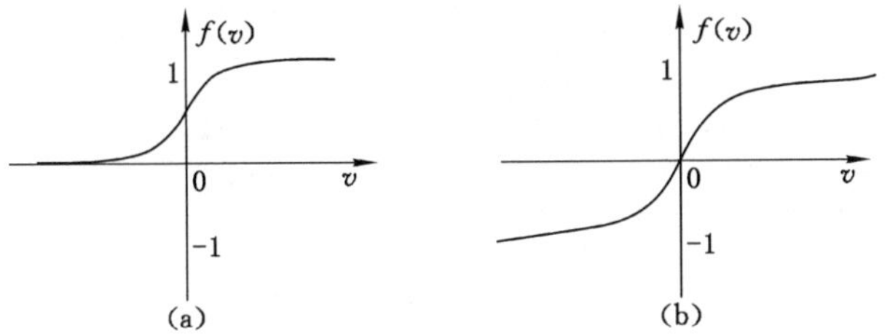

图 6.6　Sigmoid 函数

1）按网络结构分类

神经网络模型按网络结构和信息流向可划分为前馈网络和反馈网络。前馈神经网络则是指神经元分层排列，组成分别为输入层、中间层和输出层。每一层的神经元只接受来自前一层神经元的输入，后面的层对前面层没有信号反馈。输入模式经过各层的顺序传播，最后在输出层上得到输出。这类网络结构通常适于预测、模式识别及非线性函数逼近，一般典型的前向神经网络基于梯度算法的神经网络如网络 BP，最优正则化方法如 SVM，径向基神经网络和极限学习机神经网络。反馈网络又称回归网络，输入信号决定反馈系统的初始状态，系统经过一系列状态转移后逐渐收敛于平衡状态，因此稳定性是反馈网络最重要的指标之一。比较典型的是 Hopfield 神经网络、海明神经网络、小波神经网络双向联系存储网络、波尔兹曼机。

前馈神经网络是最常用的神经网络模型，特别是单隐层前馈神经网络具有系统辨识和逼近能力，因此前馈神经网络是控制领域中应用最为广泛的。一般的前馈网络包括一个输入层、一个输出层和若干隐层。隐层可以有单个或者多个，若隐层为单个，则称为单隐层前馈网络。若为多个隐层，则称为多隐层前馈网络。

一个前馈网络可以定义为无圈的有向图 $N=(V,E,W)$，其中 V 为神经元集合，E 为连接权值集合，W 为连接赋予一实值的权重。神经元集 V 可以被分成无接受域的输入结点集 V_1，无投射域的输出结点集 V_0 和隐结点集 V_H。一般会假设一个特殊的偏置结点，它的输出恒为＋1，它和输入节点除外的所有节点相连，图 6.7 表示了一个前馈网络的结构。

前馈神经网络的输入输出关系可以看成一种映射关系，即每一组输入对应着一组输出。由于网络中神经元作用的函数为非线性，因此网络实现的是复杂的非线性映射。

2）按学习形式分类

就学习过程和组织与管理而言，神经网络的学习方法可分为有监督学习与无监督学习；从学习过程的推理和决策方式而言，分为确定性学习、随机学习和模糊学习[24]。

(1) 有监督学习：这种学习方式对网络的输出有一个评价标准，网络将实际输出和评价标准进行比较，由其误差信号决定连接权值的调整。评价标准由外界提示该网络，相当于由有一位知道结果的教师示范给网络以标准过程，故这种学习又称为有教师学习。该学习网

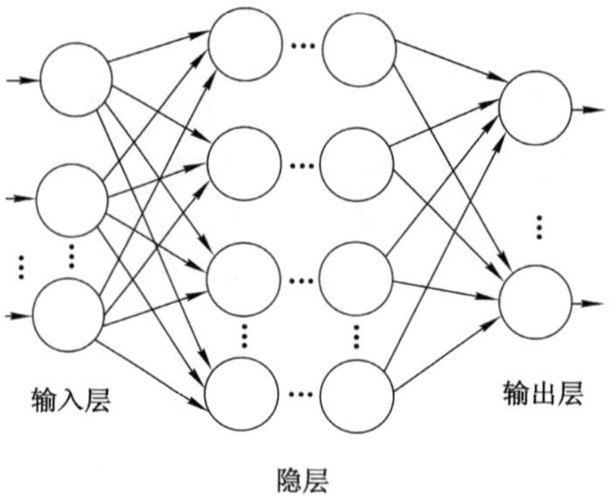

图 6.7 一般的前馈神经网络结构

络的权值一般根据某种规则进行调整。

(2) 无监督学习:无监督学习是一种自组织学习,此时网络的学习完全是一种自我调整的过程,不存在外部环境的示教,也不存在外部环境的反馈指示网络期望输出什么或者判定当前输出是否正确,故又称为无教师学习。

详细地,所谓自组织学习就是网络根据某种规则反复地调整连接权值以适应输入模式的激励,指导网络最后形成的某种有序状态。亦可说神经元对输入模式的不断适应,抽取输入信号的统计特征进行权值调整。一旦网络适应了有关输入信号的 Hebb 学习规则和相近学习规则,则前者会产生自放大作用,后者产生竞争作用,故自组织学习时通过自放大、竞争以及协调等作用实现的调整过程。输入数据的冗余为神经网络提供知识,如根据输入数据的统计特征可以得到一些知识。如果没有这种冗余性,则自组织学习就不能发现输入数据中的任何模式或特征,故数据冗余性是自组织学习的必要条件。无监督学习可以实现主成分分析、聚类、编码以及特征映射的功能。

6.4.1.3 人工神经网络所面临的问题

不论使用何种激励函数,或者不论多少隐层数目,例如前馈神经网络如 BP 网络、RBF 网络,支持向量机等在理论上都具有完美的连续系统辨识能力,但是现有的前馈神经网络都面临下列几个问题[25-26]:

1) 收敛缓慢,往往需要很长的训练时间

目前一般的前馈网络如 BP 网络、支持向量机等收敛速度缓慢。特别是在误差梯度曲面的平坦区,误差梯度信息极小,每次对权重的改变量也极小,使得网络收敛极其缓慢甚至网络不能收敛。特别是在智能控制领域,在线实时控制对神经网络系统辨识速度要求极高。目前神经网络的训练速度问题已经成为制约神经网络发展与应用的最主要问题。

2) 神经网络不能辨识跳变、非平滑、分段连续等混合系统

系统辨识是神经网络主要的应用方向,虽然目前从理论上已经证明了单隐层神经网络能够逼近任意连续系统,但是对于非连续、跳变、分段连续等非线性混合系统,神经网络还不具备逼近能力。若能设计某些算法使得神经网络能够逼近任意混合系统,那么该算法的功能将趋于完备。

3) 神经网络对于实际系统的辨识精度往往难以满足要求

神经网络的系统逼近能力在实际使用中是有限的,复杂、大规模、高维系统的辨识精度

离实际需求有较大差距。尽管已经证明只要隐层神经元个数足够等于样本数量，那么单隐层前馈神经网络可以以 0 误差逼近任何连续系统，可是这一理论在实际应用中并没有多大意义。因为实际的学习过程中，若要无限近某一大规模系统，那么隐含层神经元个数必须是非常巨大，计算获得数量如此巨大的神经元权值需要极大的训练时间。一般而言，神经网络均有一个极限误差值，对于大系统而言，使用神经网络进行系统逼近其误差也会比较大。

4）网络隐层节点数的确定

目前数学上已经证明了单隐或多隐层前馈神经网络均能实现任意连续系统的辨识。但是，隐层节点数（隐层神经元的个数）的确定至今没有任何理论指导，只能使用经验公式或者进行实际实验得到。如何确定隐层神经元的最优个数一直是一个没有很好解决的问题。

5）过拟合

过拟合是指训练后的网络对训练样本具有极高的训练精度，但是对工作样本的预测误差非常大[27]。在训练过程中，过拟合现象使得训练误差减小时测试误差却未减小，甚至出现增大的情况。过拟合导致网络的泛化能力差，且无法确定当前最优的网络权值，是 BP、SVM 等传统前馈网络的主要问题之一。图 6.8 是神经网络训练过程中，训练集合测试集上误差随时间变化的曲线。训练集和测试集中的样本取自同一问题。显然，测试集上的误差与训练集上的误差随训练时间的增加而逐渐减小，但到一定的训练程度后，训练误差仍在减小，而测试误差却开始增加。

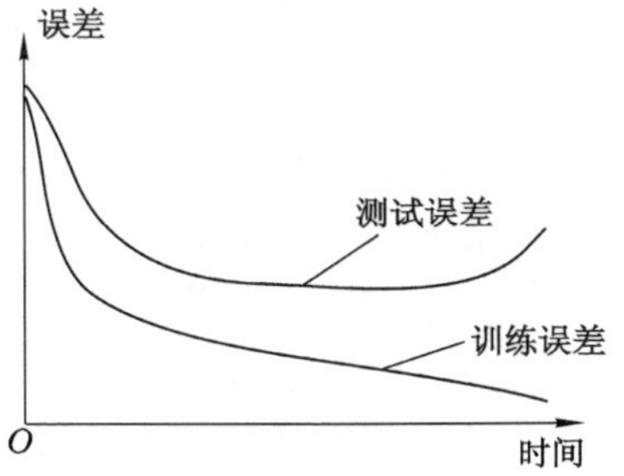

图 6.8　过拟合的图形解释

6）学习过程中的“假饱和”或称“平台”现象

所谓“假饱和”现象是指学习过程中误差在一定的时间范围内，并不随学习次数的增加而减少，而过了这段时间后误差明显下降的现象。“假饱和”或者“平台”现象的产生不仅与神经元的总输入有关，而且与神经元的作用函数直接相关。导致“平台”现象的最直接原因是神经元作用函数的导数值很小，致使权值修改量很小。

7）易陷入局部最小

基于梯度计算的前馈神经网络学习方法如 BP 算法，本质上是以误差的平方和为目标函数，用梯度法求其最小值的算法。除非误差平方和函数是正定的，否则必然产生局部极小点。当局部极小点产生时，BP 算法所求的解就不是全局最优解。

6.4.2　BP 神经网络模型

6.4.2.1　BP 网络概述

BP 神经网络，即多层前馈神经网络，由输入层、隐含层和输出层组成，其中隐含层可以有多层。其特点是：层神经元之间无反馈连接，各层内神经元间没有任何连接[28]。隐含层的激活函数一般为非线性函数,最常用的是形函数。输出层的激活函数可以是非线性的,也可以是线性的,由输入、输出映射关系确定。

BP 网络的算法是一种迭代算法,其完整的学习过程由工作信号正向传播和误差信号反向传播两个子过程组成:

(1) 工作信号正向传播:输入信号从输入层经隐单元传向输出层,在输出端产生输出信号,这是工作信号的正向传播。在信号的向前传递过程中网络的权值是固定不变的,每一层神经元的状态只影响下一层神经元的状态。如果在输出层不能得到期望的输出则转入误差信号反向传播。

(2) 误差信号反向传播:网络的实际输出与期望输出之间的差值即为误差信号,误差信号由输出端开始逐层向后传播,这是误差信号的反向传播。在误差信号反向传播过程中,网络的权值由误差反馈进行调节,通过权值的不断修正使网络的实际输出更接近期望输出。

通过调整神经网络的规模(输入节点数、输出节点数、隐含层层数和隐含层节点数)及网络中连接权值就可以实现非线性分类等问题,并且可以以任意精度逼近任何非线性函数。

6.4.2.2 BP 网络的相关理论

网络结构设计包括的主要内容为:网络的层数;每层的神经元数;初始权值的选取;学习速率的选取;期望误差的选取。其设计的网络性能将会直接影响到评价结果的可靠性。

1) 网络的层数确定

理论上已证明,具有输入层、偏差和至少一个型隐含层加上一个线性输出层的网络,能够逼近任何有理函数。

理论上也认为,增加网络的层数可以提高网络性能,减少误差,提高精度,同时使网络结构复杂化,增加了训练的时间,还可能出现“过拟合”现象。因此在设计网络时可参考这一点,应优先考虑三层网络(即仅有一个隐含层)。一般来说,靠增加隐含层节点数来获得较低的误差,其训练效果要比增加隐含层数更容易实现。没有隐含层的神经网络模型,实际上就是一个线性或非线性(取决于输出层采用线性或非线性转换函数型式)回归模型。一般认为应将不含隐含层的网络模型归入回归分析中,在神经网络理论中不再讨论。

对于某一求解问题必有一个输入层和一个输出层,隐含层数则需要根据问题的复杂性来分析和确定,隐含层的合理选取是网络取得良好性能的关键步骤。

研究表明:隐含层数的增加可以形成更复杂的决策域,使网络解决非线性问题的能力得到加强。由于网络计算过程的实质是一种映射关系,这种映射将最初的输入空间映射到存在线性函数的适当空间中,因此认为隐含层最多只需要两层即可满足训练需求。合理的隐含层数应与实际问题的复杂程度与非线性程度相适应,给系统赋予一个相适应的算法,根据某一特定的问题进行不同隐含层数的网络训练,合理的隐含层数应该使网络收敛且系统误差最小。

2) 隐含层神经元数的确定

在网络中采用适当的隐含层神经元非常重要,是网络模型功能实现成功与否的关键。神经元太少,则网络难以处理较复杂的问题;反之,神经元数太大,则会导致网络训练时间急剧增加,而且过多的神经元还会导致网络训练过度,出现“过拟合”现象,将训练数据组中的没有意义的信息也记忆在网络中,难以建立正确的评价模型。但是神经元数的合理确定主要还是根据需要解决的问题进行反复比较,目前理论上还没有一种科学的和普遍适用的确定方法来指导神经元数的确定。图 6.9 给出了在解决同一问题时隐含层神经元数对网络性能分析的影响结果。

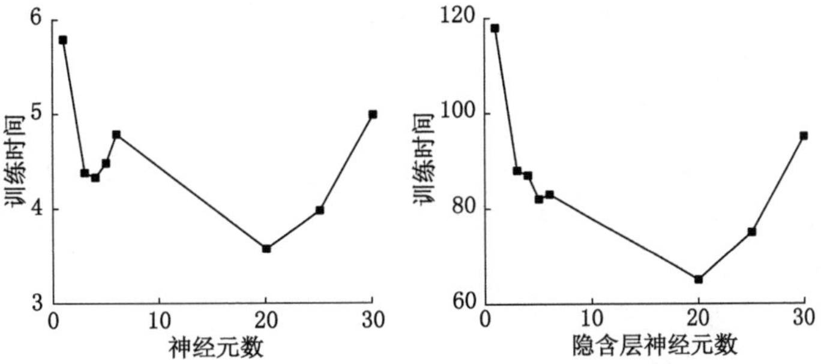

图 6.9　隐含层神经元数对网络性能的影响[29]

一些确定隐含层节点数的计算公式都是针对训练样本多的情况，且多数以最不利的情况为分析背景，在一般工程实践中很难满足相关计算条件。事实上，各种计算公式得到的隐含层节点数有时相差几倍甚至上百倍。为尽可能避免训练时出现“过拟合”现象，应保证足够高的网络性能和泛化能力。确定隐含层节点数的最基本原则是：在满足精度要求的前提下取尽可能紧凑的结构，即取尽可能少的隐含层节点数。研究表明，隐含层节点数不仅与输入/输出层的节点数有关，更与需解决的问题的复杂程度和转换函数的型式以及样本数据的特性等因素有关。

根据图 6.9 和训练误差的变化情况，在确定网络隐含层节点数时应该满足以下几个条件：

(1) 隐含层节点数必须小于 $N-1$(其中 N 为训练样本数)，否则，网络模型的系统误差与训练样本的特性无关而趋于零，这样建立的网络模型既没有泛化能力，也没有任何实用价值。同理可推得：输入层的节点数(变量数)也必须小于 $N-1$。

(2) 训练样本数必须多于网络模型的连接权数，一般为 2～10 倍，否则样本必须分成几部分并采用“轮流训练”的方法才能得到可靠的神经网络模型。

(3) 用几何平均规则来选择中间层中的处理单元数。对于具有 R 个输入单元和 m 个输出单元的网络，根据以下的规则进行神经元数的确定：

三层神经网络：隐含层神经元 $s_1 = \sqrt{mR}$；

四层神经网络：第一隐含层神经元 $s_1 = mR^2$，第二隐含层神经元 $s_2 = mR$。

隐含层节点数太少时，网络可能根本不能完成训练或网络性能很差；若隐含层节点数太多，虽然可使网络的系统误差减小，但一方面会导致网络训练时间延长，另一方面训练容易陷入局部极小点而得不到最优点，使训练时出现“过拟合”。因此合理的隐含层节点数应在综合考虑网络结构复杂程度和误差大小的情况下用节点删除法和扩张法确定节点数。

3) 初始权值的选取

初始权值对于网络学习是否达到局部最小、是否能够收敛以及训练时间的长短有很大的关系。从激活函数的特点分析，初始权值应该取(－1,1)之间的随机数，从而保证神经元的权值都能够在它们的型激活函数变化最大之处进行调节。最佳初始权值的选择的数量级是 $\sqrt[r]{s_1}$，其中 s_1 是第一层神经元数，r 为输入矢量的数目。

4）学习速率

学习速率决定着每一次循环训练中所产生的权值变化量。学习速率过大将导致系统不稳定；过小则会造成训练时间太长，减慢收敛速度，但是容易达到误差最小值。在煤矿安全评价中一般选取学习速率为 0.01～0.8。

5）期望误差的选取

在设计网络的训练过程中，期望误差也应当通过对比训练寻求最优的期望误差[30]。本书的"最优"是相对于隐含层的节点数确定的，因为较小的期望误差值需要通过增加隐含层的节点以及训练时间来获得。

6.4.2.3　BP 网络模型的性能和泛化能力

训练神经网络的首要和根本任务是确保训练好的网络模型，对非训练样本具有好的泛化能力（推广性），即有效逼近样本蕴含的内在规律，而不是仅考察网络模型对训练样本的拟合能力。由存在性结论可知，即便每个训练样本的误差都很小（可以为零），也并不意味着建立的模型能够逼近训练样本所蕴含的规律。因此，仅给出训练样本误差的大小而不给出非训练样本误差的大小没有任何意义。

要分析建立的网络模型对样本所蕴含的规律的逼近情况（能力），即泛化能力必须用非训练样本误差的大小来表示和评价，这也是必须将总样本分成训练样本和非训练样本，而绝不能将全部样本用于网络训练的主要原因之一。判断建立的模型是否已经有效逼近样本所蕴含的规律，最直接和客观的指标是从总样本中随机抽取的非训练样本误差是否和训练样本的误差一样小或稍大。非训练样本误差很接近训练样本误差或比其小，一般可认为建立的网络模型已经有效逼近训练样本所蕴含的规律，否则，若样本数量相差过大（如几倍、几十倍甚至上千倍），则说明建立的网络模型并没有有效逼近训练样本所蕴含的规律，只是在这些训练样本点上逼近，而建立的网络模型是对训练样本所蕴含规律的错误反映。训练样本的误差可以达到很小，因此从总样本中随机抽取的一部分测试样本的误差表示网络模型计算和预测所具有的精度（网络性能）是合理的和可靠的。

值得注意的是，判断网络模型泛化能力的好坏，并不是观测测试样本误差大小的本身，而是检验测试样本的误差是否接近于训练样本和检验样本的误差。

6.4.2.4　BP 网络性能面临的问题

BP 学习算法具有理论依据充分、推导过程严谨、物理概念清晰及通用性好等优点，因此在很多领域都有成功的应用实例[31-32]。但 BP 算法也存在一些不足之处：

① BP 学习算法的收敛速度很慢。

② BP 学习算法采用梯度下降法，计算时可能出现局部极小问题。当局部极小点产生时 BP 算法所求得的解就不是全局最优解。

③ 网络隐含层的层数及节点个数的优化选择尚无明确结论。

对于 BP 网络算法改进的研究有很多，既有从 BP 算法本身来考虑的，也有把其他优化方法（遗传算法、模拟退火法等）用于 BP 网络训练的尝试。此外，还可通过附加动量法和调整自适应学习速率等方法进行 BP 网络算法的改进。

1）附加动量法

附加动量法在修正网络权值时，不仅需要考虑误差在梯度上的作用，更需要考虑误差曲面上变化趋势的影响，其作用如同一个低通滤波器，它允许网络忽略网络上产生微小的变化特性，因而利用附加动量的作用就有可能滑过局部极小值而接近真实值。该方法是在反向传播法的基础上在每一个权值的变化上加上一项正比于前次权值变化量的值，并根据反向传播法来产生新的权值变化。

2）调整自适应学习速率

学习率 η 的取值为 $0<\eta<1$。η 越大，对权值的修改程度越大。但是，当网络的权值分布已接近稳定的权值分布时，过大的 η 将使权值分布的修改发生振荡，难以收敛于稳定的权值分布。若 η 较小，则每次迭代计算对权值的修改较小，修改过程将缓慢地收敛于稳定的权值分布。改变学习速率方法是指在学习过程的初期学习率取较大的值，随着学习过程的进行，逐渐减小学习率。根据网络学习过程的收敛特征来设计适当的学习速率更正函数，既可加快学习速度，又不至于引起学习过程的振荡。

6.4.3　一元线性回归模型

6.4.3.1　概述

要实现准确预测，就必须研究事物的因果关系。回归分析法就是一种从事物变化的因果关系出发的预测方法。它利用数理统计原理，在大量统计数据的基础上，通过寻求数据变化规律来推测、判断和描述事物本来的发展趋势。事物变化的因果关系可用一组变量来描述，即自变量与因变量之间的关系。这些依从关系一般可以分为两大类。一类是确定的关系，它的特点是自变量为已知时就可以准确地求出因变量，变量之间的关系可用函数关系确切地表示出来；另一类是相关关系，或称为非确定关系，它的特点是虽然自变量与因变量之间存在密切的关系，却不能由一个或几个自变量的数值准确地求出因变量。虽然变量之间往往没有明确的数学表达式，但我们可以通过观察，并应用统计方法大致地或平均地说明自变量与因变量之间的统计关系。回归分析法正是根据这种相互关系建立回归方程的。

6.4.3.2　一元线性回归模型的相关理论

比较典型的回归法是一元线性回归法，它是根据自变量（x）与因变量（y）的相互关系，用自变量的变动来推测因变量变动的方向和程度，其基本方程式为[33]：

$$y = \alpha + \beta x \tag{6.26}$$

式中　x——因变量；

y——自变量；

α,β——回归系数。

回归系数 α、β 是根据统计的数据，通过以下方程组来决定的。

$$\begin{cases} \sum_{i=1}^{n} y_i = n\alpha + \beta \sum_{i=1}^{n} x_i \\ \sum_{i=1}^{n} x_i y_i = \alpha \sum_{i=1}^{n} x_i + \beta \sum_{j=1}^{n} x_i{}^2 \end{cases} \tag{6.27}$$

式中　n——数据总数。

α、β 确定之后就可以按上式计算出回归方程。

在回归分析中，为了了解回归直线对实际数据变化趋势的符合程度的大小，还应求出相关系数 γ 来检验。其计算公式为：

$$\gamma = \frac{L_{xy}}{\sqrt{L_{xx} L_{yy}}} \tag{6.28}$$

式中

$$\begin{cases} L_{xy} = (\sum_{j=1}^{n} x_i y_i) - \frac{1}{n}(\sum_{i=1}^{n} x_i)(\sum_{i=1}^{n} y_i) \\ L_{xx} = (\sum_{j=1}^{n} x_i^2) - \frac{1}{n}(\sum_{i=1}^{n} x_j)^2 \\ L_{yy} = (\sum_{j=1}^{n} y_i^2) - \frac{1}{n}(\sum_{i=1}^{n} y_i)^2 \end{cases} \tag{6.29}$$

相关系数 $\gamma = 1$ 时，说明回归直线与实际数据的变化趋势完全相符；$\gamma = 0$ 时，说明 x 与 y 之间完全没有线性关系。在大部分情况下，$0 < |\gamma| < 1$。这时，就需要判别变量 x 与 y 之间有无密切的线性相关关系。一般来说，γ 越接近于1，说明 x 与 y 之间存在着的线性关系越强，用线性回归方程来描述这两者的关系，就越合适，利用回归方程求得的预测值也就越可靠。

一般来说，当 $|\gamma| > 0.6$ 时，就可以认为回归方程与实际数据的变化趋势相符合，用其求得的预测值符合精度要求。

6.4.4 灰色系统模型

6.4.4.1 灰色系统模型概述

灰色系统理论认为，任何随机过程都可以看作是在一定时空区域变化的随机过程，随机量可看作是灰色量，通过生成变换可将无规则序列变成可以满足灰色建模条件的有规则序列[34]。所以灰色系统理论建模实际上是对生成数列的建模，具有建模所需数据少的显著特点，通常不必知道原始数据分布的先验特征。对无规则或服从任何分布的光滑离散数据序列，通过有限次的数列生成即可满足建模所需条件，并且建模的精度高，可保持原系统特征，能较好地反映系统的实际情况。

灰色系统预测是从灰色系统的建模、关联度及残差识别的思想出发，而获得的关于预测的新概念、观念和方法。它是指根据过去及现在已知的或非确知的信息建立一个从过去延伸到未来的模型，以此来发现和掌握系统的发展规律，对系统的未来状态做出科学的定量预测，并为评估、规划、决策等提供依据。

灰色理论利用较少的或不确切的表示系统特征的原始数据序列作为生成变换后建立微分方程，对灰色过程建立的模型称为灰色模型(Grey Model)，简称模型。在 GM(n,h)模型中，当 h 型中的数据信息不全面时，所建 GM 模型不能起预测作用，只能用于分析因子之间的相互关系，起作预测用的 GM 模型一般为 GM(n,1)模型。其中，最重要的同时也是实际中应用较多的是 GM(1,1)模型。该模型为一阶线性微分方程，前面的“1”表示阶数；后面的“1”代表变量数。

6.4.4.2 灰色系统模型的分类

1）函数变换型模型

对于一个煤矿来讲，在其产量、生产方式、管理水平等基本条件变化不大的情况下，如考虑一段较长时间间隔(年)，事故主要表现出必然性。事故的数量保持在一个相对稳定的水平，是一个平滑数列，用模型就可以得到较好的预测结果。对于管理部门或机构，可以将其作为确定安全管理目标时的参考。但在时间间隔较短(月)时事故的偶然性更为突出，而由于煤矿现行的管理方式，事故往往表现出一定的周期振荡性。事故较多时必然会引起煤矿各级领导的重视，从而加强日常管理和安全教育，这样大概率会使事故得到控制逐渐减少。

但随着事故的减少，管理不免有所松懈，安全教育的作用也随时间逐渐减弱，事故发生情况又会有所“抬头”，这样便形成了一定的周期振荡性。对这样一组数列使用模型进行预测必然会产生较大的误差，因此找到一种适用于带有周期振荡性的数列的预测模型是十分必要的。

对灰色预测 GM(1,1)模型的改进主要是对原始数列进行处理，尽可能使其变为平滑单调数列，常用的主要有对数法、方根法、平移法等。考虑到原始数列的周期振荡性，这里选用常用的周期函数，即三角函数来进行函数变换。令 $x^{(0)}=\sin y^{(0)}$，但这个变换并非是传统的一一映射，也就是说，它不等价于 $y^{(0)}=\arcsin x^{(0)}$，但正是由于这种非一一映射，可以将 $x^{(0)}$ 映射成单调增加的数列 $y^{(0)}$，此时利用 GM(1,1)模型将得到较好的模拟效果。

2）摆动型灰色预测模型

虽然函数变换型模型有很好的适用性，预测精度较高。但它同样存在局限性，一方面对原始数据集有很大的依赖性，仅对呈现周期振荡的性态的数列有较好的预测效果；另一方面计算过程中需要对原始数列进行多次的处理，期间难免产生误差，有时误差甚至会影响到模型的拟合精度[35]。就煤矿安全预测来说，预测参数序列能够呈现周期振荡的形态只是少数，更多情况是由于事故偶然性的作用而呈现无规律的摆动。在这种情况下如果依然考虑通过改进原始数据列性态的方法改进 GM(1,1)模型，无疑会导致操作过程较为烦琐，有时要经过多次试验才能找到合适的方法，通用性差。因而如果能建立一种新的灰色预测模型，使其能够适用于摆动型数列并有较高的拟合精度，无疑将使问题大大简化。

3）灰色马尔可夫模型

如前所述，灰色预测模型能够反映预测对象的总体发展趋势，但由于其预测的图形是一条较为平滑的曲线，因而对于波动较大的数据列拟合较差、预测精度较低。而马尔可夫概率矩阵预测的研究对象是一条随机变化的动态系统，它是根据状态之间的转移概率来预测未来系统发展的，转移概率反映了各种随机因素的影响程度，反映各状态之间转移的内在规律性[36-37]，因此马尔可夫链适合于随机波动较大数据列的预测问题。所以利用灰色预测和马尔可夫预测各自特点建立的灰色马尔可夫预测模型可以同时用灰色预测来揭示时序变化的总体趋势，并用马尔可夫预测来确定状态的转移规律，通过两种模型的有机结合达到科学预测的目的。

6.4.4.3　灰色系统模型的相关理论

灰色系统理论是中国学者邓聚龙教授 1982 年 3 月在国际上首先提出来的。早年邓教授从事控制理论和模糊系统的研究，取得了许多成果。后来，他接受了全国粮食预测的课题，发现概率统计追求大样本量，必须先知道分布规律、发展趋势，而时间序列只致力于数据的拟合，不注重规律的发现。于是他用少量数据进行了微分方程建模的研究，利用历史数据尝试进行各种处理，找到了累加生成曲线规律，发现累加生成曲线是近似的指数增长曲线，而指数增长正符合微分方程的形式。在此基础上，进一步研究了离散函数光滑性、微分方程背景值、平射性等一些基本问题，同时考察了有限与无限的相对性，定义了指标集拓扑空间的灰倒数，最后解决了微分方程的建模问题。从所建模型中发现单数列微分模型有较好的拟合和外推特性，所需的最少数据只要四个，适合于预测。经过多个领域的使用验证了模型的预测精度且使用简便，既可用于软科学，如社会、经济等方面，又可用于硬科学，如工业过程的预测控制等。多数列的微分模型，揭示了系统各因素间的动态关联性，是建立系统综合动态模型的基本方法。以单数列的微分方程 GM(1,1)为基础，得到了各类灰色预测方法，将 GM(1,1)渗透到局势决策与经典的运筹学的规划中，建立了灰色决策，将已经建立的关联度、关联空间包括在内，这样便形成了以系统分析、信息处理(生成)、建模、预测、决策、控制为主要内容的灰色系统理论。

6.5 ELM 预测模型基础理论与算法改进

6.5.1 概述

随着科技的发展，系统数据规模越来越大，高维度、大数据量和高不确定性等数据特征，使得神经网络的辨识速度难以满足需求。传统神经网络方法(如 BP 网络、RBF 网络、SVM 等)属于前馈神经网络，在网络训练过程中所有的参数都需要调整，学习周期长且各种权值的最优解需要迭代多次才能获得，不同层神经元的权值相互影响和依赖。对于大中型数据集的系统辨识和分类问题，传统神经网络算法还会出现“过饱和”和最优隐层节点数难以确定等各种问题。在当今大数据时代，机器学习(Machine Learning，ML)已经成为一种主流研究方向，并被广泛应用于模式识别、数据挖掘、图像处理等领域当中[38]。而在机器学习的研究当中，分类器的研究占着举足轻重的地位，绝大多数实际问题都可以转化为一个分类问题，分类器的性能往往是一个研究成果与否的关键。挖掘分类器(如人工神经网络、支持向量机、Adaboost、极限学习机等)的潜力已经成为当今机器学习的研究热点。作为目前性能最好的一种新型学习算法，支持向量机(Support Vector Machine，SVM)自 1995 年由 Vapnik 提出以来就在理论研究上得到了极大的发展和改进，并广泛应用在工程领域中。基于统计学理论，SVM 采用最优化方法来解决 ML 问题，该算法集合了最大间隔超平面、凸二次规划、核学习、Mercer 核、稀疏解和松弛变量等多项技术。

随着学者们对 BP、SVM 等传统神经网络算法的深入研究，及其在各种工程实际问题中的检验，基于 BP 梯度算法的神经网络模型显现出许多本质缺陷，比如学习速度过慢、训练时间长、不易收敛、造成过度拟合问题和易陷入局部最优而导致无法达到全局最优等问题。针对以上问题，2004 年，新加坡南洋理工大学黄广斌教授及其团队[39-40]首次提出了一种新型的单隐含层前馈神经网络学习算法——极限学习机(Extreme Learning Machine，ELM)。之后，该团队基于 ELM 又提出了固定型极限学习机、增量型极限学习机、误差最小化极限学习机等多种算法。极限学习机与传统神经网络模型相比，其神经网络中的所有参数不必反复迭代调整，在随机给定神经元节点的输入权值和隐层偏置值的情况下，只需要通过一步计算即可获得网络的输出权值完成网络的训练。该算法具有学习速度非常快、结构简单易于实现和人为干预少和泛化能力强能等优点。因此，在人工智能和模式识别的分类、回归等应用领域得到广泛应用。ELM 起源于单隐层前馈神经网络而后发展成广义的单隐层前馈神经网络(Single-hidden Layer Feedforward Network，SLFN)算法，其核心优势不同于常规的学习过程，随机设定隐含层参数来进行网络初始化设置，不需要人为不断地调整，与训练样本数据无关，因此极大地缩短了网络训练时间。不同于传统的神经网络学习算法，ELM 不仅能趋向于最小训练误差，而且能取得输出层输出权值的最小范数。根据神经网络理论，对于前馈神经网络而言训练误差和输出权重越小，则神经网络的泛化性能越好，可以从理论上推断出极限学习机具有优良的泛化性能。由于 ELM 中的隐含层不需要调整，而且隐含层参数是固定的，因此采用最小二乘法即刻计算输出取值使其运算速度远快于传统神经网络算法。极限学习机在大数据方面的发展和应用是未来数据处理和数据挖掘的一个重要方向。

近年来，极限学习机凭借学习速度快、学习效果好等优点，得到了越来越多国内外学者的深入研究，主要集中在 ELM 自身算法理论上的改进与发展和 ELM 实际应用领域的扩展两个方面[41-42]。ELM 的实际应用范围这几年不断扩大，已经广泛运用于时间序列预测、电力系统与控制工程、故障诊断与预测、数据分析和大规模数据处理、图像处理等多个领域。在 ELM 算法理论研究上的成就主要是针对自身模型存在的缺陷和不同的领域和问题提出了多种不同的 ELM 改进算法或新算法，可以总结为以下几个方向：

(1) 随机生成参数的优化：由于隐含层节点参数随机选取且固定不变，使得隐含层不具备调整能力进而导致网络性能不稳定。因此，可以针对随机产生的初始权值和阈值进行调节优化来提高 ELM 算法的泛化性能。

(2) 最优外权的求解：当输入数据有噪音或输入样本之间存在线性关系，在用 ELM 的隐含层输出矩阵的 Moore-Penrose 广义逆矩阵来求解最优外权时，会使隐含层输出矩阵是奇异的或者逼近奇异，从而产生偏差，有些学者根据岭回归定理在 THH 或 THH 矩阵的对角线上加入正则化系数，来取得更稳定、更好的泛化性能。

(3) 最优隐含层节点个数的选取：为弥补输入权重和阈值随机初始化带来的性能不稳定问题，许多学者通过增加隐含层节点个数来解决这个问题，但是人为确定隐含层节点过程比较烦琐复杂。为避免人为干预带来的影响。黄广斌等在 2006 年和 2008 年先后提出结构增长型 I-ELM(Incremental ELM)算法和 EI-ELM(Enhanced I-ELM)算法初始设定 1 个节点，然后通过比较误差逐个自主增加隐节点个数；2009 年黄广斌等提出 EM-ELM(Error Minimized I-ELM)算法，开始仅有 L_0 个隐节点，随后隐含层节点可以逐个增加，也可以局部同时增加，如此便可提高网络的学习速度[43]。

综上所述，目前极限学习机的理论与算法研究主要集中在随机生成参数的优化、最优外权的求解、最优隐含层节点个数的选取等方面。极限学习机研究起步较晚，模型本身存在着差值抵抗能力差、网络性能不稳定等缺点，因此理论研究空间较大；另一方面，拓宽 ELM 的应用范围将其应用到更多的工程实际问题中，针对具体的拟合、分类及回归应用来改进 ELM 算法，使其更加符合工程实际应用以提高应用效率，这也是未来进一步研究的重点[44]。

6.5.2　极限学习机的原理

极限学习机是一种单隐层神经网络结构的算法。单隐含层前馈神经网络(SLFN)结构如图 6.10 所示，第一层是输入层有 n 个神经元，对应有 n 个输入变量；第二层隐含层(中间层)只有一层，在这一层上设置有 L 个神经元；第三层输出层含有 m 个神经元时，对应着就有 m 个输出变量。

对于单隐层结构的神经网络，其输入、输出关系可用下式表示：

$$f_L(x) = \sum_{i=1}^{L} \beta_i g_i(x) = \sum_{i=1}^{L} \beta_i G_i(a_i, b_i, x), x \in \mathbf{R}^d, \beta_i \in \mathbf{R}^m \tag{6.30}$$

式中　x——输入数据；

a_i——第 i 神经元输入权值；

b_i——第 i 个神经元阈值；

β_i——第 i 个神经元输出权值；

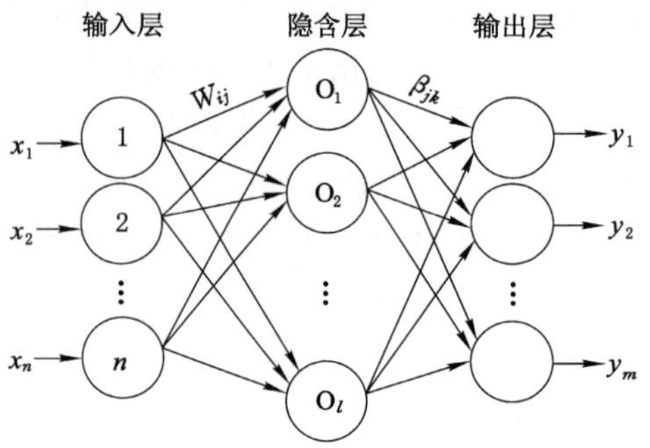

图 6.10　单隐层前馈神经网络结构示意图

$g(\cdot)$ ——第 i 个神经元上的激励函数 G 的输出。

对于添加型节点，g 可表示为：

$$g_i = G(a_i, b_i, x) = g(a_i \cdot x + b_i), a_i \in \mathbf{R}^d, b_i \in \mathbf{R} \tag{6.31}$$

传统神经网络必须满足特定条件，如网络中所有参数（a_i, b_i）和 β_i 都必须调整到某全局最优值，并且给定的激励函数（如 sine 和 sigmoid 等函数）必须满足特定条件时，其结果才能逼近给定的目标函数。

与传统的前馈神经网络不同，极限学习机算法只需要随机给定 a_i 和b_i，再通过正则化计算 β_i，结果依然能逼近任意连续系统，并不需要调节网络中所有的参数。因此，极限学习机的训练速度比 BP 网络、SVM 等传统算法的速度提高了数千倍，大大提高了系统辨识的速度。

极限学习机算法的计算原理可定义为：设有 N 个不同的样本 (x_i, t_i)，$x_i = [x_{i1}, x_{i2}, \cdots, x_{in}]^{\mathrm{T}} \in \mathbf{R}^n, t_i = [t_{i1}, t_{i2}, \cdots, t_{im}] \in \mathbf{R}^m$，则存在一个任意小的数 $\varepsilon > 0$，以及一个任意区间无限可微的激活函数 $g:\mathbf{R}$，总存在含有 l 个神经单元的单隐层神经网络，$a \in \mathbf{R}^n$ 和 $b \in \mathbf{R}$ 取取任意值时隐含层的输出均为 $\boldsymbol{H}$，则有 $\| \boldsymbol{H\beta} - \boldsymbol{T}^{\mathrm{T}} \| < \varepsilon$ 成立。

由 ELM 算法可知，若 $g:\boldsymbol{R}$ 已知无限可微，则 a 和 b 可取任意值，即 $a \in \boldsymbol{R}^n$ 和 $b \in \mathbf{R}$ 不需调整，并可在整个训练中固定不变，那么可以通过求解程组 $\| \boldsymbol{H\beta} - \boldsymbol{T}^{\mathrm{T}} \| = 0$ 获得 β 的值。由于在实际情况中，样本数 N 往往大于 l，故可采用最小二乘法求解 $\min_{\beta} \| \boldsymbol{H\beta} - \boldsymbol{T}^{\mathrm{T}} \|$。可得：

$$\hat{\boldsymbol{\beta}} = \boldsymbol{H}^{\dagger} \boldsymbol{T}^{\mathrm{T}}, \boldsymbol{H}^{\dagger} = (\boldsymbol{H}^{\mathrm{T}} \boldsymbol{H})^{-1} \boldsymbol{H}^{\mathrm{T}} \tag{6.32}$$

其中，$\boldsymbol{H}^{\dagger}$ 由隐含输出层矩阵 $\boldsymbol{H}$ 的 Moore-penrose 广义逆求得。

综上所述，极限学习机神经网络算法的计算过程如表 6.4 所示。

表 6.4　单隐层极限学习机算法的计算过程

步骤	计算过程
1	输入 N 个训练样本 (x_i, t_i)，$x_i = [x_{i1}, x_{i2}, \cdots, x_{in}]^{\mathrm{T}} \in \mathbf{R}^n, t_i = [t_{i1}, t_{i2}, \cdots, t_{im}] \in \mathbf{R}^m$，隐层节点数为 l
2	随机生成隐层节点参数 $(a_i, t_i), i \in [1, l]$
3	计算输出隐层矩阵 $\boldsymbol{H}$
4	输出最优外权 $\hat{\boldsymbol{\beta}} = \boldsymbol{H}^{\dagger} \boldsymbol{T}^{\mathrm{T}}, \boldsymbol{H}^{\dagger} = (\boldsymbol{H}^{\mathrm{T}} \boldsymbol{H})^{-1} \boldsymbol{H}^{\mathrm{T}}$

由 ELM 算法的计算过程可以看出，ELM 算法的最大优点是整个训练过程可以一次性完成，而不必对神经元的权值进行多次迭代和调整，其训练速度得到了极大的提高。由于该算法运算速度极快，而且具有快速收敛、不易陷入局部极小点计算等优点，因此已被大量用于模式识别、回归分析和函数逼近等领域。

6.5.3　常见极限学习机算法与特点

目前按照神经网络的构造结构特征，可以将极限学习机分为固定型、增量型和混合型极限学习机三种。所谓固定型极限学习机是指网络的隐层节点数目已经划定，则极限学习机通过一次计算获得所有隐层神经元输出权值；增量型极限学习机是指神经网络每进行一次训练就计算出一个隐层神经元权值，而下一次训练则固定之前获得的神经元输入权值、阈值和与之对应的神经元输出权值，然后生成新一个隐层神经元并通过计算获得新神经元的权值，这种方法可以解决“过饱和”，隐层神经元个数难以确定等问题。因为随着新神经元的增加，训练误差和测试误差将会一致地逐渐减小；混合型极限学习机是指神经网络的隐层节点数目首先确定为 m 个并通过一次性计算获得这 m 个神经元权值，然后每一次固定之前获得的神经元权值并增加 m 个神经元，计算这 m 个神经元权值。这种方法介于固定型和增量型之间，亦能获得较好的训练速度。我们把混合型极限学习机看成一种特殊的增量型极限学习机并归入增量型极限学习类属中。

6.5.3.1　固定型极限学习机

固定型极限学习机(Fixed Extreme Learning Machine，F-ELM)的主要特点是网络中的隐层节点数目固定不变，因此网络只需要通过一次计算便可获得隐含层中所有神经元的输出权值。固定型极限学习机又可分为两种，即离线固定型极限学习机和在线序贯固定型极限学习机。

(1) 离线固定型极限学习机。存在 N 个任意不同的样本 (x_i, t_i)，其中 $x_i = [x_{i1}, x_{i2}, \cdots, x_{in}]^{\mathrm{T}} \in \mathbf{R}^n, t_i \in \mathbf{R}$，对于标准的具有 L 个隐层神经元的单隐层前馈神经网络，可记为：

$$\sum_{i=1}^{L} \beta_i g(a_i \cdot x_j + b_i) = t_j, j = 1, \cdots, L \tag{6.33}$$

式中　x_i ——输入层神经元与隐层第 i 个神经元之间的输入值；

β_i ——隐层第 i 个神经元和输出层神经元之间的输出权值，$\beta_i \in \mathbf{R}$；

b_i ——隐层第 i 个神经元的阈值，$b_i \in \mathbf{R}$；

$a_i \cdot x_j$—— a_i 和 x_j 的内积，$a_i \in \mathbf{R}^n$。

对于具有 L 个隐含层神经元的标准单隐层前馈神经网络，若采用激励函数 $g(x)$，则可以以零误差逼近来自同一连续系统的 N 个输入样本，使得

$$\sum_{i=1}^{L} \beta_i g(a_i \cdot x_j + b_i) = t_j, j = 1, \cdots, N \tag{6.34}$$

上述等式可以改写为 $\boldsymbol{H\beta} = \boldsymbol{T}$，其中：

$$\boldsymbol{H}(a_1, \cdots, a_L, b_1, \cdots, b_L, x_1, \cdots, x_L) = \begin{bmatrix} g(a_1 \cdot x_1 + b_1) & \cdots & g(a_L \cdot x_L + b_L) \\ \vdots & & \vdots \\ g(a_1 \cdot x_N + b_1) & \cdots & g(a_L \cdot x_N + b_L) \end{bmatrix}_{N \times L} \tag{6.35}$$

$$\boldsymbol{\beta}=\begin{bmatrix}\beta_1^{\mathrm{T}}\\ \vdots\\ \beta_L^{\mathrm{T}}\end{bmatrix}_{L\times m},\boldsymbol{T}=\begin{bmatrix}t_1^{\mathrm{T}}\\ \vdots\\ t_L^{\mathrm{T}}\end{bmatrix}_{L\times m} \tag{6.36}$$

$\boldsymbol{H}$ 为神经网络的隐层输出矩阵。训练这个网络等同于求线性系统 $\boldsymbol{H\beta}=\boldsymbol{T}$ 的最小二乘解 $\hat{\boldsymbol{\beta}}$，可表示为：

$$\|\boldsymbol{H}(a_1,\cdots,a_L,b_1,\cdots,b_L)\hat{\boldsymbol{\beta}}-\boldsymbol{T}\|=\min_{\beta}\|\boldsymbol{H}(a_1,\cdots,a_L,b_1,\cdots,b_L)\boldsymbol{\beta}-\boldsymbol{T}\| \tag{6.37}$$

综上所述，离线固定型极限学习机算法的计算过程如表 6.5 所示。

表 6.5　离线固定型 ELM 算法的计算过程

步骤	计算过程
1	确定隐含层节点数目 N
2	随机确定输入权值 a_i 和 b_j，$i=1,2,\cdots,N$
3	计算隐含层输出矩阵 $\boldsymbol{H}$
4	计算输出权值 $\boldsymbol{\beta}$：$\boldsymbol{\beta}=\boldsymbol{H}^{-1}\boldsymbol{T}$

(2) 在线序贯固定型极限学习机。在线序贯神经网络（Online Sequential Extreme Learning Machine，OS-ELM）的训练过程是在网络训练时若有新数据输入时，跳过旧数据的重复训练而只将新数据添加到整个训练样本中并更新当前网络信息。OS-ELM 的主要特点有：① 用于训练网络的样本数据是基于时间顺序排列的，也可以是基于变化长度或固定长度的批量数据；② 在网络训练的任意时刻该算法都只对新添加的数据进行训练；③ 在网络训练的任意时刻该算法会自动舍弃学习过的“过时”数据，减少网络训练的负担；④ 训练样本数量可不必根据经验进行确定。

OS-ELM 的计算原理和过程如下：如前文所述，$\hat{\boldsymbol{\beta}}=\boldsymbol{H}^{\dagger}\boldsymbol{T}$ 是 $\boldsymbol{H\beta}=\boldsymbol{T}$ 的最小二乘解。若 $\boldsymbol{H}$ 的秩等于 L（隐层节点数），则其左伪逆可表示为：

$$\boldsymbol{H}^{-1}=(\boldsymbol{H}^{\mathrm{T}}\boldsymbol{H})^{-1}\boldsymbol{H}^{\mathrm{T}} \tag{6.38}$$

由于 $\boldsymbol{H}^{-1}\boldsymbol{H}=\boldsymbol{I}_N$，因此将 $\boldsymbol{H}^{-1}$ 称作左伪逆输出矩阵。若 $\boldsymbol{H}^{-1}\boldsymbol{H}$ 是奇异的，可通过选择 N 的值或者增加网络的初始数据量 N，使其成为非奇异矩阵。将上式代入 $\hat{\boldsymbol{\beta}}=\boldsymbol{H}^{-1}\boldsymbol{T}$，则可得到：

$$\hat{\boldsymbol{\beta}}=(\boldsymbol{H}^{\mathrm{T}}\boldsymbol{H})^{-1}\boldsymbol{H}^{\mathrm{T}}\boldsymbol{T} \tag{6.39}$$

式(6.39)得到的就是 $\boldsymbol{H\beta}=\boldsymbol{T}$ 的最小二乘解。

假定网络的初始训练集 $N_0=\{(x_i,t_i)\}_{i=1}^{N_0}$，且 $N_0>N$，则有

$$\boldsymbol{H}_0=\begin{bmatrix}g(a_1,b_1,x_1) & \cdots & g(a_N,b_N,x_1)\\ \vdots & & \vdots\\ g(a_1,b_1,x_{N_0}) & \cdots & g(a_{N_0},b_{N_0},x_{N_0})\end{bmatrix}_{N_0\times N} \tag{6.40}$$

$$\boldsymbol{T}_0=\begin{bmatrix}t_1^{\mathrm{T}}\\ \vdots\\ t_{N_0}^{\mathrm{T}}\end{bmatrix}_{N_0\times m} \tag{6.41}$$

理论证明，$\| \boldsymbol{H}_0 \boldsymbol{\beta} - \boldsymbol{T}_0 \|$ 的最小解是 $\boldsymbol{\beta}^0 = \boldsymbol{K}_0^{-1} \boldsymbol{H}_0^{\mathrm{T}} \boldsymbol{T}$，其中 $\boldsymbol{K}_0 = \boldsymbol{H}_0^{\mathrm{T}} \boldsymbol{H}_0$。可设有另外一组输入数据 $N_1 = \{(x_i, t_i)\}_{i=N_0+1}^{N_0+N_1}$，其中 N_1 为样本的个数，则问题将转化为求解下式极值：

$$\min \left\| \begin{bmatrix} \boldsymbol{H}_0 \\ \boldsymbol{H}_1 \end{bmatrix} \boldsymbol{\beta} - \begin{bmatrix} \boldsymbol{T}_0 \\ \boldsymbol{T}_1 \end{bmatrix} \right\| \tag{6.42}$$

式中：

$$\boldsymbol{H}_0 = \begin{bmatrix} g(a_1, b_1, x_{N_0+1}) & \cdots & g(a_N, b_N, x_{N_0+1}) \\ \vdots & & \vdots \\ g(a_1, b_1, x_{N_0+N_1}) & \cdots & g(a_{N_0}, b_{N_0}, x_{N_0+N_1}) \end{bmatrix}_{N_0 \times N} \tag{6.43}$$

如此，则输出权值可更新为：

$$\boldsymbol{\beta}^{(1)} = \boldsymbol{K}_1^{-1} \boldsymbol{B} \tag{6.44}$$

式中：

$$\boldsymbol{B} = \boldsymbol{K}_1^{-1} \begin{bmatrix} \boldsymbol{H}_0 \\ \boldsymbol{H}_1 \end{bmatrix}^{\mathrm{T}} \begin{bmatrix} \boldsymbol{T}_0 \\ \boldsymbol{T}_1 \end{bmatrix} \tag{6.45}$$

对于 OS-ELM 算法，$\boldsymbol{\beta}^{(1)}$ 是 $\boldsymbol{\beta}^{(0)}$、$\boldsymbol{K}_1$、$\boldsymbol{H}_1$ 和 $\boldsymbol{T}_1$ 的函数，而不是数据集 N_0 的函数，故 $\boldsymbol{K}_1$ 可记为：

$$\boldsymbol{K}_1 = [\boldsymbol{H}_0^{\mathrm{T}} \boldsymbol{H}_1^{\mathrm{T}}] \begin{bmatrix} \boldsymbol{H}_0 \\ \boldsymbol{H}_1 \end{bmatrix} = \boldsymbol{K}_0 + \boldsymbol{H}_1^{\mathrm{T}} \boldsymbol{H}_1 \tag{6.46}$$

同时，可得

$$\begin{bmatrix} \boldsymbol{H}_0 \\ \boldsymbol{H}_1 \end{bmatrix}^{\mathrm{T}} \begin{bmatrix} \boldsymbol{T}_0 \\ \boldsymbol{T}_1 \end{bmatrix} = \boldsymbol{H}_0^{\mathrm{T}} \boldsymbol{T}_0 + \boldsymbol{H}_1^{\mathrm{T}} \boldsymbol{T}_1 = \boldsymbol{K}_1 \boldsymbol{\beta}^{(0)} - \boldsymbol{H}_1^{\mathrm{T}} \boldsymbol{H}_1 \boldsymbol{\beta}^{(0)} + \boldsymbol{H}_1^{\mathrm{T}} \boldsymbol{T}_1 \tag{6.47}$$

故经变换可得：

$$\boldsymbol{\beta}^{(1)} = \boldsymbol{K}_1^{-1} \begin{bmatrix} \boldsymbol{H}_0 \\ \boldsymbol{H}_1 \end{bmatrix}^{\mathrm{T}} \begin{bmatrix} \boldsymbol{T}_0 \\ \boldsymbol{T}_1 \end{bmatrix} = \boldsymbol{\beta}^{(0)} + \boldsymbol{K}_1^{-1} \boldsymbol{H}_1^{\mathrm{T}} (\boldsymbol{T}_1 - \boldsymbol{H}_1 \boldsymbol{\beta}^{(0)}) \tag{6.48}$$

根据式(6.48)，当训练到第 $k+1$ 个样本数据时，有：

$$N_{k+1} = \{(x_i, t_i)\} \sum_{j=0}^{k+1} N_{ji} = \left(\sum\nolimits_{j=0}^{k} N_j\right) + 1 \tag{6.49}$$

其中，N_{k+1} 定义了第 $k+1$ 组数据中观测值的数量，则 $\boldsymbol{K}_{k+1} = \boldsymbol{K}_k + \boldsymbol{H}_{k+1}^{\mathrm{T}} \boldsymbol{H}_{k+1}$。故有：

$$\boldsymbol{\beta}^{(k+1)} = \boldsymbol{\beta}^{(k)} + \boldsymbol{K}_{k+1}^{-1} \boldsymbol{H}_{k+1}^{\mathrm{T}} (\boldsymbol{T}_{k+1} - \boldsymbol{H}_{k+1} \boldsymbol{\beta}^{(k)}) \tag{6.50}$$

$$\boldsymbol{H}_{k+1} = \begin{bmatrix} g(a_1, b_1, x_{(\sum_{j=0}^{k+1} N_j)+1}) & \cdots & g(a_N, b_N, x_{(\sum_{j=0}^{k} N_j)+1}) \\ \vdots & & \vdots \\ g(a_1, b_1, x_{(\sum_{j=0}^{k+1} N_j)}) & \cdots & g(a_{N_N}, b_{N_N}, x_{(\sum_{j=0}^{k+1} N_j)}) \end{bmatrix}_{N_{k+1} \times N} \tag{6.51}$$

$$\boldsymbol{T}_{k+1} = \begin{bmatrix} t^{\mathrm{T}}_{(\sum_{j=0}^{k} N_j)+1} \\ \vdots \\ t^{\mathrm{T}}_{(\sum_{j=0}^{k+1} N_j)} \end{bmatrix}_{N_{k+1} \times m} \tag{6.52}$$

最终，若令 $\boldsymbol{P}_{k+1} = \boldsymbol{K}_{k+1}^{-1}$，由 Woodbury 公式可推导出：

$$\boldsymbol{\beta}^{(k+1)} = \boldsymbol{\beta}^{(k)} + \boldsymbol{P}_{k+1} \boldsymbol{H}_{k+1}^{\mathrm{T}} (\boldsymbol{T}_{k+1} - \boldsymbol{H}_{k+1} \boldsymbol{\beta}^{(k)}) \tag{6.53}$$

综上所述，OS-ELM 算法的计算过程如表 6.6 所示。

表 6.6 OS-ELM 算法的计算过程

步骤	计算过程	样本数据要求
1	初始化阶段，计算相应的输出矩阵 $\boldsymbol{H}_0$，为网络学习做准备	$\boldsymbol{H}_0$ 的输入数据应等于隐层神经元的个数
2	学习阶段，根据算法的原理，逐步计算 $\boldsymbol{\beta}^{(1)}$、$\boldsymbol{H}_{k+1}$、$\boldsymbol{T}_{k+1}$、$\boldsymbol{\beta}^{(k+1)}$	数据可以逐个输入，或成批输入。输入数据的量也可以变化

序贯极限学习机具有以下特点：

(1) 用于实现学习算法的训练数据具有一定顺序，可以是基于时间的数据，可以是固定长度的批量数据，也可以是变化长度的批量数据；

(2) 任何时刻，只对新的数据进行学习；

(3) 任何时刻，一旦对新的数据学习结束，就将这些数据排出样本集；

(4) 不需要先验知识确定算法所需要训练样本量。

6.5.3.2 增量型极限学习机

增量型极限学习机(Incremental Extreme Learning Machine, I-ELM)的特点是，每当网络进行一次训练就会获得一个隐含层神经元的权值[45]。在下一次训练时将固定前次训练获得的神经元权值、阈值及对应的神经元作为输出权值。然后生成一个隐层神经元，并通过计算得到新生成神经元的权值。随着新神经元的不断增多，训练误差和测试误差都将逐渐减小。理论上来说，当网络中隐含层神经元数量趋于无穷大时，该算法的误差将趋于零。因此该算法可以有效解决“过饱和”、隐含层神经元最优数目难以确定等问题。除此之外，此类 ELM 算法所使用的激励函数可以是任意的连续或分段连续函数，如 sine/cosin 函数、sigomid 函数等多种函数。

对 N 个任意离散样本 (x_i, t_i)，$x_i = [x_{i1}, x_{i2}, \cdots, x_{in}]^{\mathrm{T}} \in \mathbf{R}^n$，且 $t_i \in \mathbf{R}$，对于标准的具有 L 个隐层神经元的单隐层前馈神经网络，可记为：

$$\sum_{i=1}^{L} \beta_i g(a_i \cdot t_j + b_i) = T_j, j = 1, \cdots, L \tag{6.54}$$

式中 x_i ——输入层神经元与隐层第 i 个神经元之间的输入值；

β_i ——隐层第 i 个神经元和输出层神经元之间的输出权值，$\beta_i \in \mathbf{R}$；

b_i ——隐层第 i 个神经元的阈值，$b_i \in \mathbf{R}$；

$a_i \cdot x_j$—— a_i 和 x_j 的内积，$a_i \in \mathbf{R}^n$。

上式可改写为：

$$H\beta = T \tag{6.55}$$

若定义 $f_{\widetilde{N}}$ 为具有 $\widetilde{N}$ 个隐层节点的神经网络函数，则 $f_{\widetilde{N}}$ 与目标函数 f 的距离可表示为：

$$\| f_{\widetilde{N}} - T \| = \sqrt[2]{\left[\int_x^b (f_{\widetilde{N}}(x)) \overline{(f_{\widetilde{N}}(x) - f(x))} \mathrm{d}x\right]} \tag{6.56}$$

有研究表明，若使用下列公式计算神经网络的各参数 a, b, β，则神经网络可以逼近任意连续函数。具有任意分段连续激励函数的单隐层前馈神经网络，若其隐层参数 a, b 随机给

定，并设隐层随机输出矩阵 $H^r(a,b,x)$，则对于任意连续目标函数 f，则有

$$\| f-(f_{\widetilde{N}-1}+H^r_{\widetilde{N}}(a,b,x)\,\beta_{\widetilde{N}})\| = 0 \tag{6.57}$$

输出权值 β 可通过下式计算得到：

$$\beta_{\widetilde{N}} = \frac{[e_{\widetilde{N}-1}, H^r_{\widetilde{N}}]}{\| H^r_{\widetilde{N}} \|^2} \tag{6.58}$$

式中，$e_{\widetilde{N}} = f - f_{\widetilde{N}}$ 表示当前具有 $\widetilde{N}$ 个隐层节点的网络输出误差，f 表示目标函数。

综上所述，I-ELM 算法的计算过程如表 6.7 所示。

表 6.7　I-ELM 算法的计算过程

步骤	计算过程
1	给定 N 个训练样本，计为：(x_i,t_i)，$x_i=[x_{i1},x_{i2},\cdots,x_{in}]^{\mathrm{T}}\in\mathbf{R}^n$，$t_i\in R$ 且 $(i=1,2,\cdots,N)$，给定期望的训练误差 η
2	设神经网络的隐层节点数 $L=0$，网络误差 $E=T$
3	设隐层节点 $L=L+1$
4	随机选择输入权值 a_L,b_L，其中 $a_L\in[-1,1]$，$b_L\in[0,1]$
5	计算输出权值，$\beta_L=\dfrac{[e_{L-1},H^r_L]}{\|H^r_L\|^2}$
6	计算网络输出误差 $E=E-\beta\|H(a_L,b_L,x)\|$
7	若 $E<\eta$，则终止训练，否则跳到步骤 3

利用上述算法计算的 I-ELM 具有与 BP、SVM 相似的学习精度，但训练速度比类似的学习网络快数千倍。近年来又有多种改进的 I-ELM 方法被提出，如凸增量的极限学习机(C-ELM)、混沌优化极限学习机(PC-ELM)、全面复杂极限学习机(FC-ELM)等。

6.5.3.3　混合型极限学习机

混合型极限学习机也称误差最小化极限学习机(Error Minimized Extreme Learning Machine，EM-ELM)是一种基于混合结构的极限学习机，其算法是一种介于固定型和增量型之间的特殊的 I-ELM[46]。这种算法首先需要确定 m 个网络的隐含层神经元数，这 m 个节点的权值通过一次性计算得到，然后每次训练时固定之前的神经元权值，同时增加 n 个神经元并计算这 n 个神经元权值。

给定如式(6.58)的背景下，设 $H_1=H(a_1,\cdots,a_{L_0},b_1,\cdots,b_{L_0},x_1,\cdots,x_N)$ 代表隐含层有 L_0 个神经元的隐含层输出矩阵。若 L_1-L_0 个新隐含层神经元 $\{(a_i,b_i)\}_{i=L_0+1}^{L_1}$ 被重新更新到当前网络，从而使隐含层的输出矩阵更新为 $H_2(a_1,\cdots,a_{L_1},b_1,\cdots,b_{L_1},x_1,\cdots,x_N)$，则输出误差的计算公式可表示为：

$$E(H_2)=\min\|H_2\,\beta_2-T\|\leqslant E(H_1)=\min\|H_1\,\beta_1-T\| \tag{6.59}$$

综上所述，EM-ELM 算法的计算过程如表 6.8 所示。

表 6.8　EM-ELM 算法的计算过程

步骤		计算过程
1	1.1	给定 N 个训练样本，计为 (x_i, t_i)，$x_i = [x_{i1}, x_{i2}, \cdots, x_{in}]^{\mathrm{T}} \in \mathbf{R}^n$，且 $t_i \in \mathbf{R}$ 且 $i = 1, 2, \cdots, N$，给定期望的训练误差 η，给定初始神经元数 L_0
	1.2	计算隐层输出矩阵 $\boldsymbol{H}_1$：$\boldsymbol{H}_1 = \begin{bmatrix} g(a_1, b_1, x_{N_0+1}) & \cdots & g(a_{L_0}, b_{L_0}, x_1) \\ \vdots & & \vdots \\ g(a_1, b_1, x_N) & \cdots & g(a_{L_0}, b_{L_0}, x_N) \end{bmatrix}_{N \times L_0}$
	1.3	计算相应的网络输出误差 $E(\boldsymbol{H}_1) = \lVert \boldsymbol{H}_1 \boldsymbol{H}_1^{-1} \boldsymbol{T} - \boldsymbol{T} \rVert$
2	2.1	确定 $k = k + 1$ 个节点数
	2.2	随机选择递增的节点数目 δL_{k-1}，则总的网络隐层节点数目为 $L_k = L_{k-1} + \delta L_{k-1}$，并且相应的隐层输出矩阵 $\boldsymbol{H}_{k+1} = [\boldsymbol{H}_k, \delta \boldsymbol{H}_k]$，其中 $\delta \boldsymbol{H}_k = \begin{bmatrix} g(a_{L_{k-1}+1}, b_{L_{k-1}+1}, x_{N_0+1}) & \cdots & g(a_{L_k}, b_{L_{k-1}+1}, x_1) \\ \vdots & & \vdots \\ g(a_{L_{k-1}+1}, b_{L_{k-1}+1}, x_N) & \cdots & g(a_{L_k}, b_{L_{k-1}+1}, x_N) \end{bmatrix}_{N \times \delta L_{k-1}}$
	2.3	更新输出权值 β：$\boldsymbol{\beta}_{k+1} = \boldsymbol{H}_{k+1}^{\xi} \boldsymbol{T} = \begin{bmatrix} \boldsymbol{U}_k \\ \boldsymbol{D}_k \end{bmatrix} \boldsymbol{T}$ 其中，$\boldsymbol{D}_k = ((\boldsymbol{I} - \boldsymbol{H}_k \boldsymbol{H}_k^{\xi}) \delta \boldsymbol{H}_k)^{\dagger}$，$\boldsymbol{U}_k = \boldsymbol{H}_{k+1}^{\xi} (\boldsymbol{I} - \delta \boldsymbol{H}_k^{\mathrm{T}} \boldsymbol{D}_k)$
	2.4	若 $E(H_k \leqslant \eta)$，则终止循环，否则跳到步骤 2.1

该算法可在训练的初始阶段就有较好的目标函数逼近能力，并且其隐层神经元每次可增加多个，故其学习速度也较其他类型的增量学习机要快。

6.5.4　固定型和增量型极限学习机的对比

固定型极限学习机是目前学习速度最快的神经网络训练方法，ELM 的速度一般是 BP 或者 SVM 的数千倍[47]。可是固定型极限学习机有两个缺点：

(1) 由于固定型极限学习机的隐含层节点数目是随机给定的，而实际实验显示隐层节点数目的选取很大程度上决定了神经网络的系统辨识精度(测试误差)是否最优。这意味着固定型极限学习机的神经元数目直接关系到神经网络的系统逼近与泛化性能，目前最优神经元个数的选择方法依然只能通过试凑法来获得，这大大影响了固定型极限学习机的实际应用效果。

(2) 固定型极限学习机使用较大量隐层节点时，往往会出现训练精度与测试精度不一致的情况，即第 1 章提到的过拟合问题。在训练过程中，过拟合现象使得训练误差减小的同时测试误差却不再减小，甚至逐渐增大。图 6.11 是固定型极限学习机训练过程中训练误差和测试误差随神经元数目变化的曲线，训练集和测试集中的样本取自同一实际数据集但稍有不同。显然训练误差和测试误差在学习开始时随神经元数量的增加而逐渐减小，但到一定的训练程度后，训练误差仍在减小，而测试误差却开始增加，且训练误差和测试误差不一致。

由于固定型极限学习机的隐层节点参数和输出权值均为一次性获得(迭代一次即可获

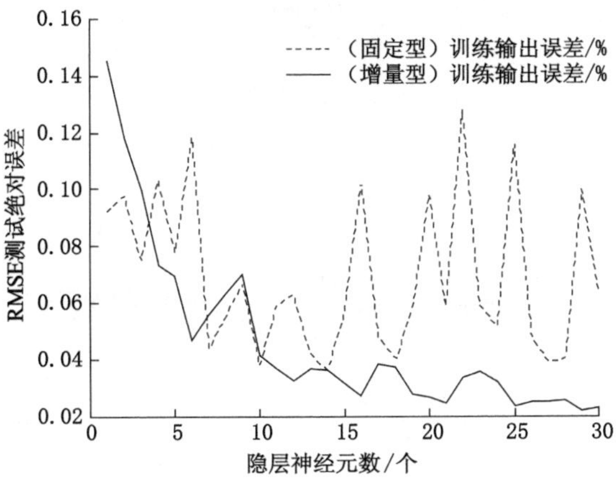

图 6.11　固定型极限学习机的过拟合问题

得),而具有个节点的增量型极限学习机,其所有权值需要迭代 L 次才能获得,所以通常固定型极限学习机比增量型极限学习机的速度要快 L 倍。

虽然,固定型极限学习机比增量型极限学习机的速度要快 L 倍。但是增量型极限学习机能够克服固定型极限学习机的两个主要缺点:

(1) 随着隐层节点数目的递增,增量型极限学习机的输出误差逐渐变小并趋向于零。不像固定型极限学习机所面临的最优隐层节点数目难以选择问题,增量型极限学习机保证第 $k+1$ 迭代(即使用了 $k+1$ 个隐层神经元)时所获得的网络误差总是小于第 k 次迭代(即使用了 k 个隐层神经元所获得的网络误差)。理论上若隐层神经元趋于无穷大,则增量型极限学习机的网络误差将趋于零。

(2) 同其他神经网络训练方法如 BP,支持向量机,固定型极限学习机等相比,增量型极限学习机不存在过拟合的问题。

6.5.5　基于 I-ELM 算法的改进

不同类型的极限学习机算法有各自的特点,根据矿井热动力灾害救援的需求和特点,本书选择增量型极限学习机算法作为建立动态预测模型的基础算法。

极限学习机算法的一个很明显的优点是,隐含层神经元是可以随机获得的,不需要人为设定和调整。然而"较优"的神经元可以使网络输出结果相对较快地逼近目标输出。因此,在增量学习机算法基础上,提出了一种改进后的极限学习机以求取 ELM 中隐层神经元的最优选择值。改进后的极限学习机算法,其结构和流程如图 6.12 所示。

由图 6.12 可以看出,该算法通过采用网络余差反向传递的方式计算网络中部分隐含层节点的参数,降低了因搜索最优隐层节点参数而消耗的网络训练时间。理论上该算法最多只需要两个隐含层节点(即两次迭代),就可以将网络的输入误差减小到零,从而极大地加快了网络的训练速度。

对于该算法,当隐层节点数为奇数时,隐层节点参数是通过随机的方式获取的;当隐层节点数为偶数时,隐含层节点的参数并非随机获得,而是通过网络的前一次误差反馈进行计算取得的。该算法进行学习和训练的具体步骤,如表 6.9 所示。

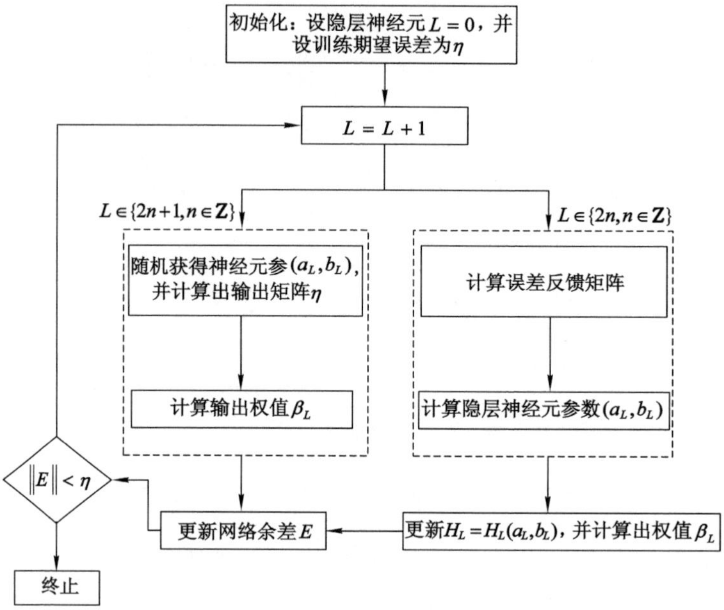

图 6.12　改进的 ELM 算法结构与流程

表 6.9　改进的 I-ELM 算法的计算过程

步骤		计算过程
1		给定个训练样本，记为：(x_i,t_i)，$x_i=[x_{i1},x_{i2},\cdots,x_{in}]^{\mathrm{T}}\in\mathbf{R}^n$，$t_i\in\mathbf{R}$ 且 $i=1,2,\cdots,n$，给定期望的训练误差 η
2		设神经网络的隐层节点数 $L=0$，网络误差迭代次数 $e_0^*=T$，迭代次数 $k=0$
3		设隐层节点 $L=L+1$
4	4.1	若 L 为奇数，随机选择输入权值 a_L，b_L。其中，$a_L\in[-1,1]$；$b_L\in[0,1]$
	4.2	计算输出矩阵 $\boldsymbol{H}_L$
	4.3	计算输出权值：$\boldsymbol{\beta}_L=\dfrac{[\boldsymbol{e}_{L-1},\boldsymbol{H}_L]}{\|\boldsymbol{H}_L\|^2}$
5	5.1	若 L 为偶数，计算误差反馈矩阵：$\boldsymbol{H}_L^e=\boldsymbol{e}_{L-1}\cdot(\boldsymbol{\beta}_{L-1})^{-1}$
	5.2	计算隐层神经元参数：$\boldsymbol{a}_L=h^{-1}(u(\boldsymbol{H}_L^e))\cdot x^{-1}$， $b_L=\sqrt{\mathrm{mse}(h^{-1}(u(\boldsymbol{H}_L^e))-\boldsymbol{a}_L\cdot x)}$。 其中，$h(\cdot)$ 表示激励函数，$\mathrm{mse}(\cdot)$ 是方差，$u:R\rightarrow[0,1]$ 为归一化函数
	5.3	更新输出权值矩阵：$\boldsymbol{H}_L=\boldsymbol{u}^{-1}(h(\boldsymbol{a}_L\cdot x+\boldsymbol{b}_L))$
	5.4	计算输出权值：$\boldsymbol{\beta}_L=\dfrac{[\boldsymbol{e}_{L-1},\boldsymbol{H}_L]}{\|\boldsymbol{H}_L\|^2}$
6		计算网络输出误差：$\boldsymbol{e}_L=\boldsymbol{e}_{L-1}-\boldsymbol{\beta}_L\boldsymbol{H}_L$
7		若 $e_L<\eta$，则终止训练，否则跳到步骤 3

当隐含层节点数为奇数时，给定一个单隐层前馈神经网络，当其满足以下条件，网络的输出将逼近目标函数：① 激励函数为 sigomid 函数或 sine 函数；② 目标函数 f 为任意连续

函数；③ $\boldsymbol{H}_{2n+1}^{r}$ 是随机给定的输出矩阵；④ 神经网络的误差反馈矩阵 $\boldsymbol{H}_{2n+1}^{e}$，$\boldsymbol{\beta}_{2n-1}$ 和 $\boldsymbol{\beta}_{2n}$ 是由式(6.60)～式(6.62)得到。

$$\boldsymbol{H}_{2n}^{e}=\boldsymbol{e}_{2n-1}\cdot(\boldsymbol{\beta}_{2n-1})^{-1} \tag{6.60}$$

$$\boldsymbol{\beta}_{2n}^{e}=\frac{[\boldsymbol{e}_{2n-1},\boldsymbol{H}_{2n}^{e}]}{\|\boldsymbol{H}_{2n}^{e}\|^{2}} \tag{6.61}$$

$$\boldsymbol{\beta}_{2n}^{e}=\frac{[\boldsymbol{e}_{2n-1},\boldsymbol{H}_{2n+1}^{r}]}{\|\boldsymbol{H}_{2n+1}^{r}\|^{2}} \tag{6.62}$$

同样地，若隐含层节点数为偶数时，当其满足以下条件时，网络的输出将逼近目标函数：① 激励函数为 sine 或 sigmoid 函数；② 误差反馈输出矩阵 $\boldsymbol{H}_{2n}^{e}$ 由 $\boldsymbol{H}_{2n}^{e}=\boldsymbol{e}_{2n-1}\cdot\boldsymbol{\beta}_{2n-1}^{-1}$ 计算，且激励函数 h 的归一化函数 $u:R\rightarrow[0,1]$；③ 网络中其他参数由式(6.63)～式(6.65)计算获得。

$$\hat{\boldsymbol{a}}_{2n}=h^{-1}(u(\boldsymbol{H}_{2n}^{e}))\cdot x^{-1} \tag{6.63}$$

$$\hat{b}_{2n}=\sqrt{\operatorname{mse}(h^{-1}(u(\boldsymbol{H}_{2n}^{e})))-\hat{\boldsymbol{a}}_{2n}\cdot x} \tag{6.64}$$

$$\hat{\boldsymbol{H}}_{2n}^{e}=u^{-1}(h(\hat{\boldsymbol{a}}_{2n}\cdot x+\hat{\boldsymbol{b}}_{2n})) \tag{6.65}$$

式中，h^{-1} 和 u^{-1} 为其可逆函数。h 若为 sine 函数，则 $h^{-1}(\cdot)=\arcsin(\cdot)$；若为 sigmoid 函数，则 $h^{-1}(\cdot)=-\log(1/(\cdot)-1)$。

理论上，BI-ELM 算法只需要两个隐含层神经元就可以逼近任意连续系统。对于任意连续目标函数 f，若单隐层前馈神经网络由 BI-ELM 训练获得，则有：

$$\|\boldsymbol{e}_{2n}\|=\sqrt{\tau_{2n-1}}\cdot\|\boldsymbol{e}_{2n-1}\| \tag{6.66}$$

$$\lim_{n\rightarrow+\infty}\tau_{n}=1,n\in\boldsymbol{Z} \tag{6.67}$$

$$\{(\tau_{2n-1},|\beta_{2n}|/|\beta_{2n-1}|)\mid\tau_{2n-1}\in\{0,1\},|\beta_{2n}|/|\beta_{2n-1}|\in\{1,0\}\} \tag{6.68}$$

其中，$\tau_{2n-1}=\dfrac{\|\boldsymbol{e}_{2n-1}\|\cdot\|(\boldsymbol{H}_{2n}^{e})^{\mathrm{T}}\|}{\|\boldsymbol{H}_{2n}^{e}\|\cdot\|(\boldsymbol{H}_{2n}^{e})^{\mathrm{T}}\|}-\dfrac{\|\boldsymbol{e}_{2n-1}\cdot(\boldsymbol{H}_{2n}^{e})^{\mathrm{T}}\|}{\|\boldsymbol{H}_{2n}^{e}\cdot(\boldsymbol{H}_{2n}^{e})^{\mathrm{T}}\|}$。

式(6.66)～式(6.68)说明若使用两个隐含层神经元则必有 BI-ELM 的网络误差 $e_2=0$。由于在网络训练的初始阶段必有 $\|e_2\|\neq0$ 且 $\|e_1\|-\|e_2\|>0$，因此必有 $\|e_2\|/\|e_1\|\neq1$，再根据公式可得：$\|e_2\|/\|e_1\|=0$。根据输出权重—误差公式 $\|e_2\|/\|e_1\|=0$，可以得到 $\|e_2\|=0$。

6.5.6　基于 ELM 算法的评价预测模型构建

6.5.6.1　基于 BI-ELM 算法的评价步骤与结构

(1) 评价步骤

在建立完善、合理的矿井热动力灾害救援安全性评价指标体系和基于 BI-ELM 评价模型的基础上，根据救灾现场的实际情况和相关数据，进行热动力灾害危险性评价预测是检验评价指标体系和预测模型合理性、准确性的方法。基于 BI-ELM 算法的评价过程与方法如图 6.13 所示。

(2) 网络结构设计

如前文所述，对于极限学习机的网络拓扑结构比较简单，只有输入层、单一隐含层、输出层，是确定的模式，如图 6.14 所示。在网络设计的时候，只有隐含层的神经元数目是变化的，但同时由于 BI-ELM 算法中，隐含层神经元数目是根据网络训练不断变化的，不需要手工调整，而且输入权值 a_L 和 b_L 可以随机赋值。因此，只需要计算输出矩阵 $\boldsymbol{H}_L$。

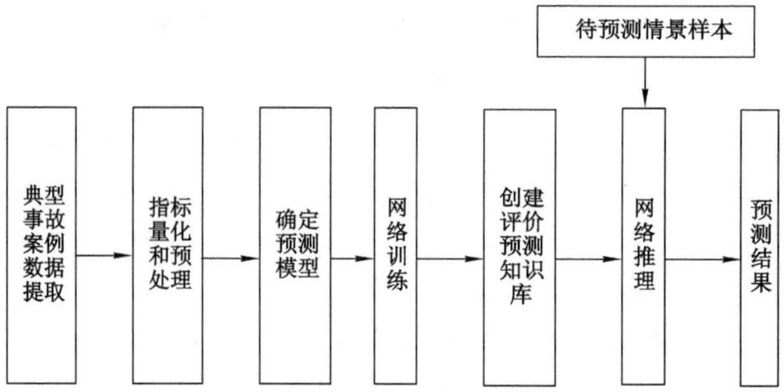

图 6.13　评价过程和方法示意图

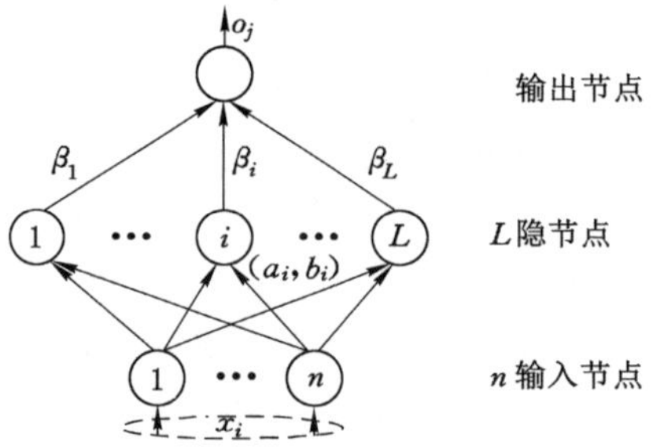

图 6.14　BI-ELM 网络结构示意图

6.5.6.2　模型的训练与仿真

MATLAB 是 Matrix 和 Laboratory 两个词组合而成的，意为矩阵实验室。该数学软件是由美国 MathWorks 公司出品的，主要用于数据可视化、算法开发、数据分析以及数值计算，具有数值分析、矩阵计算、科学数据可视化以及非线性动态系统的建模和仿真等诸多强大功能。本书采用的是 R2015a 版本 MATLAB 软件来实现矿井热动力灾害救援安全性动态预测。

本节基于极限学习机的相关概念和知识，总结了几种常见的极限学习机的算法和特点，最后根据矿井热动力灾害救援安全性评价预测的特点，选择了 I-ELM 算法作为模型的基础算法。然后对该算法进行了改进，提出了 BI-ELM 算法，建立了基于 BI-ELM 算法的动态评价预测模型。该算法采用网络余差反向传递的方式直接计算部分隐层神经元参数，最大限度地降低了因搜索最优隐层神经元参数而引起的训练耗时。根据 BI-ELM 算法，建立了基于 BI-ELM 算法的矿井热动力灾害救援安全性动态评价预测模型，并应用该模型对搜集到的救援案例样本数据进行了仿真模拟。结果表明，该模型的精度可以满足实际工作的需要，为该领域的评价预测提供了一种新的方法和技术。

参考文献

[1] 郭军. 矿井热动力灾害救援安全性评价与动态预测[D]. 西安：西安科技大学，2016：65-88.

[2] 王威，苏经宇，马东辉，等. 复杂灾害系统风险综合评价的非线性信息动力学模型[J]. 中国科学：技术科学，2013，43(1)：71-78.
[3] 程建远，刘文明，朱梦博，等. 智能开采透明工作面地质模型梯级优化试验研究[J]. 煤炭科学技术，2020，48(7)：118-126.
[4] 孙栓柱，江叶峰，董顺，等. 基于灰箱模型的中速磨煤机故障诊断方法[J]. 动力工程学报，2018，38(3)：211-220.
[5] 贾宝山，尹彬，王翰钊，等. AHP 耦合 TOPSIS 的煤矿安全评价模型及其应用[J]. 中国安全科学学报，2015，25(8)：99-105.
[6] 金菊良，魏一鸣，丁晶. 基于改进层次分析法的模糊综合评价模型[J]. 水利学报，2004，35(3)：65-70.
[7] 张丽娜. AHP-模糊综合评价法在生态工业园区评价中的应用[D]. 大连：大连理工大学，2006：32-45.
[8] 向喜琼，黄润秋. 基于 GIS 的人工神经网络模型在地质灾害危险性区划中的应用[J]. 中国地质灾害与防治学报，2000，11(3)：23-27.
[9] 周德强. 灰色 Verhulst 型 LS-SVM 的构建及参数估计方法[J]. 统计与决策，2020，36(12)：59-63.
[10] 龚艳萍，梁树霖. 在线评论对新技术产品消费者采用意愿的影响研究：基于 ELM 视角[J]. 软科学，2014，28(2)：96-99.
[11] 张涛，陈先，谢美萍，等. 基于 K 近邻非参数回归的短时交通流预测方法[J]. 系统工程理论与实践，2010，30(2)：376-384.
[12] 杨久东. 基于模糊集合的 GPS 测量不确定度理论与方法研究[D]. 北京：中国矿业大学(北京)，2014：15-22.
[13] 陈晓红，杨志慧. 基于改进模糊综合评价法的信用评估体系研究：以我国中小上市公司为样本的实证研究[J]. 中国管理科学，2015，23(1)：146-153.
[14] 海热提・涂尔逊，王华东，王立红，等. 城市可持续发展的综合评价[J]. 中国人口・资源与环境，1997，7(2)：46-50.
[15] 蓝华，刘微微，于渤. 基于影响要素的科技学术期刊质量模糊综合评价[J]. 中国软科学，2009(1)：144-150.
[16] 王凯. 煤矿热动力灾害控制机理及远程应急救援系统研究[D]. 徐州：中国矿业大学，2012：15-21.
[17] 李景文. 面向对象空间实体矢量模型及其应用研究[D]. 北京：中国地质大学(北京)，2007：23-28.
[18] 刘耀林，刘艳芳，张玉梅. 基于灰色-马尔可夫链预测模型的耕地需求量预测研究[J]. 武汉大学学报(信息科学版)，2004，29(7)：575-579.
[19] 张粒子，扶柠柠，王春丽，等. 基于回归分析的电网运行维护费合理性评估[J]. 电力系统自动化，2014，38(13)：140-144.
[20] 刘学艺，李平，郜传厚. 极限学习机的快速留-交叉验证算法[J]. 上海交通大学学报，2011，45(8)：1140-1145.
[21] 王利红，许合利. 基于人工神经网络的棉花价格动态模型分析[J]. 河南理工大学学报

(自然科学版),2008,27(3):319-323.
[22] 毛健,赵红东,姚婧婧.人工神经网络的发展及应用[J].电子设计工程,2011,19(24):62-65.
[23] 朱大奇.人工神经网络研究现状及其展望[J].江南大学学报,2004,3(1):103-110.
[24] 尹宝才,王文通,王立春.深度学习研究综述[J].北京工业大学学报,2015,41(1):48-59.
[25] 王旭东,邵惠鹤.RBF 神经网络理论及其在控制中的应用[J].信息与控制,1997,26(4):272-284.
[26] 高雪鹏,丛爽.BP 网络改进算法的性能对比研究[J].控制与决策,2001,16(2):167-171.
[27] 金龙,况雪源,黄海洪,等.人工神经网络预报模型的过拟合研究[J].气象学报,2004,62(1):62-70.
[28] 张玉霞.基于 BP 神经网络的复杂井函数计算[D].邯郸:河北工程大学,2020:11-16.
[29] 付英,曾敏,李兴源,等.隐含层对人工神经元网络电压安全评估的影响[J].电力系统自动化,1996,20(11):13-16.
[30] 孙明轩,严求真.迭代学习控制系统的误差跟踪设计方法[J].自动化学报,2013,39(3):251-262.
[31] 樊振宇.BP 神经网络模型与学习算法[J].软件导刊,2011,10(7):66-68.
[32] 张国翊,胡铮.改进 BP 神经网络模型及其稳定性分析[J].中南大学学报(自然科学版),2011,42(1):115-124.
[33] 赵学明.基于一元回归法和灰色预测模型 GM(1,1)的工程项目成本预测[J].华北电力大学学报(社会科学版),2011(增刊 2):114-117.
[34] 刘思峰,杨英杰.灰色系统研究进展(2004—2014)[J].南京航空航天大学学报,2015,47(1):1-18.
[35] 郭立春,吴伟,郭军巧,等.应用灰色摆动模型预测沈阳市肾综合征出血热的流行趋势[J].中国医科大学学报,2008,37(6):839-842.
[36] 陶云奇,许江,李树春.改进的灰色马尔可夫模型预测采煤工作面瓦斯涌出量[J].煤炭学报,2007,32(4):391-395.
[37] 沈家军,王炜,陈峻.基于灰色马尔可夫模型的近期公交客流量预测[J].公路交通科技,2007,24(9):120-123.
[38] 何清,李宁,罗文娟,等.大数据下的机器学习算法综述[J].模式识别与人工智能,2014,27(4):327-336.
[39] 黄广斌.智能革命:人工智能、机器学习、生物学习和智能材料的合力[J].软件和集成电路,2017(4):18-24.
[40] HUANG G B, ZHU Q Y, SIEW C K. Extreme learning machine: theory and applications[J]. Neurocomputing,2006,70(1/2/3):489-501.
[41] 张英堂,马超,李志宁,等.基于快速留一交叉验证的核极限学习机在线建模[J].上海交通大学学报,2014,48(5):641-646.
[42] 甘露.极限学习机的研究与应用[D].西安:西安电子科技大学,2014:41-55.

[43] HUANG G B,DING X J,ZHOU H M. Optimization method based extreme learning machine for classification[J]. Neurocomputing,2010,4(1/2/3):155-163.

[44] RONG H J, HUANG G B, SUNDARARAJAN N, et al. Online sequential fuzzy extreme learning machine for function approximation and classification problems[J]. IEEE transactions on systems, man, and cybernetics, part B (cybernetics), 2009, 39(4):1067-1072.

[45] 王超,王建辉,顾树生,等. 改进式混合增量极限学习机算法[J]. 控制与决策,2015,30(11):1981-1986.

[46] 杨易旻. 基于极限学习的系统辨识方法及应用研究[D]. 长沙:湖南大学,2013:55-59.

[47] 谢倩雯. 改进的极限学习机在辨识及分类中的应用[D]. 北京:北京化工大学,2016:16-19.

第7章　评价及预测模型的应用

在救援过程中，救援指挥者必须对灾情的实时状况进行分析，准确地判断出救援人员进入灾区救援的安全性，及时果断地下达科学合理的救灾命令，这对救灾的效率和保障救护人员的生命安全十分关键。本章将采用矿山事故救援实例，对前文构建的静态评价模型（非线性多层次模糊综合评价模型）和动态预测模型（基于ELM算法的预测模型）进行实例检验，验证所构建模型的合理性和可靠性。

7.1　案例介绍

本节选取三个典型的煤矿热动力灾害事故救援案例，采用AHP-FCE评价模型，对事故救援中的多种情况进行安全性评价，得到救援安全性评价结果，检验模型的合理性进行。

案例1：陕西渭南某矿“12·12”火灾事故救援（图7.1）。2014年12月12日，陕西渭南某矿发生火灾事故，死亡2人，失踪2人。矿井的概况、事故基本情况和救援主要过程如下：

(1) 矿井概况。该矿属瓦斯矿井，主采煤层属不易自燃煤层，煤尘有爆炸危险性。井下实际布置有5#煤层生产系统，该煤层含动植物化石、黄铁矿结核与晶体，且20世纪70—80年代已开采过上分层。发生事故的区域为5#煤层复采区，依据地质报告及事故区域106号地质勘探钻孔资料，该区域存在5上煤层和5#煤层，层间距1.21 m，5上煤层厚度0.47 m，5#煤层厚度4.28 m。

(2) 事故基本情况。此次事故是因巷道高冒区破碎煤体氧化自燃，引起木棚着火，导致火势迅速蔓延而造成的事故。火灾的位置在5#煤层501运输巷与518胶带巷交叉口。501运输巷为5#煤层采区集中胶带巷，兼作进风巷。518胶带巷为采煤工作面运输巷。事故地点附近501运输巷为高冒区，长度约20 m，高度约4 m。2013年矿井对该处巷道进行维护处理，架设了木棚，在棚梁上铺设竹笆，并用厚度约400 mm的煤渣压实，但未接顶，上部空间高度为1.5 m。501运输巷采用木棚支护，巷道断面平均约3 m^2，部分区段失修，高度不足1 m。巷道狭窄，中间安装有胶带，两边勉强能通过1人，局部需从胶带上爬行前进，且巷道内煤尘堆积严重。

(3) 事故救援的主要过程。事发后，4名矿工被困井下。事发当日12时左右，该矿所属矿务局矿山救护大队紧急出动，进行事故救援。12时50分左右，成立事故应急处理指挥部，开展组织和救援工作。13时10分，救护队员从主井下井进行人员搜救，但因503回风巷和501运输巷烟雾大，能见度低，无法进入受困人员工作的518—520工作面搜救，救护队员升井。16时左右实施全矿井反风，未能达到预期效果，17时左右停止反风，恢复正常通

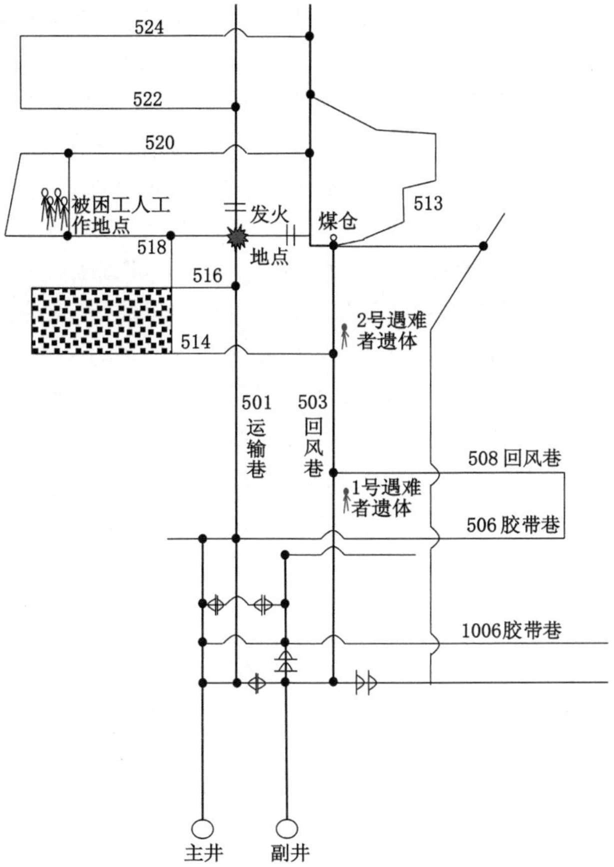

图 7.1　陕西渭南某矿“12·12”火灾事故示意图

风。随后，救护队员多次下井，对井下温度、气体及火情进行监测和探查。13 日 3 时左右，矿山救护队员和矿上人员进入 501 运输巷灭火，行进至 516 胶带巷口时，巷道烟雾大，并发现正前方 30 m 左右有明火，并用水近距离直接灭火，终因火势太大、瓦斯浓度较高而撤出。15 日副井更换大功率通风机后，于当晚 18 时左右成功实现全矿井反风，21 时左右，救护队员从主井下井，经由 503 回风巷向火区搜救被困人员，在 503 回风巷先后找到 2 名遇难矿工。救护队员继续向内搜救时，因火势大、能见度低而撤出。为防止火势进一步扩大，16 日 13 时左右封闭井口，最终造成有 2 名被困矿工失踪。

案例 2：贵州六枝小煤窑“4·1”瓦斯爆炸事故救援(图 7.2)。1994 年 4 月 1 日，新窑乡张跃明无证小煤窑因井下煤层自燃，引起瓦斯爆炸，4 人死亡。后因工人盲目入井抢救，导致第二次瓦斯爆炸，又造成 5 人死亡、重伤 1 人的重大伤亡事故。

(1) 矿井概况。该小窑为斜井开拓，开采 7# 煤层，处在毛稗田煤矿上部，两井同开采一层煤(7# 煤层)。经几年开采，于 1993 年 4 月两井井下巷道相互贯通，煤层呈东西走向，南北倾向，厚 3 m，倾角 45°。该矿属高瓦斯矿井。井巷顺煤层沿顶板掘进，土法开采。使用矿灯照明，手镐落煤，人工背煤运输。事故前的 3 月 30 日，井下曾发现明火。斜井井口安设一台 11 kW 局部通风机，采用压入式通风。

(2) 事故基本情况。4 月 1 日，该小窑早班下井 4 人，2 人在掘进头挖煤，2 人背煤出井，无瓦检员检查瓦斯。13 时 30 分，地面工人听到一声巨响，随后看到浓烟冲出井口。该小窑主在地面知道井下发生瓦斯爆炸后，就请求毛稗田煤矿的负责人和工人从毛稗田煤矿入井接近爆炸点救人。14 时该矿工人 12 人从毛稗田煤矿井下边接风筒边通风的沿二平巷前进接近事故地点。14 时 30 分，在 1 处挂风障的 4 人听到巨响，随后又有高温浓烟冲出，就赶忙出井报告。井下发生第二次瓦斯爆炸。由于自然通风，两次瓦斯爆炸都有足够的氧气供给。3 月 30 日张跃明小窑工人就看到井下巷道 E 处有明火燃烧，后用水淋，因未处理彻底，故仍存在局部阴火，是第一次瓦斯爆炸的火源。而 7# 煤层属高瓦斯煤层，瓦斯涌出量大，张跃明小窑进口高于毛稗田煤矿井口，风流从张跃明小窑井口流出，老空区和采面涌出的瓦斯顺风流排出经过火区 E 处；4 月 1 日午后井下和地面温度差别小，自然风流减小，因而风流中瓦斯浓度上升达到爆炸界限，流经火区时便引起第一次局部瓦斯爆炸。因张跃明小窑井下明火引爆瓦斯后，引燃木支护和浮煤，是第二次瓦斯爆炸的火源。4 月 1 日毛稗田煤矿停工，第一次爆炸后引起巷道局部冒顶，使回风巷不够畅通，井下瓦斯涌出聚集在巷内，因工人入井接风筒把二平巷中的瓦斯压到明火 E 处，使明火处瓦斯浓度升高达到爆炸界限，引起第二次瓦斯爆炸。

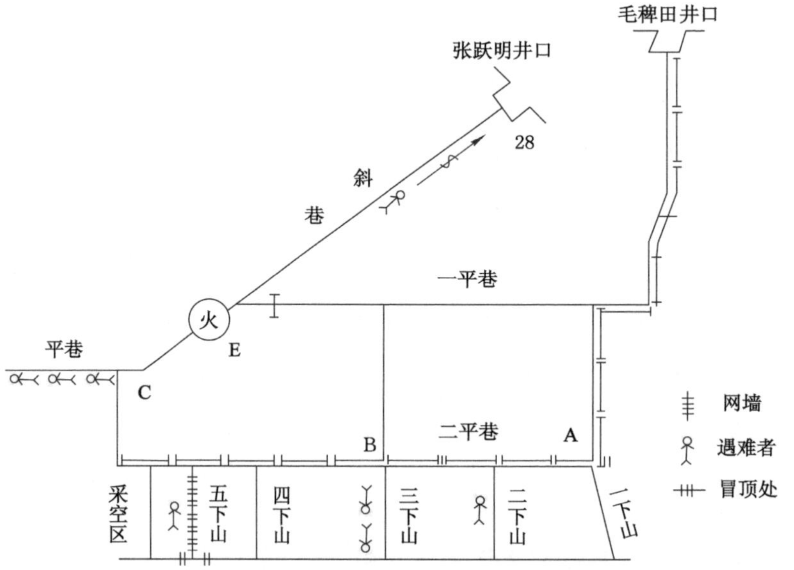

图 7.2　贵州六枝小煤窑“4・1”瓦斯爆炸事故示意图

（3）事故救援主要过程。救护队为了及时抢救井下遇难者，在问清情况和了解遇险人员的大概位置后，做出切断井下电源，先从毛稗田煤矿进入侦查，在确保安全的情况下，救出遇险人员的决定。16 时 20 分，二小队到达一平巷 1 风障处。因井下温度高（3、4 处）且浓烟未消，为确保安全，全小队撤到地面。16 时 30 分，张跃明小窑井口再次冒出浓烟，自然通风畅通。16 时 50 分该队第二次进入毛稗田井下侦查。行至一平巷口，发现 1 处风障被冲垮，通风良好，在交叉口 A 点发现巷道冒顶。扒开冒顶进入一下山时，发现 2 名幸存人员。立即派 4 名队员先抬背出井，并通知待机队入井救人，于 17 时 20 分及 17 时 45 分救出井并及时送往医院。随后进入二平巷搜索，在 B 处发现巷道冒顶，不易通过，瓦斯浓度为 2%～3%，又在二下山巷中发现一遇难人员，随后抬出井口，撤出井下抢救队员。4 月 1 日 22 时，在张跃明小窑井口瓦斯稳定的情况下，在井口设待机小队，6 人入井侦查，前行 30 m 发现一幸存人员，并看到 E 处有明火，立即抬出幸存人员回到地面。后来，救护队多次进入灾区侦查，探查了灾区情况，在经过一系列的努力后，于 4 月 7 日搜寻到最后一名遇难人员，完成了救援抢险任务。

(4) 救援评价。此次事故救援处置的张跃明小窑自燃引起的瓦斯爆炸事故，是一起成功的救护案例。① 第一次侦查因井下温度高，浓烟未散，且没有待机队，为确保安全，全小队迅速撤出是正确的；② 侦查工作全面、准确地查清了冒顶处、火区、井下通风和有害气体等情况，为指挥部制定抢救方案和安全措施提供了依据；③ 注意在冒顶处寻找遇险人员，如在一下山等处救出的 2 名遇险人员，就是在冒顶及其附近找到的；④ 由于该矿有再次发生爆炸的可能，当最后 1 名遇难者未找到时，决定停止寻找并派人观察井口瓦斯的决定是正确的。之后，在准备远距离封闭火区前，救护队再次入井侦查找到这名遇难者，并安全地搬运出井。

案例 3：江西英岗岭某矿“1·8”瓦斯连续爆炸事故救援(图 7.3)。1987 年 1 月 8 日，英岗岭矿务局下属某煤矿西翼西六采取 1228 上掘的开切眼，在迎头爆破时引起了煤与瓦斯突出事故，当场致 6 人死亡。救护队在抢救和处理过程中，灾区又连续发生瓦斯爆炸，致使全矿井停产近 1 个月，损失惨重。

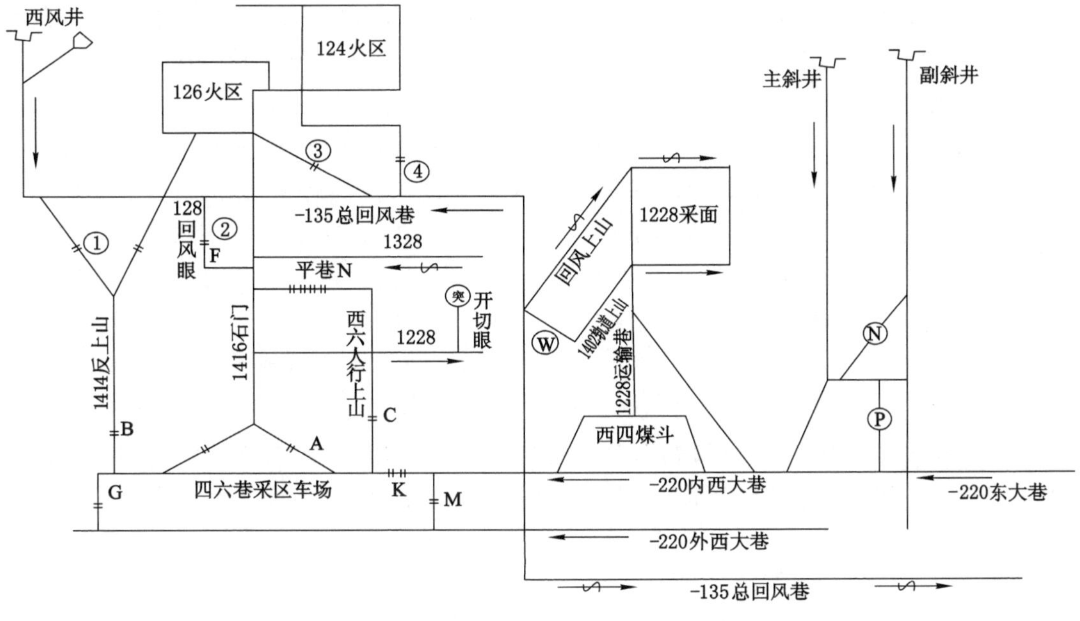

图 7.3　江西枫林煤矿“1·8”瓦斯连续爆炸事故示意图

(1) 矿井概况。该矿于 1975 年由江西建井工程处建设，1978 年 9 月移交生产，矿井设计生产能力 15 万 t/a。矿井自投产以来，经历年瓦斯鉴定，均定为煤与瓦斯突出矿井。瓦斯相对涌出量为 24.6 m^3/t，绝对瓦斯涌出量 15.52 m^3/min。矿井尚未建立瓦斯遥测和抽放系统。煤层自然发火期为两个月，最短 21 d。走向长壁后退式开采，爆破落煤，竹、木支架密集支护，SGW-22 型刮板输送机运煤。矿井地质构造复杂，煤层赋存不稳定，断层、褶曲多。

（2）事故基本情况。此次事故是因违规爆破，导致瓦斯突出事故。后因老火区密闭严重漏风，老火区长期没有熄灭，以致发生突出事故使老火区密闭受到震动而破坏，造成瓦斯涌入火区，导致瓦斯连续爆炸 12 次。虽然爆炸没有造成人员伤亡，但给事故的处理增加了复杂性，给救护队员带来不安全的因素。事故发生在西六采区准备采面的开切眼掘进工作面。因该处煤层赋存极不稳定，厚度变化很大，自开门掘进至 40 m 煤层均在 1.5 m 以上，以后逐渐变薄为 0.6 m、0.4 m，最后为 0.2 m。为了紧跟煤层，矿生产科决定从巷道迎头后退9 m，以 30°的坡度向上开掘开切眼巷道。开门点煤层厚度为 0.4 m。巷道掘进采用风钻打眼，炸药爆破，人工装渣，刮板输送机运输到煤斗，车场装车外运，木支架支护。在正常通风条件下，工作面瓦斯浓度一般为 0.3%，但在爆破后也会出现瓦斯超限现象。特别是从 1987 年元月 6 日晚班开始，每次爆破后瓦斯浓度都超限。8 日中班，掘进迎头共有 5 人作业，另有一名通风区瓦斯检查员跟班检查瓦斯。约 16 时 40 分，工作面打眼装药完毕，人员撤到平巷风门 N 处，在爆破时引起瓦斯突出。16 时 45 分，在西四煤斗施工的工人发现巷道风流出现反风流动现象，且大巷内煤尘飞扬。经瓦斯检查员检查，瓦斯浓度达到 10%，班长立即把施工煤斗的通风机停止，把工作面人员全部撤到副井车场，并用电话向调度室报告了所发现的异常情况。在调度室值班的矿长接到报告后，立即给西六采区煤斗打电话，但已无人接听。

（3）事故救援主要过程。救护队接受任务后，由副井下井经－220 外西大巷，打开西门 M，进入西六采区车场。在人行上山口处发现局部通风机已经停止运转。接着顺风筒由西六人行上山向开切眼掘进迎头侦查，于 17 时 34 分在人行上山距上部平巷 15 m 处发现了第一位遇难人员。检测有害气体：CH_4 浓度为 0.3%，CO 无，CO_2 浓度为 0.01%，温度为 23 ℃。17 时 41 分，在人行上山上部平巷风门 N 处发现第二位遇难人员，呼吸、脉搏、心跳已完全停止。检测该处有害气体情况：CH_4 浓度为 1%，CO 无，CO_2 浓度为 0.02%，温度为 23 ℃。在风门 N 内有 4 人，其中 3 人紧挨在一起，面向风门。距 3 人不到 5 m 的地点躺着瓦斯检查员，瓦斯检定器内瓦斯含量达到 8%。测得此处有害气体浓度：CH_4 浓度为 40%，CO 无，CO_2 浓度为 0.2%，温度为 23 ℃。4 人均被高浓度瓦斯窒息死亡。侦查小队继续前行进入 1228 侦查，发现巷道内突出的煤尘很大，瓦斯浓度都在 60%～80%之间，无 CO，温度为24 ℃，未发现遇难人员。据估算，巷道被突出的煤尘堵塞 60 余米，部分风筒被打落。指挥员将侦查结果向救援指挥部汇报，而后指挥部命令两个救护小队搬运遇难人员到井口，另一个小队和救护队长、副矿长、通风区长在井下西六采区车场基地待命。后来，经过建造多个密闭，封闭灾区，采取灌浆灭火等措施，最终成功启封火区，恢复生产。由于处理得当，未造成救护队员伤亡，成功完成了救援任务。

（4）救援评价。此次救援是英岗岭矿务局救护队在处理枫林矿突出事故时发生了瓦斯爆炸，两名队员烧伤，接着又发生了 11 次连续爆炸。原因是突出事故发生后，使火区密闭受到震动而破坏，造成瓦斯涌入火区而爆炸。处理如此复杂的事故，救护队基本上保障了自身安全，是十分不容易的。主要的成功经验：建立了强有力的救灾指挥系统，并且救护指挥员冷静分析，果断处理，从而保障了救护队自身安全。例如第一次发生爆炸前发现火光时能立即扑倒，避免了重大自身伤亡事故；第 12 次爆炸前，发现风流不正常，由于决策迅速，立即撤到安全地点，又一次避免了自身伤亡事故的发生。

7.2　评价模型的分析与应用

7.2.1　评价指标数据提取

根据对上述事故的详细救援资料进行整理和分析，提取到了各评价指标量化数据如表 7.1 所示。

表 7.1　检验事故救援案例原始数据量化结果

一级指标	二级指标	案例 1						案例 2		案例 3	
		1	2	3	4	5	6	7	8	9	10
灾害位置	发生灾害的区域	1	1	1	1	1	1	2	3	3	3
	灾害所在巷道倾角	10	10	10	10	5	12	45	30	30	30
	可能波及高危区域	2	2	2	2	4	4	4	5	5	5
	支护方式	5	5	5	5	5	5	5	5	5	5
灾区附近巷道情况	支护设备完好率	0.75	0.75	0.75	0.75	0.4	0.5	0.7	0.5	0.3	0.3
	围岩稳定性	3	3	3	3	3	3	5	5	5	5
	人员通行难易度	2	2	2	2	5	4	3	5	4	4
	撤退路线出口数量	2	2	2	2	1	1	2	2	2	1
	冒顶情况	3	3	3	3	4	4	4	5	5	5
	巷道能见度	3	3	3	3	5	4	3	3	3	3
巷道温度	灾区温度	23	28	26	23	20	35	34	28	25	24
	升温速率	0.3	0.3	0.8	0.8	1.5	0.4	1.5	0.65	0.65	0.65
灾区气体情况	瓦斯	0.78	0.7	0.68	1.2	2	3.6	8	10	40	36
	氧气	19.5	19.7	19.8	19.6	19.9	18.5	14	16.5	11	7
	矿井瓦斯等级	1	1	1	1	1	1	3	5	5	5
通风系统情况	构筑物完好性	3	3	3	3	2	2	5	5	4	4
	通风机运行情况	1	1	1	1	1	1	3	5	5	5
	通风量的供需比	0.7	0.7	0.7	0.7	0.6	0.8	0.2	0	0	0
火源情况	火源特征	5	5	5	5	5	5	5	5	5	5
	带电设备	1	1	1	1	1	1	5	1	1	1
	火势大小	3	3	3	3	5	5	5	3	3	3

7.2.2　评价模型的检验

7.2.2.1　利用 AHP 法确定指标权重

按照 AHP 法的方法和步骤，向该领域的 5 名专家发放了调查问卷。调查结果是在文献[1]附表Ⅱ的基础上，去掉应剔除指标的数据，进行计算的[2-3]。首先，依据专家权重影响因素打分表，结合各专家的具体信息，对各专家的打分权重进行了确定，结果如表 7.2 所示。然后，对所有数据进行分析和处理，并结合专家权重系数进行了加权处理，得到各指标的权重系数，如表 7.3～表 7.9 所示。

表 7.2　五位专家的权重分配表

专家序号	1	2	3	4	5
权重系数	0.28	0.22	0.17	0.15	0.18

表 7.3　一级评价指标权重分布

救援安全性	灾害位置	巷道情况	巷道温度	灾区气体情况	通风系统情况	火源情况	W_i
灾害位置	1.000 0	0.250 0	0.142 9	0.142 9	0.333 3	0.142 9	0.030 1
巷道情况	4.000 0	1.000 0	0.250 0	0.142 9	3.000 0	0.142 9	0.074 8
巷道温度	7.000 0	4.000 0	1.000 0	0.333 3	5.000 0	0.250 0	0.165 4
灾区气体情况	7.000 0	7.000 0	3.000 0	1.000 0	8.000 0	2.000 0	0.379 4
通风系统情况	3.000 0	0.333 3	0.200 0	0.125 0	1.000 0	0.166 7	0.047 9
火源情况	7.000 0	7.000 0	4.000 0	0.500 0	6.000 0	1.000 0	0.302 4

注：一致性比例(CR)＝0.092 3；对评价目标的权重取 1.000 0；$\lambda_{max}=6.581\ 6$。

表 7.4　灾害位置指标的权重分布

灾害位置	发生灾害的区域	巷道倾角	可能波及高位区域的概率	W_i
发生灾害的区域	1.000 0	3.000 0	0.250 0	0.231 1
巷道倾角	0.333 3	1.000 0	0.200 0	0.103 8
可能波及高位区域的概率	4.000 0	5.000 0	1.000 0	0.665 1

注：一致性比例(CR)＝0.083 6；对评价目标的权重取 0.030 1；$\lambda_{max}=3.086\ 9$。

表 7.5　巷道情况指标的权重分布

巷道情况	支护方式	支护设备完好率	围岩稳定性	人员通行难易程度	撤退路线出口数量	冒顶情况	巷道能见度	W_i
支护方式	1.000 0	0.500 0	2.000 0	0.333 3	2.000 0	0.250 0	0.200 0	0.066 4
支护设备完好率	2.000 0	1.000 0	3.000 0	0.500 0	2.000 0	0.333 3	0.250 0	0.096 9
围岩稳定性	0.500 0	0.333 3	1.000 0	0.250 0	2.000 0	0.200 0	0.166 7	0.048 2
人员通行难易程度	3.000 0	2.000 0	4.000 0	1.000 0	3.000 0	0.500 0	0.333 3	0.150 9
撤退路线出口数量	0.500 0	0.500 0	0.500 0	0.333 3	1.000 0	0.166 7	0.142 9	0.039 9
冒顶情况	4.000 0	3.000 0	5.000 0	2.000 0	6.000 0	1.000 0	0.500 0	0.242 2
巷道能见度	5.000 0	4.000 0	6.000 0	3.000 0	7.000 0	2.000 0	1.000 0	0.355 5

注：一致性比例(CR)＝0.023 6；对评价目标的权重取 0.074 8；$\lambda_{max}=7.192\ 6$。

表 7.6　巷道温度指标的权重分布

巷道温	巷道温度	升温速率	W_i
巷道温度	1.000 0	6.000 0	0.857 1
升温速率	0.166 7	1.000 0	0.142 9

注：一致性比例(CR)＝0.000 0；对评价目标的权重取 0.165 4；$\lambda_{max}=2.000\ 0$。

表 7.7 灾区气体情况指标的权重分布

灾区气体情况	灾区气体浓度	矿井瓦斯等级	W_i
灾区气体浓度	1.000 0	3.000 0	0.750 0
矿井瓦斯等级	0.333 3	1.000 0	0.250 0

注：一致性比例(CR)＝0.000 0；对评价目标的权重取 0.379 4；λ_{max}＝2.000 0。

表 7.8 通风系统情况指标的权重分布

通风系统情况	构筑物完好性	风机运行情况	通风量的供需比	W_i
构筑物完好性	1.000 0	3.000 0	4.000 0	0.608 0
风机运行情况	0.333 3	1.000 0	3.000 0	0.272 1
通风量的供需比	0.250 0	0.333 3	1.000 0	0.119 9

注：一致性比例(CR)＝0.071 3；对评价目标的权重取 0.047 9；λ_{max}＝3.074 1。

表 7.9 火源情况指标的权重分布

火源情况	火源特征	带电设备	火势大小	W_i
火源特征	1.000 0	3.000 0	0.250 0	0.213 2
带电设备	0.333 3	1.000 0	0.142 9	0.085 3
火势大小	4.000 0	7.000 0	1.000 0	0.701 4

注：一致性比例(CR)＝0.031 3；对评价目标的权重取 0.302 4；λ_{max}＝3.032 6。

7.2.2.2 样本数据的量化分级与计算

根据所建立的指标量化分级标准，将这两个事故案例的样本数据分级[4]。然后，通过模糊综合计算，得到样本数据的评价结果[5]。评价结果的安全等级归属划分，按照文献[1]附表Ⅰ的划分标准进行判定。量化分级与计算结果，如表 7-10 所示。

表 7.10 检验案例的样本数据分级与计算结果

一级指标	二级指标	案例 1						案例 2		案例 3	
		1	2	3	4	5	6	7	8	9	10
灾害位置	发生灾害的区域	1	1	1	1	1	1	4	3	3	3
	灾害所在巷道角	2	2	2	2	2	2	5	3	3	3
	可能波及高危区域的概率	2	2	2	2	4	5	4	5	5	5
巷道情况	支护方式	5	5	5	5	5	5	5	5	5	5
	支护设备完好率	3	3	3	3	5	5	3	5	5	5
	围岩稳定性	3	3	3	3	3	4	5	5	5	5
	人员通行难易度	2	2	2	2	5	5	3	5	4	4
	撤退路线出口数量	2	2	2	2	1	1	2	2	2	1
	冒顶情况	3	3	3	3	4	4	4	5	5	5
	巷道能见度	3	3	3	3	5	5	3	3	3	3

表 7.10(续)

一级指标	二级指标	案例 1						案例 2		案例 3	
		1	2	3	4	5	6	7	8	9	10
巷道温度	灾区温度	1	1	1	1	1	2	2	1	1	1
	升温速率	2	3	4	4	5	2	5	3	3	3
灾区气体情况	组合气体	2	2	2	2	2	2	5	5	3	3
	矿井瓦斯等级	1	1	1	1	1	1	3	5	5	5
通风系统情况	构筑物完好性	3	3	3	3	2	2	5	5	4	4
	通风机运行情况	1	1	1	1	1	2	3	5	5	5
	通风量的供需比	3	3	3	3	4	4	5	5	5	5
火源情况	火源特征	5	5	5	5	5	5	5	5	5	5
	带电设备	1	1	1	1	1	1	5	1	1	1
	火势大小	3	3	3	3	5	5	5	3	3	3
安全等级		2	2	2	2	3	3	5	4	3	3

7.2.3 评价结果分析

由表 7.10 可以确定评价结果是准确和可靠的，符合事故救援过程中的真实危险程度，分析如下：

(1) 陕西渭南某矿"12·12"火灾事故救援。该矿属于低瓦斯矿井，整个救援过程中，虽然灾区存在较大范围的明火，但是瓦斯浓度一直都没有超过 5%，而且救护队员通过巷道的温度大多都在 30 ℃以下，只有一次的灾区行动所经历的巷道温度是 35 ℃。救援过程中，通风系统正常，通风量的供需比较好。因此，在整个救援过程中，救护队员进入灾区救援的安全性等级是较安全，可以进入灾区搜救被困人员。由于灾区的中心区有大范围明火，温度高，因此在救援过程中，救护队员未进入灾区中心区搜救。这一评价结果符合当时救援的实际情况，结果可靠。

(2) 贵州六枝小煤窑"4·1"瓦斯爆炸事故救援。该矿为无证小煤窑，井下安全设备设施简陋，属于高瓦斯矿井，煤层倾角 45°，采用木棚支护，巷道有大量易燃物。灾区通风供氧充分，一直存在明火，且第一次爆炸后造成巷道多处严重冒顶，局部瓦斯无法稀释排出，造成瓦斯积聚，达到爆炸极限，发生了第二次瓦斯爆炸。救护队员在救灾过程中，获取到的有效信息，经过评价，属于非常危险。评价结果与真实情况相符。虽然，当时没再发生瓦斯爆炸，可能是由于达到爆炸极限的混合气体与火源没有相遇，但是这种情况是非常危险的，通风等条件有微小的变化，就可能会引发瓦斯二次爆炸，造成事故的扩大。

(3) 江西英岗岭某矿"1·8"瓦斯连续爆炸事故救援。此次事故救援中，由于封闭火区密闭被破坏，瓦斯涌出火区，发生了 12 次瓦斯爆炸。由于救灾决策指挥得当，避免了救护队员的伤亡。根据事故所获取到的灾情信息，经过评价，灾情等级为较危险和一般危险，符合救灾过程的实际情况。

经过分析，对比评价结果与灾害救援的实际情况，评价结果准确可靠，符合实际情况。

7.2.4 评价模型在非煤矿山事故救援中的应用

本专著研究的是矿井热动力灾害救援安全性评价。因此，为了抓住主要影响因素，重点分析了“环境”指标。非煤矿山与煤矿比较，作业环境和灾害类型等方面都是非常相似的，在“人-机-环-管理”理论下建立的评价指标，主要的差异就在“环境”指标上。因此，为了验证本书所建立的评价指标体系“人-机-管理”三个指标的合理性和科学性，本节将以作者亲身参加的山东平邑石膏矿坍塌事故救援为研究对象，采用建立的评价模型来检验所建立的评价指标和评价模型。

7.2.4.1　事故的基本情况

2015 年 12 月 26 日凌晨，前往井下探查坍塌情况的救援队员带回了井下坍塌和堵塞情况的详细报告。结合玉荣石膏矿负责人提供的作业资料，事故救援指挥部确定了救援方案：井下打通两条救援通道、从发生变形的 4 号井口下放单人罐笼、大口径钻机打孔救人等方式齐头并进，争取尽快将被困人员救出。

事故发生后，党中央、国务院和山东省委、省政府、国家安监总局对救援工作高度重视。事故救援指挥部，由山东省副省长担任救援总指挥、临沂市市长任副总指挥，负责统一组织救援，并且下设现场救援、新闻发布、后勤保障等 6 个组。成立了救援技术指导组，由国家应急救援指挥中心和国安委的两位资深专家任组长。山东省安监局、煤监局、卫计委等省直部门和山东省军区、山东省武警和消防总队等部队投入力量，参加救援工作。国家安监总局统筹调集了一流的专家、队伍参加救援，包括 4 支国家级救援队伍，共计 134 人。其中，国家矿山应急救援淮南队 52 人、大地救援基地 32 人、西安研究中心 5 人、国家矿山应急救援兖州队 45 人，以及国土资源部、中国安科院、中国建材集团和山东省内有关单位调集的采矿、地质、水文、机电等多领域的专家 30 人(其中包括德国钻探专家 4 人)。为使救援方案更加科学，救援指挥部还邀请了中国科学院院士宋振骐加入救援专家队伍，共同研究和修订了相关救援方案。在事故救援过程中，还调集了临沂矿业、枣庄矿业、胜利油田、三一重工、德国宝峨公司、山东黄金、淄博矿业、龙口矿业、新汶矿业、肥城矿业等救援队及救援专家。现场救援人员最多时达到近千人，其中专业救援人员和机电专家 480 余人，省军区、武警山东总队和公安、消防干警约 300 人，医护人员 90 余人，通信、电力等保障人员 50 余人；新华社、中央电视台、中央人民广播电台等国内知名媒体的记者 30 余人。

累计调集一流矿山救援设备 600 余台(套)，主要包括调集的大型特殊救援装备，如 4 台大口径钻机及配套装备、钻孔检测设备、救援提升机；调集的多功能装备保障车、卫星通信指挥车等通信保障设备；救生钻机、救护、排水、支护等矿山救援设备；生命信息钻孔探测系统等生命信息搜寻和灾区探测设备。其中，大口径钻井机械、生命信息钻孔探测系统、人体搜寻仪、无人机等为国内最先进的设备，这些具有世界一流水平的装备，有力地保障了救援工作的有效展开。调集的救援物资类别超过 100 种，主要调集的有木料 360 m^3、无缝钢管和波纹钢管 1 130 m、柴油 50 万 L、帐篷 60 多顶、棉大衣近 2 000 件等，物资的数量满足了现场救援的所有需要。同时，还调集了经验丰富的医疗人员，成立了医疗组，全方位地做好相关医疗保障工作。在此次救援中，充足的物资和强有力的后勤保障，也发挥了非常重要的作用。

山东省临沂市市长张术平告诉记者，按照救援方案，打通两条井下救援通道是最有可能实现快速救人的方式。然而，井下巷道不断发生坍塌和冒落，掉落的石块有的重达十几吨甚至几十吨，救援人员强行打通、修复支护的巷道遭到反复破坏，掘进缓慢。更糟糕的是受坍塌影响，井下涌水量日益增大，救援人员好不容易开辟出的井下救援基地被淹没，涌水一度威胁到救援人员出入的1号井口。虽然救援指挥部调集了水泵进行排水，救援基地也一度恢复，但积水和淤泥不断增加，井下一氧化碳浓度节节攀升，严重威胁到救援人员的安全。就在大家都在为找不到被困人员而焦虑时，2015年12月30日，直径178 mm的2号钻孔被山东省煤田地质局打通，生命信息探测系统找到了部分幸存者，现场救援人员顿时为之沸腾。“通过实时画面，我们能看到他们在向探头招手。”高广伟(国家安全生产应急救援指挥中心副主任)说，救援人员随即向井下投放电话，顺利与这4名幸存者建立了联系，食物、饮水、药品和衣物也一批批送到他们手中。

此次事故的灾情极其复杂，救援风险高、难度大。此次事故造成井下大面积塌方，导致井筒严重扭曲变形。在事故救援过程中，灾区仍然有持续塌方发生，井下艰难强行掘进、修复支护的多处巷道反复被摧毁，并且涌水量大，有发生大面积透水的可能，后果极其严重。由于事发矿区的地质结构极其复杂，需要在包含表土层、灰岩层、砂岩层和石膏层的地层里，施工220 m深的钻孔，才有可能将被困人员提升出井。在钻孔施工过程中，由于除表土层外的其他地层均存在石灰岩，并有两层存在含水层，导致多次出现卡钻的问题。

在坚持“千方百计救人、千方百计防范次生事故”的原则下，救援指挥部调集各领域的专家，组成了技术过硬、经验丰富的专家技术团队，充分考虑救援过程中的种种困难，研判灾情的发展趋势，及时制定和完善救援方案以及相应的应急预案。从井上、井下两个方面，制定了打通5条生命救援通道的方案，集中力量、全力以赴，搜救被困人员。并在救援的阶段，都制定了多个备用方案。经历了无数波折，最终这4名被困人员安全升井。

7.2.4.2 评价指标信息与数据处理

采用建立的评价模型，首先对该指标体系进行指标权重的计算，然后根据此次事故救援的具体情况进行指标的量化赋值[6]。

(1) 指标权重。通过采用AHP分析法，对各评价的重要度进行专家打分。专家打分调研表，如文献[1]附表Ⅲ所示。经过计算，确定的指标权重如表7.11～表7.19所示。

表7.11 一级评价指标对平邑矿难救援成功率权重

救援成功率	指挥决策人员	技术支持团队	救护队员	救灾装备	气体检测仪器	安全监测系统	安全设备设施	救灾组织管理	W_i
指挥决策人员	1.000 0	2.000 0	3.000 0	1.000 0	4.000 0	3.000 0	4.000 0	3.000 0	0.236 4
技术支持团队	0.500 0	1.000 0	0.500 0	0.500 0	4.000 0	5.000 0	4.000 0	1.000 0	0.138 0
救护队员	0.333 3	2.000 0	1.000 0	0.500 0	4.000 0	3.000 0	3.000 0	2.000 0	0.151 2
救灾装备	1.000 0	2.000 0	2.000 0	1.000 0	4.000 0	3.000 0	3.000 0	2.000 0	0.202 0
气体检测仪器	0.250 0	0.250 0	0.250 0	0.250 0	1.000 0	2.000 0	2.000 0	0.250 0	0.053 8
安全监测系统	0.333 3	0.200 0	0.333 3	0.333 3	0.500 0	1.000 0	0.500 0	0.250 0	0.042 4
安全设备设施	0.250 0	0.250 0	0.333 3	0.333 3	0.500 0	2.000 0	1.000 0	0.250 0	0.048 8
救灾组织管理	0.333 3	1.000 0	0.500 0	0.500 0	4.000 0	4.000 0	4.000 0	1.000 0	0.127 4

注：一致性比例(CR)=0.057 9；对评价目标的权重取1.000 0；$\lambda_{max}=8.571\ 5$。

表 7.12　“指挥决策人员”指标对评价目标的权重

指挥决策人员	工作年限	学历	技术职务	救援指挥经验	身体健康状况	W_i
工作年限	1.000 0	3.000 0	0.500 0	3.000 0	5.000 0	0.297 5
学历	0.333 3	1.000 0	0.333 3	0.500 0	4.000 0	0.121 7
技术职务	2.000 0	3.000 0	1.000 0	2.000 0	4.000 0	0.347 5
救援指挥经验	0.333 3	2.000 0	0.500 0	1.000 0	5.000 0	0.181 7
身体健康状况	0.200 0	0.250 0	0.250 0	0.200 0	1.000 0	0.051 6

注：一致性比例(CR)＝0.067 6；对评价目标的权重取 0.236 4；λ_{max}＝5.302 9。

表 7.13　“技术支持团队”指标对评价目标的权重

技术支持团队	硕士以上学历占比	高级职称占比	其他素质水平	W_i
硕士以上学历占比	1.000 0	0.500 0	2.000 0	0.297 3
高级职称占比	2.000 0	1.000 0	3.000 0	0.539 0
其他素质水平	0.500 0	0.333 3	1.000 0	0.163 8

注：一致性比例(CR)＝0.008 9；对评价目标的权重取 0.138 0；λ_{max}＝3.009 2。

表 7.14　“救护队员”指标对评价目标的权重

救护队员	日常训练情况	抢险救援经验	身体素质状况	W_i
日常训练情况	1.000 0	0.500 0	4.000 0	0.333 9
抢险救援经验	2.000 0	1.000 0	5.000 0	0.567 9
身体素质状况	0.250 0	0.200 0	1.000 0	0.098 2

注：一致性比例(CR)＝0.023 7；对评价目标的权重取 0.151 2；λ_{max}＝3.024 7。

表 7.15　“救灾装备”指标对评价目标的权重

救灾装备	所需装备齐备性	先进性	完好率	W_i
所需装备齐备性	1.000 0	3.000 0	0.500 0	0.333 8
先进性	0.333 3	1.000 0	0.333 3	0.141 6
完好率	2.000 0	3.000 0	1.000 0	0.524 7

注：一致性比例(CR)＝0.051 7；对评价目标的权重取 0.202 0；λ_{max}＝3.053 8。

表 7.16　“气体检测仪器”指标对评价目标的权重

气体检测仪器	所需仪器齐备性	可靠性	W_i
所需仪器齐备性	1.000 0	0.500 0	0.333 3
可靠性	2.000 0	1.000 0	0.666 7

注：一致性比例(CR)＝0.000 0；对评价目标的权重取 0.053 8；λ_{max}＝2.000 0。

表 7.17 “安全监测系统”指标对评价目标的权重

安全监测系统	灾后设备完好率	可有效利用率	W_i
灾后设备完好率	1.000 0	0.500 0	0.333 3
可有效利用率	2.000 0	1.000 0	0.666 7

注：一致性比例(CR)=0.000 0；对评价目标的权重取 0.042 4；$\lambda_{max}=2.000\ 0$。

表 7.18 “安全设备设施”指标对评价目标的权重

安全设备设施	破坏程度	恢复的难易程度	W_i
破坏程度	1.000 0	0.500 0	0.333 3
恢复的难易程度	2.000 0	1.000 0	0.666 7

注：一致性比例(CR)=0.000 0；对评价目标的权重取 0.048 8；$\lambda_{max}=2.000\ 0$。

表 7.19 “救灾组织管理”指标对评价目标的权重

救灾组织管理	救灾组织级别	后勤保障	通信联络	救援队伍供需比	医疗保障	灾区相关技术资料	W_i
救灾组织级别	1.000 0	0.250 0	0.500 0	0.500 0	3.000 0	2.000 0	0.114 8
后勤保障	4.000 0	1.000 0	2.000 0	0.500 0	5.000 0	3.000 0	0.263 6
通信联络	2.000 0	0.500 0	1.000 0	0.500 0	4.000 0	3.000 0	0.173 2
救援队伍供需比	2.000 0	2.000 0	2.000 0	1.000 0	4.000 0	7.000 0	0.321 1
医疗保障	0.333 3	0.200 0	0.250 0	0.250 0	1.000 0	4.000 0	0.077 7
灾区相关技术资料	0.500 0	0.333 3	0.333 3	0.142 9	0.250 0	1.000 0	0.049 6

注：一致性比例(CR)=0.057 9；对评价目标的权重取 1.000 0；$\lambda_{max}=8.571\ 5$。

(2) 评价指标量化。根据本书所建立的评价指标量化分级标准，对各评价指标进行了量化分级，结果如表 7.20 所示。然后采用模型的计算方法，对此次事故救援进行安全等级的计算。

表 7.20 平邑矿难救援评价指标量化

一级评价指标	二级评价指标	量化分级
指挥决策人员	工作年限	1
	学历	1
	技术职务	1
	救援指挥经验	1
	身体健康情况	2
技术支持团队	硕士以上学历占比	1
	高级职称占比	1
	其他素质水平（工作年限、身体素质等）	1

表 7.20(续)

一级评价指标	二级评价指标	量化分级
救护队员	日常训练情况	2
	抢险救援经验	1
	身体素质状况	1
救援装备	所需装备齐备性	1
	先进性	1
	完好率	1
气体检测仪器	所需仪器齐备性	1
	可靠性	1
安全监测系统	灾后设备完好率	4
	可有效利用率	4
安全设备设施	破坏程度	5
	恢复的难易程度	5
救灾组织管理	救灾组织级别	1
	后勤保障	1
	通信联络	1
	救援队伍供需比	1
	医疗保障	1
	灾区相关技术资料	2

7.2.4.3　评价结果与分析

经过评价，本次救援的等级为 1 级，为最优等级。评价结果符合具体情况：这是一次国家级的救援，具有一流的救援指挥组织，制定符合科学规律和救援实际情况的决策方案，举全国各方力量，调集一流的专业救援队伍和技术专家、最先进的技术装备，最强有力的后勤保障，全力以赴，营救被困人员。

7.2.5　评价模型在煤矿事故救援中的应用

本书研究过程中，共搜集了 20 多个煤矿的热动力灾害救援案例的 60 组灾情数据，囊括了火灾事故、瓦斯爆炸事故、热动力灾害相互转化事故，包含了低瓦斯、高瓦斯、煤与瓦斯突出矿井，以及工作面、掘进头、封闭火区等多种复杂情况，搜集到了较为全面的救灾信息。首先，对这 60 组灾情信息进行量化，然后建立的 AHP-FCE 评价模型对搜集到的这 60 组灾情信息进行救援安全性评价，所得到的样本原始数据和安全评价结果，见文献[1]。经过分析，这 60 组数据所得到的评价等级符合事故当时的真实情况，评价结果准确可靠，检验了模型的准确性和可靠性。

本节中通过 AHP-FCE 评价模型得到的 60 组热动力灾害救援案例数据真实可靠，评价结果正确，可以作为动态预测模型的样本数据。这在检验 AHP-FCE 评价模型的同时，也为基于 ELM 算法的动态预测模型提供了科学可靠的样本数据。

在矿井热动力灾害中采用 AHP 分析法和 FCE 评价法，建立了非线性多层次模糊综合评价模型。依据调研获得的矿井热动力灾害事故救援案例，对模型进行了检验。最后，搜集和整理了多起典型的煤矿热动力灾害事故救援案例，提取了相关灾害信息。利用本章所建立的评价模型，对所有的灾情进行了安全等级划分，提供了可靠的样本数据。其中：

（1）每种评价方法都有各自的优缺点和适用性，针对热动力灾害救援安全性评价的特点，建立了 AHP-FCE 综合评价模型。经过实际案例验证，该模型是科学可靠的，可以用来评价矿井热动力灾害救援安全性等级。

（2）采用 AHP 法确定评价指标权重，不仅可以很大程度上减少人工打分的主观性，还可以充分利用专家的经验知识。同时，还可根据专家的实际情况，通过对专家进行权重设定，来修正专家的打分结果，可以提高指标赋权的准确性。

（3）将构建的 AHP-FCE 评价模型应用于非煤矿山事故救援案例中，检验了所建立的评价指标体系“人-机-管理”三个方面的评价指标以及模型的合理性。

（4）将所建立的模型，应用于搜集到的热动力灾害事故救援案例，对灾情进行了救援安全性评价分级，检验了模型的可靠性。同时，也使得样本数据安全评级更加科学合理，为其他救援模型提供了准确可靠的样本数据。

虽然神经网络系统辨识研究经过 50 多年的发展，已经取得了诸多显著的理论成果，但由于大规模系统中大数据量，高维度且数据中包含的不确定性使得神经网络辨识速度缓慢而难以满足实际要求。例如在智能控制领域，使用神经网络控制方法虽然可以辨识高度复杂和非线性系统，解决被控对象复杂和不确定时的建模问题，但神经网络的实时性是非常差的，在线识别系统动力学模型并进行控制目前看来依然难以实现。此外，对于大中型数据集的系统辨识和分类问题，传统神经网络方法如 BP 网络、RBF 网络、支持向量机等不仅需要大量的训练时间，还会出现“过饱和”“假饱和”和最优隐层节点数难以确定等各种问题。前文针对矿井热动力灾害救援安全性评价问题，建立了传统静态的非线性多层次模糊综合评价模型。本章将采用近年来新提出的一种机器学习算法，建立基于 ELM 的矿井热动力灾害救援安全性动态预测模型，为矿井灾害安全评价领域提供一个新的方法和手段。

7.3　基于 ELM 算法预测模型的分析与应用

极限学习机算法是一种人工智能算法，需要一定数量的训练样本和测试样本。预测结果的可靠性主要决定于训练数据，这就要求用于训练的样本数据必须真实可靠，而且尽可能地全面覆盖所有指标的各种情况[7-8]。对于训练样本，采用得到的矿井热动力灾害救援事故数据，见文献[1]。其中编号 1～50 为训练样本，51～60 为测试检测样本。该模型的测试样本采用的是 1、2、3 号矿井热动力灾害救援案例，与 AHP-FCE 模型所用的样本数据相同。

本节所设计的 ELM 模型，采用的传递激活函数为 Sigmoid 型函数。该激活函数要求输入的数据必须在[0,1]区间范围内，故必须对样本数据进行相关处理，使用于网络训练的样本数据转化为[0,1]范围内的数。该数据处理的过程，可以根据每个输入数据中的最大值来确定初始化的数量级，具体的计算公式如下：

$$P_{ij} = \frac{\max(X_{ij})}{N} \tag{7.1}$$

式中　P_{ij} ——为经过处理后用于网络输入的数据；

X_{ij} ——为原始采集数据；

N ——为可以使原始数据中的所有指标数据中最大值 $\max(X_{ij})$ 转化为[0,1]范围的数值，一般通过试算得到或经过编程由计算机通过计算得到。

可以用来度量神经网络算法精度和泛化能力的方法有很多，本书中采用测试准确度和均方根误差来度量模型预测精度和泛化能力。

(1) 测试准确度。测试准确度(Testing Accuracy，TA)是算法经过多次运算得到的正确值的个数，与测试结果总数的比值。它是测试网络泛化能力的一个最基本的方法，计算公式如下：

$$\mathrm{TA} = \frac{\sum_{i=1}^{m} x_i}{N \times m} \tag{7.2}$$

式中　x_i ——为第 i 次测试中预测正确的样本数量，$i = 1,2,3,\cdots,m \in \mathbf{R}$；

m ——为测试的总次数；

N ——为测试样本的数量。

(2) 均方根误差。均方根误差(Root Mean Square Error，RMSE)也称根方差，可以用来衡量网络训练的稳定性和泛化能力。其计算公式如下：

$$\mathrm{RMSE} = \sqrt{\frac{\sum_{i=1}^{N} (y_i - t_i)^2}{N}} \tag{7.3}$$

式中　y_i ——第 i 个样本的网络测试实际输出，$i = 1,2,3,\cdots,N \in \mathbf{R}$；

t_i ————第 i 个样本的网络的期望输出，$i = 1,2,3,\cdots,N \in \mathbf{R}$；

N ——为测试样本数量。

由于 ELM 算法的权值向量是随机赋值的，且隐含层神经元的节点数会随着网络训练的情况不断变化，因此为了验证预测结果的可靠性，所有测试实验共分 10 组进行，每组连续测试 10 次，然后求其平均值，最后以其平均值作为每组的输出值。所有测试结果如图 7.4～图 7.6 所示，具体数据见表 7.21。其中，图 7.4 是 10 组测试结果的平均值与真实值对比，图 7.5 是测试结果的 RMSE，图 7.6 分别是 10 组测试样本的预测值与真实值的对比。

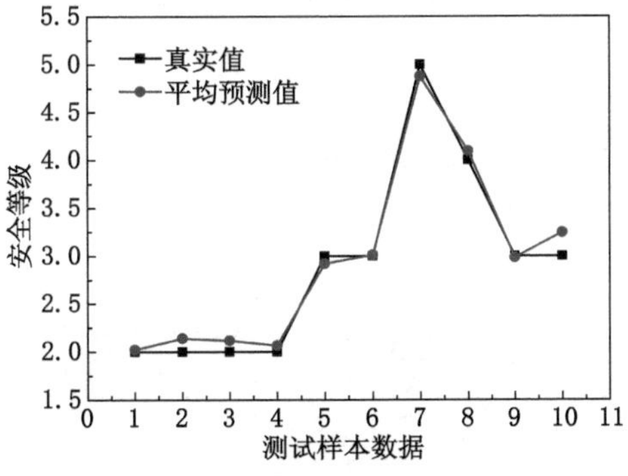

图 7.4　真实值与预测值对比

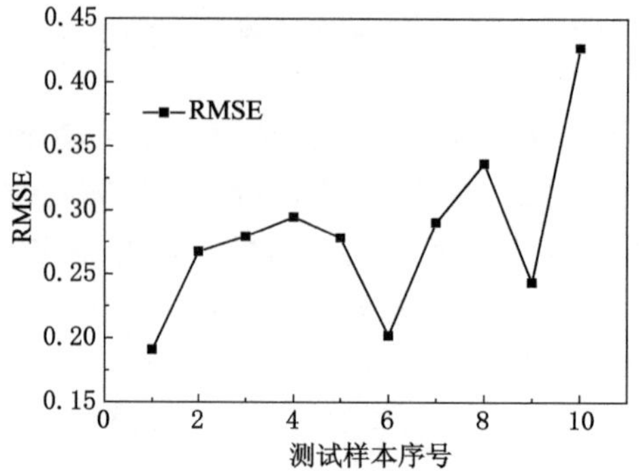

图 7.5　各测试样本的 RMSE

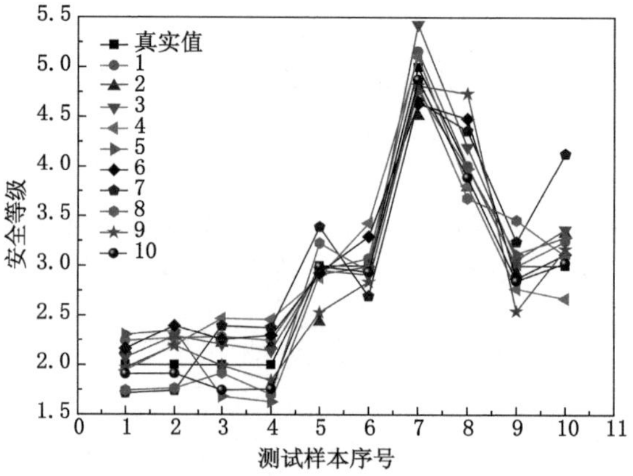

图 7.6　10 组测试样本与真实值的比较

表 7.21　矿井热动力灾害救援安全性安全等级预测结果

项目		样本编号									
		1#	2#	3#	4#	5#	6#	7#	8#	9#	10#
安全真实等级值		2	2	2	2	3	3	5	4	3	3
测试样本的评价结果	第 1 组	2.241 7	2.268 3	2.282 1	2.246 5	2.956 0	3.072 9	5.158 6	4.010 5	2.994 1	3.245 7
	第 2 组	2.150 4	2.283 7	2.217 1	2.191 3	2.436 0	2.997 7	4.513 7	3.792 8	2.926 5	3.331 3
	第 3 组	2.073 6	2.289 5	2.205 6	2.140 0	2.951 3	2.908 7	5.427 9	4.197 2	3.059 4	3.364 7
	第 4 组	1.942 9	2.195 7	2.468 1	2.460 1	2.882 3	3.427 1	5.103 5	3.805 2	2.769 1	2.670 3
	第 5 组	2.303 8	2.344 1	1.682 8	1.627 9	2.911 5	2.992 7	4.762 8	3.982 0	3.119 7	3.287 2
	第 6 组	2.163 3	2.395 2	2.254 2	2.295 0	2.927 4	3.293 3	4.633 6	4.481 2	2.870 5	3.116 3
	第 7 组	1.716 8	1.741 3	2.394 5	2.377 3	3.389 5	2.695 0	4.657 9	4.360 0	3.242 2	4.129 8
	第 8 组	1.742 8	1.763 4	1.914 8	1.701 2	3.228 0	2.946 9	4.820 8	3.678 9	3.457 4	3.101 7
	第 9 组	1.970 2	2.191 6	1.991 8	1.842 6	2.528 5	2.837 9	4.813 5	4.733 3	2.542 9	3.168 5
	第 10 组	1.906 7	1.911 5	1.744 8	1.755 4	2.992 5	2.937 6	4.875 8	3.888 3	2.848 1	3.028 4
RMSE		0.191 0	0.267 7	0.279 5	0.295 0	0.278 5	0.202 0	0.290 7	0.336 8	0.243 6	0.427 1
测试样本输出均值		2.021 2	2.138 4	2.115 6	2.063 7	2.920 3	3.011 0	4.876 8	4.092 9	2.983 0	3.244 4
平均评价结果		2	2	2	2	3	3	5	4	3	3

由测试结果可以看出，10 个测试样本共进行了 10 组测试，得到 100 个测试结果。其中有 3 个测试结果与安全等级的真实值不相符，预测错误的数据如表 7.22 所示。

表 7.22　矿井热动力灾害救援安全等级预测结果

样本编号 测试组	真实值	预测结果		预测结果说明
	安全等级	预测值	安全等级	
第 2 组	3	2.436 0	2	偏较安全
第 7 组	3	4.129 8	4	偏较危险
第 9 组	4	4.733 3	5	偏危险

由结果可以看出，预测准确度达到 97%。虽然在网络训练测试中，有个别样本的安全等级预测有误，但平均输出值非常接近真实值，所代表的安全等级与真实值相同。因此，在实际应用中可以多进行几组网络训练，取其平均值，作为网络训练和测试输出，其结果是可靠的。该模型的预测结果稳定性良好，泛化能力强，可以用来预测矿井热动力灾害救援安全性。

参考文献

[1] 郭军. 矿井热动力灾害救援安全性评价与动态预测[D]. 西安：西安科技大学，2016：1-13.

[2] 屈娟，田水承，从常奎，等. 基于 AHP 的煤矿瓦斯爆炸事故危险性分析与评价[J]. 矿业安全与环保，2008，35(4)：77-79.

[3] 宋士学，曹庆贵，林乐顺. 基于 AHP 和模糊数学的煤矿瓦斯爆炸危险性评价及应用[J]. 工业安全与环保，2006，32(6)：57-59.

[4] 曾强. 煤矿安全评价指标体系确定原则及其应用分析[J]. 矿业安全与环保，2005，32(6)：79-81.

[5] 孙汉玉. 基于粗糙集理论的采煤工作面风险评价指标权重确定[J]. 煤炭工程，2010，42(4)：64-66.

[6] 赵伏军，谢世勇，杨磊，等. 基于层次分析法-模糊综合评价(AHP-FCE)模型优化矿井通风系统的研究[J]. 中国安全科学学报，2006，16(4)：91-96.

[7] 王江荣，罗资琴，文晖. 基于因子分析的极限学习机在煤与瓦斯突出等级识别中的应用[J]. 煤，2014，23(11)：13-16.

[8] DING S F，ZHAO H，ZHANG Y N，et al. Extreme learning machine：algorithm，theory and applications[J]. Artificial intelligence review，2015，44(1)：103-115.